Physics challenge

力学・電磁気学・現代物理学の基礎力を養う94題

物理チャレンジ独習ガイド

杉山忠男 著

特定非営利活動法人 物理オリンピック日本委員会 編

丸善出版

刊行によせて

　日本は 2006 年から国際物理オリンピックに毎年 5 名の生徒を派遣してきました．その 5 名の選抜のために，国内の物理コンテスト「物理チャレンジ」を 2005 年から実施してきました．その経験をもとに，これから「物理チャレンジ」に参加しようとするみなさんの役に立つことを願って，このたび『物理チャレンジ独習ガイド』を刊行する運びとなりました．

　国際的な物理コンテスト「国際物理オリンピック」(International Physics Olympiad: IPhO) は，1967 年にポーランドのワルシャワで 5 か国の参加により始まりました．その後，参加国が増えて，2016 年のチューリッヒで開催された第 47 回国際物理オリンピックには，84 の国や地域から 398 名が参加しました．

　国際物理オリンピックの開催期間は約 10 日間ですが，その期間内には，5 時間の理論試験と 5 時間の実験試験があります．また，世界中から集まってきた代表選手たちとの交流のイベントが催されたり，開催地の文化・科学を見学したりと，物理を通して見聞を広めてゆきます．

　国際物理オリンピックに日本から派遣する代表 5 名の選抜については，特定非営利活動法人「物理オリンピック日本委員会」(JPhO) が実施します．選抜の第 1 段階「第 1 チャレンジ」では，応募者は 1 月に公表される実験課題に対するレポートを 6 月に JPhO に提出し，7 月に全国の約 80 会場で一斉に実施される理論試験に挑戦します．これらの成績にもとづいて，参加者の中から約 100 名が選抜されます．この選抜者は，8 月に 3 泊 4 日で合宿方式で実施される選考の第 2 段階「第 2 チャレンジ」に集まります．ここで，5 時間の実験試験と 5 時間の理論試験が行われ，約 10 名が代表候補者として選抜されます．その後研修を重ねて翌年 3 月に 5 名の代表が決まります．代表はさらに研修を続けて，7 月の国際物理オリンピックに派遣されます．

　このように「物理チャレンジ」は，国内で才能ある生徒を見いだし，物理の課題に挑戦してもらい，特に「第 2 チャレンジ」では，試験の他に生徒どうしや支援している研究者との交流を通して，さらにその才能が伸ばされます．

日本が「物理チャレンジ」を始めてから 10 年以上が過ぎました．数々の課題づくりの経験，また国際物理オリンピックの経験がこの本の編纂に結実しました．ぜひみなさん物理の課題に挑戦することを楽しんでください．

2016 年 11 月

特定非営利活動法人 物理オリンピック日本委員会
理事長　北　原　和　夫

はじめに

　本書は,「物理チャレンジ」に興味を抱いている中学生,高校生,工業高等専門学校生などが,物理の基礎を身に付けるために活用して頂くことを意図して書いたものです.内容は,高校で習う物理を基本としていますが,「物理チャレンジ」(第1チャレンジ,第2チャレンジ)で扱われる内容の中で,力学,電磁気学,現代物理の基礎をていねいに解説し,関連する多くの例題を載せました.熱物理と波動は扱っていませんが,これらの分野の基礎は,力学と電磁気学にあるので,それらを十分に理解すれば,熱物理と波動の理解は容易なものになるでしょう.

　高校物理では,従来,微分・積分という数学を使わないことを基本として物理現象を説明していますが,本書では,「物理チャレンジ」の出題方針の下,ある程度の説明をした上で,高校生らが学ぶにあたって無理のない程度の微分・積分を用いることにしました.微分・積分は,物理現象を記述する上で必要不可欠な数学的道具として発展してきました.したがって,微分・積分を故意に避けると,物理の解説が不完全で意味不明なものなることがしばしば起こります.みなさんには,数学を道具として大いに活用して欲しいと考えています.とはいっても,物理は数学そのものとは異なり,物理現象を理解することを目的にしています.物理と離れた単なる数学的な計算は,物理としての意味をもちません.物理を学ぶ上では,このことも肝に銘じておいてください.

　本書を手に取る読者の中には,大学入試を念頭に物理を考える人がいるかも知れません.初等物理学の基礎を身に付けるということでは,大学受験にも役立つことでしょう.ただし,「物理チャレンジ」では重要な分野と考えていますが,高校物理では扱われていない物理,たとえば,剛体の回転運動 (8 章) や特殊相対論の概要 (20 章) なども,本書では扱っています.高校物理では扱われない,初学者にとってはややレベルが高いと考えられる内容には,★印を付けました.はじめはこれらの分野を除いて通読してもよいでしょう.

　本書を用いて物理の理解を深め,「物理チャレンジ」,さらに「国際物理オリンピック」に参加して各国の物理愛好者である高校生などとの交流を深めたり,将

来の大学・大学院での幅広い研究活動の基礎を学ぶものとして本書を役立てもらえることを願っています．

　物理オリンピック日本委員会編となっていることからもわかるように，本書は，物理オリンピック日本委員会の多くの委員，物理オリンピックに出場した多くの学生との討論などによって成り立っています．ここでみなさまにあらためて感謝いたします．また，丸善出版 (株) 企画・編集部の渡邊康治氏には，たいへんお世話になりました．感謝します．

2016 年 11 月

杉　山　忠　男

目　　次

第I部　力　　学　　1

1 運 動 の 表 現 3
　1.1　x 軸に沿った運動 3
　　　速度　3/ x–t グラフ　4/ 加速度　4/ v–t グラフ　5/ 不定積分　5/
　　　定積分　6/ 微積分の基本定理　6/ 速度から位置座標，加速度から
　　　速度を求める　7/ 等加速度直線運動　9/
　1.2　3 次 元 の 運 動 11
　　　位置，速度，加速度　11/ 円運動　12/

2 力 に つ い て 15
　2.1　いろいろな力 15
　　　重力と質量　15/ ばねの弾性力　16/ 摩擦力　16/
　2.2　質点にはたらく力のつり合い 17
　2.3　剛体にはたらく力のつり合い 18
　　　ベクトルの内積と外積　19/ 力のモーメント　20/
　　　剛体のつり合い　21/

3 運 動 の 法 則 26
　3.1　運 動 の 3 法 則 26
　3.2　運動方程式を用いる例 28

4 運動方程式を使う **31**

4.1 運動方程式を解く 31
放物運動 31/ 粘性抵抗のある場合の球体の運動 34/

4.2 慣 性 力 38
加速度系での慣性力 38/ 慣性力の一般的導出 39/
慣性力の例 40/

5 保存則―運動方程式の積分― **43**

5.1 運動量と力積 43
運動方程式の積分 43/ 運動量保存則と外力の力積 44/
衝突と反発係数 46/

5.2 仕事とエネルギー 48
仕事とエネルギー 49/ 保存力と力学的エネルギー 49/
保存力と位置エネルギー 51/ 重力の位置エネルギー 52/
弾性エネルギー 52/ 力学的エネルギー 52/

5.3 物体系の運動 55
重心 55/ 反発係数と相対運動 55/

6 円運動と単振動 **58**

6.1 円運動と遠心力 58
遠心力 58/ 鉛直面内の円運動 60/

6.2 単 振 動 63
単振動と等速円運動 63/ エネルギー保存則 65/ 単振動のいくつかの例 67/ 単振り子 69/

6.3 重心と相対運動 71

7 万有引力の法則とケプラーの法則 **74**

7.1 万有引力の法則 74
万有引力の法則の導出 74/ ケプラーの第 3 法則 76/ 球形物体による万有引力 77/

7.2	万有引力とケプラーの法則	81
	万有引力による位置エネルギー　81/ ケプラーの第1法則　82/ ケプラーの第2法則　83/	
7.3	ケプラー運動	83
8	**剛体の回転運動 ★**	**87**
8.1	角運動量保存則	87
8.2	中心力と角運動量保存則	88
8.3	剛体の固定軸のまわりの回転運動方程式	89
	角運動量の角速度を用いた表現　89/ 慣性モーメント　90/ 外力のモーメント　91/ 回転運動方程式　92/ 回転の運動エネルギー　92/	
8.4	慣性モーメント	93
	重心と重心系　93/ 平行軸の定理　93/ 直交軸の定理　95/	
8.5	剛体の回転運動	98
	滑車の回転　98/ 斜面上を転がる球　99/ 剛体の微小振動　101/	

第II部　電磁気学　　105

9	**静　電　場**	**107**
9.1	静　電　気	107
	帯電現象と電荷　107/ 導体と絶縁体　108/ 静電誘導　108/ 箔検電器　108/	
9.2	クーロンの法則	110
9.3	電場と電位	111
	電場　111/ 電位　112/ 電場と電位の関係　113/ 電荷系のつり合い　117/ 電荷系の静電エネルギー　119/	

10 ガウスの法則とコンデンサー ... 122

10.1 電気力線とガウスの法則 ... 122
電気力線 122／ガウスの法則 124／ガウスの法則の積分表現 ★ 124／

10.2 ガウスの法則の導体系への適用 ... 125
導体表面の電荷と電場 126／鏡像法 128／

10.3 コンデンサー ... 129
平行板コンデンサー 131／コンデンサーの接続 134／CR 回路の充電と過渡現象 139／

11 誘電体と直流回路 ... 145

11.1 誘電体 ... 145
誘電分極 145／誘電体内の電場 146／誘電体の挿入されたコンデンサーの電気容量 147／

11.2 電流とオームの法則 ... 149
電流 149／オームの法則 150／電力 151／電流に関するミクロな考察 151／

11.3 直流回路 ... 155
電池の起電力と端子電圧 155／抵抗の接続 156／非線形抵抗 158／

12 電流と磁場 ... 163

12.1 磁場の導入 ... 163
磁石の磁場 163／ローレンツ力と磁場の定義 164／電流に磁場から作用する力 169／ホール効果 171／

12.2 電流のつくる磁場 ... 172
いろいろな電流のつくる磁場 172／ビオ–サバールの法則 ★ 174／アンペールの法則 ★ 177／

12.3 磁性体 ... 180

13	**電磁誘導と回路**	**181**
13.1	電　磁　誘　導	181
	電磁誘導の法則　182/ 誘導電場　182/	
	積分形式の電磁誘導の法則 ★　184/	
13.2	ローレンツ力と誘導起電力	185
13.3	電場と相対論	192
	座標変換で生じる電場　192/ 電場の起源　193/ 力の変換　196/	
13.4	自己誘導と相互誘導	198
	自己誘導と相互誘導　198/ コイルに流れる電流と磁束　202/	
14	**交流と電気振動**	**205**
14.1	交　　　流	205
	交流の発生　205/ 実効値と各素子に流れる交流　207/ RLC 直列	
	交流回路　211/ 交流のベクトル表現　212/ 変圧器　215/	
14.2	電　気　振　動	216
15	**電磁波の発生★**	**221**
15.1	マクスウェル–アンペールの法則	221
15.2	平　　面　　波	223
15.3	電　　磁　　波	224
	波動方程式　225/ 電磁波の方程式　225/ いろいろな電磁波　226/	

	第 III 部　　現代物理学入門	**229**
16	**量子論の誕生**	**231**
16.1	プランクの量子仮説	231
16.2	アインシュタインの光量子論	232
16.3	光　電　効　果	233
	仕事関数　233/ 光電効果の基本的な関係式　234/	

光電効果の検証　235/

16.4　コンプトン効果 237
可視光による散乱　237/ コンプトンの実験　238/
光子の運動量　239/ コンプトン効果の計算 (非相対論)　240/
相対論的運動量とエネルギー　243/

17　前期量子論 245

17.1　原子構造 245
いろいろな原子模型　245/ ラザフォードの実験　246/

17.2　ボーアの水素原子模型 246
水素原子のスペクトル　246/ ボーアの水素原子模型　247/ 振動数条件とスペクトル系列　249/ ボーア–ゾンマーフェルトの量子化条件　250/

17.3　X線回折 252
連続X線　252/ 特性X線　253/ X線回折　254/

17.4　ド・ブロイ波 255

17.5　不確定性原理 259

18　いろいろな物質 261

18.1　パウリの排他律とスピン 261
同種粒子　261/ 波動関数の対称性　262/

18.2　金属 263

18.3　絶縁体と半導体 265
絶縁体　265/ 半導体　265/

19　原子核と放射線 267

19.1　原子核 267
原子核の構成　268/ 核力　269/ 原子量と原子質量単位　269/

19.2　放射線 269
α崩壊　270/ β崩壊　270/ γ崩壊　271/

19.3 半減期 273

19.4 原子核反応 275
　　　　質量欠損と結合エネルギー　275/ 核反応　276/
　　　　核分裂と核融合　276/

20 特殊相対論の概要 ★ 279

20.1 マイケルソン干渉計 279

20.2 ローレンツ収縮 281

20.3 特殊相対論の仮定 282

20.4 時間の遅れ 283

20.5 光のドップラー効果 286
　　　　横ドップラー効果　286/ 縦ドップラー効果　287/

20.6 ローレンツ変換 288

20.7 速度・加速度の変換則 289
　　　　ガリレイ変換　289/ 速度の変換則　290/ 加速度の変換則　290/

20.8 相対論的力学 291
　　　　相対論的運動方程式　291/ 運動量とエネルギー　292/

　　索　　引 295

★印は高校物理では扱わない，ややレベルの高い内容であることを示す．

第I部

力　　学

　近代物理学は，ニュートンによって創始された力学 (ニュートン力学とよばれる) に始まる．ニュートンは次の力学法則を基本原理と考えて，それらを出発点に力学現象をすべて説明できると考えた．

1. 運動の 3 法則
    - 第 1 法則 (慣性の法則)　物体に力がはたらかなければ，その物体は静止し続けるか，等速直線運動をする．
    - 第 2 法則 (運動方程式)　物体に力を加えると，物体にはその力に比例する加速度が生じる．
    - 第 3 法則 (作用–反作用の法則)　物体 A に物体 B から力が作用すると，物体 B には必ず同じ大きさで逆向きの力が作用する．
2. 万有引力の法則　質量をもつ物体間には，物体の質量の積に比例し，物体間の距離の 2 乗に反比例する引力がはたらく．

　ニュートンは，これらの基本法則を用いて力学現象をしらべる上で必要となる数学，すなわち微分・積分の数学を自ら発案して用いた．
　そこで，本書でもある程度の微分・積分を用いて物理現象をしらべていくことにしよう．

1 運 動 の 表 現

物体の運動を考えるには,まず運動を表現することが必要である.運動は,位置,速度,加速度を用いて表される.速度は位置の変化率,加速度は速度の変化率であり,それらはそれぞれ位置と速度の時間に関する微分で与えられる.逆に速度と位置は,それぞれ加速度と速度の積分で表される.

微分・積分は力学を考える上で不可欠であるから,それらの数学を確実に理解しておくことから始めよう.

1.1 x 軸に沿った運動

(1) 速 度

図 1.1 のように,物体 P が x 軸に沿って運動している.時刻 t における P の位置を x,時刻 $t + \Delta t$ における P の位置を $x + \Delta x$ とするとき,

$$\bar{v} = \frac{\Delta x}{\Delta t}$$

を,時刻 t から $t + \Delta t$ までの間の**平均速度**(average velocity) という.さらに,時間 Δt を微小時間として $\Delta t \to 0$ の極限をとった量を**瞬間速度**(instantaneous velocity) [あるいは単に**速度**(volocity)] といい,

$$v = \frac{dx}{dt} = \dot{x} \tag{1.1}$$

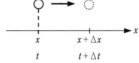

図 **1.1**

と表す.ここで,位置 x は時刻 t の関数で表され,dx/dt を x の t に関する**導関数**(derived function) [あるいは単に**微分**(derivative)] という.また,x の t に関する微分を,簡略化した記号で,x の上にドット(˙)を付けて,$\dot{x}$ と表す.

☞ 一般に,x の関数 $y = f(x)$ の x に関する微分は,
$$\frac{dy}{dx} = f'(x) = y'$$
と表される.

(2) x–t グラフ

物体の位置 x と時刻 t の関係を表すグラフを x–t **グラフ**という.時刻 t から $t + \Delta t$ までの平均速度 $\bar{v}$ は,図 1.2 に示された x–t グラフ上の 2 点 $\mathrm{P}(t, x)$,$\mathrm{Q}(t + \Delta t, x + \Delta x)$ 間を結ぶ直線の傾きで表され,時刻 t での瞬間速度 v は,x–t グラフ上の点 P での接線の傾きで表される.

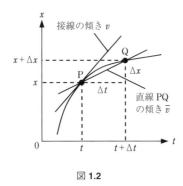

図 **1.2**

(3) 加 速 度

時刻 t における P の速度を v,時刻 $t + \Delta t$ における P の速度を $v + \Delta v$ とするとき,
$$\bar{a} = \frac{\Delta v}{\Delta t}$$

を，時刻 t から $t+\Delta t$ までの間の**平均加速度**(average acceleration) という．さらに，時間 Δt を微小時間として $\Delta t \to 0$ の極限をとった量を**瞬間加速度**(instantaneous acceleration) [あるいは単に**加速度**(acceleration)] といい，

$$a = \frac{dv}{dt} = \dot{v} = \ddot{x} \tag{1.2}$$

と表す．ここで，$\ddot{x}$ は加速度を表し，x の上の 2 つのドット ($\ddot{}$) は時刻 t での 2 階微分を示している．

(4) v–t グ ラ フ

物体の速度 v と時刻 t の関係を表すグラフを v–t **グラフ**という．時刻 t での瞬間加速度 a は，図 1.3 に示された v–t グラフ上の点 P での接線の傾きで表される．

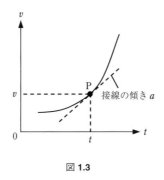

図 **1.3**

以下の (5), (6), (7) では数学の説明をする．

(5) 不 定 積 分

微分すると $f(x)$ となる関数を，$f(x)$ の**原始関数**(primitive function) あるいは**不定積分**(indefinite integral) といい，$\int f(x)\,dx$ と表す．関数を微分すると，定数項はゼロになるので，$f(x)$ の不定積分の 1 つを $F(x)$ と表すと，$f(x)$ の任意の不定積分は，

$$\int f(x)\,dx = F(x) + C \tag{1.3}$$

と表される.ここで,C は任意定数で**積分定数**(integral constant) とよばれる.たとえば,$\int(3x^2-1)dx = x^3 - x + C$ は不定積分で C は積分定数である.

(6) 定 積 分

関数 $f(x)$ の不定積分の 1 つを $F(x)$ とする.定数 a,b が与えられたとき,$F(b) - F(a)$ を記号 $\int_a^b f(x)\,dx$ で表し,**定積分**(definite integral) とよぶ.いま,$F(b) - F(a)$ を $[F(x)]_a^b$ と書くと,

$$\int_a^b f(x)\,dx = [F(x)]_a^b = F(b) - F(a) \tag{1.4}$$

と表される.このとき定積分 $\int_a^b f(x)\,dx$ は,図 1.4 に示されるように,$x = a$ から $x = b$ までの間で,曲線 $y = f(x)$ と x 軸で囲まれた面積 S を表す.

たとえば,定積分 $\int_1^3 x^2 dx = \left[\frac{x^3}{3}\right]_1^3 = \frac{26}{3}$ は図 1.5 の灰色部分の面積を表す.

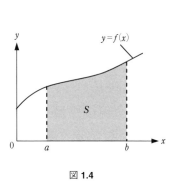

図 **1.4**

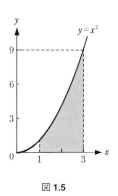

図 **1.5**

(7) 微積分の基本定理

$$\frac{d}{dx}\int_a^x f(t)\,dt = f(x) \tag{1.5}$$

証明 関数 $f(x)$ の不定積分の 1 つを $F(x)$ とすると,

$$\int_a^x f(t)\,dt = F(x) - F(a)$$

と書けるから，
$$\frac{d}{dx}\int_a^x f(t)\,dt = \frac{d}{dx}F(x) = f(x)$$
となる． ∎

(8) 速度から位置座標，加速度から速度を求める

時刻 t_0 に位置 x_0 の点 P を速度 v_0 で通過した物体が，時刻 t に位置 x の点 R を速度 v で通過するとする．このとき，x と x_0 の関係は，その間の速度 $v(t')$ ($t_0 < t' < t$) を用いて表される．同様に，v と v_0 の関係は，その間の加速度 $a(t')$ を用いて表される．

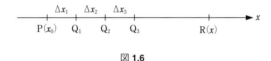

図 **1.6**

図 1.6 のように，点 P と点 Q_1 の間の距離 Δx_1 は，その間の平均速度 $\bar{v}_1$ を用いて，
$$\Delta x_1 = \bar{v}_1 \Delta t$$
と表される．同様に，点 Q_1 と点 Q_2 間の距離 Δx_2 は，その間の平均速度を $\bar{v}_2$ とすると $\Delta x_2 = \bar{v}_2 \Delta t$，$Q_2$–$Q_3$ 間の距離 Δx_3 は，平均速度 $\bar{v}_3$ を用いて，$\Delta x_3 = \bar{v}_3 \Delta t$，$\cdots$ と表される．こうして，点 P と点 R の間の距離 $x - x_0$ はこれらの和で表される．
$$x - x_0 = \Delta x_1 + \Delta x_2 + \Delta x_3 + \cdots$$
ここで，時間を $\Delta t \to 0$ とした極限で上式の右辺は，定積分 $\int_{x_0}^x dx' = \int_{t_0}^t v\,dt'$ で表される．こうして，点 R の位置は点 P の位置 x_0 から，
$$x = x_0 + \int_{t_0}^t v(t')\,dt' \tag{1.6}$$
と表される．

同様に，
$$v = v_0 + \int_{t_0}^t a(t')\,dt' \tag{1.7}$$

を得る．

式 (1.6) の両辺を時間 t で微分すると，微積分の基本定理 (1.5) より，$dx/dt = v(t)$ となり，式 (1.7) の両辺を時間 t で微分すると，$dv/dt = a(t)$ となり，それぞれ，式 (1.1), (1.2) を得ることができる．

例題 1.1 速度・加速度 x 軸上を運動する点 P の速度が時刻 t の関数として，$v = 3t^2 - 2t - 1$ で与えられるとき，その位置座標 x と加速度 a を t の関数として表し，$0 \leq t \leq 2$ の範囲で v–t グラフと x–t グラフを描け．ただし，時刻 $t = 1$ における点 P の位置は $x_0 = -1$ とする．

解答 加速度 a は，式 (1.2) より，
$$a = \frac{dv}{dt} = 6t - 2$$
位置座標 x は，式 (1.6) に $x_0 = -1$ を用いて，
$$x = -1 + \int_1^t (3t'^2 - 2t' - 1)\,dt' = -1 + \left[t'^3 - t'^2 - t'\right]_1^t = t^3 - t^2 - t$$
v–t グラフと x–t グラフは，それぞれ図 1.7a, b のようになる． ∎

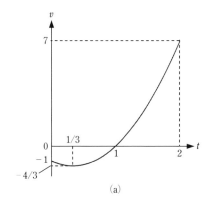
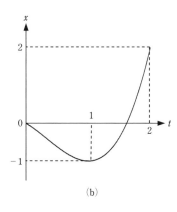

図 **1.7**

(9) 等加速度直線運動

時刻 $t=0$ に位置 x_0 を速度 v_0 で通過した物体が，一定の加速度 a で運動し，時刻 t に位置 x を速度 v で通過する．このとき，$v = v_0 + \int_0^t a\, dt'$ より，

$$v = v_0 + at \tag{1.8}$$

また，$x = x_0 + \int_0^t v\, dt' = x_0 + \int_0^t (v_0 + at')\, dt'$ より，

$$x = x_0 + v_0 t + \frac{1}{2} a t^2 \tag{1.9}$$

を得る．さらに，式 (1.8), (1.9) より時刻 t を消去すると，

$$v^2 - v_0^2 = 2a(x - x_0) \tag{1.10}$$

となる．ここで，$x - x_0$ は位置の変化であり，物体が移動した道のりではないことに注意しよう．

☞ 式 (1.8), (1.9), (1.10) は，等加速度直線運動を考える場合，非常に役立つ式であるが，加速度が一定ではない運動ではまったく役立たない．加速度が変化するときは，基本的に微分と積分の関係式 (1.1), (1.2), (1.6), (1.7) を用いることになる．

例題 1.2 加速度が負の等加速度直線運動　図 1.8 のように，x 軸上を加速度 $-2\,\mathrm{m/s}$ で等加速度運動する点 P が，時刻 $t = 0\,\mathrm{s}$ に原点 $x = 0\,\mathrm{m}$ を速度 $6\,\mathrm{m/s}$ で通過した．点 P の x 座標の最大値 x_M，2 度目に $x = 0\,\mathrm{m}$ を通過する時刻 t_0，および，$t = 0\,\mathrm{s}$ から $t = 5\,\mathrm{s}$ まで点 P が動いた道のりを求めよ．また，点 P の v–t グラフと x–t グラフを描け．

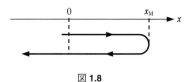

図 1.8

解答 x 座標が最大値をとる瞬間,点 P の速度 v は 0 となる.したがって式 (1.10) で $x_0 = 0, v_0 = 6\,\mathrm{m/s}, a = -2\,\mathrm{m/s}, v = 0\,\mathrm{m/s}$ として,

$$0^2 - 6^2 = 2 \times (-2) \times (x_\mathrm{M} - 0) \qquad \therefore \quad x_\mathrm{M} = 9\,\mathrm{m}$$

式 (1.9) で $x = 0$ とおき,$t \neq 0$ として,

$$0 = 6t_0 + \frac{1}{2}(-2)t_0^2 \qquad \therefore \quad t_0 = 6\,\mathrm{s}$$

点 P の速度がゼロになり,位置 x_M に達する時刻 t_M は,式 (1.8) より,

$$0 = 6 + (-2)t_\mathrm{M} \qquad \therefore \quad t_\mathrm{M} = 3\,\mathrm{s}$$

$0 \leq t < 3$ では x 軸正方向に,$3 < t \leq 5$ では x 軸負方向に動く.$t = 5\,\mathrm{s}$ における点 P の位置 x_1 は,式 (1.9) より,

$$x_1 = 6t + \frac{1}{2}(-2)t^2 = 5\,\mathrm{m}$$

となる.したがって,$t = 0\,\mathrm{s}$ から $t = 5\,\mathrm{s}$ まで点 P が動いた道のり l は,

$$l = x_\mathrm{M} + (x_\mathrm{M} - x_1) = 9 + (9 - 5) = 13\,\mathrm{m}$$

時刻 $t\,(>0)$ での速度 v と位置 x は,式 (1.8), (1.9) より,

$$v = 6 + (-2)t = 6 - 2t$$
$$x = 6t + \frac{1}{2}(-2)t^2 = 6t - t^2 = -(t-3)^2 + 9$$

これより,図 1.9a, b を得る. ∎

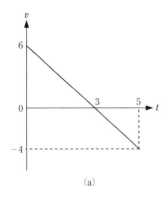

(a)

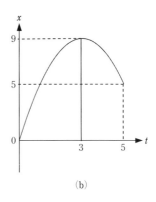

(b)

図 **1.9**

1.2　3次元の運動

今後，ベクトルは太字で表すことにする．

(1) 位置，速度，加速度

　質量をもち，大きさの無視できる物体を**質点**(material particle) という．3次元空間では，質点の位置は位置ベクトル $\bm{r} = (x, y, z)$ で表される．図 1.10 のように，時間 Δt の間に質点が位置 $\bm{r}$ の点 P から位置 $\bm{r}' = \bm{r} + \Delta \bm{r}$ の点 P′ まで曲線軌道 C に沿って動くとき，この間の質点の平均速度は $\bar{\bm{v}} = \Delta \bm{r}/\Delta t$ と表され，点 P での質点の (瞬間) 速度 $\bm{v}$ は，

$$\bm{v} = \lim_{\Delta t \to 0} \frac{\Delta \bm{r}}{\Delta t} = \frac{d\bm{r}}{dt} = \dot{\bm{r}} = (\dot{x}, \dot{y}, \dot{z})$$

と表される．

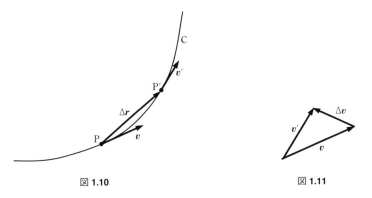

図 1.10　　　　　　　　　図 1.11

　点 P′ での質点の速度を $\bm{v}' = \bm{v} + \Delta \bm{v}$ とすると，点 P での質点の (瞬間) 加速度 $\bm{a}$ は (図 1.11)，

$$\bm{a} = \lim_{\Delta t \to 0} \frac{\Delta \bm{v}}{\Delta t} = \frac{d\bm{v}}{dt} = \frac{d^2 \bm{r}}{dt^2} = \ddot{\bm{r}} = (\ddot{x}, \ddot{y}, \ddot{z})$$

と表される．

点 P での質点の速さ $v = |\bm{v}|$ と加速度の大きさ $a = |\bm{a}|$ はそれぞれ，

$$v = \sqrt{\dot{x}^2 + \dot{y}^2 + \dot{z}^2}, \qquad a = \sqrt{\ddot{x}^2 + \ddot{y}^2 + \ddot{z}^2}$$

となる．

(2) 円 運 動

速度 図 1.12 のように，質点が点 O を中心に半径 r の円軌道上を運動している．時刻 t における質点の位置を P，速度を $\bm{v}$，時刻 $t + \Delta t$ における位置を P′，速度を $\bm{v}'$ とし，$|\bm{v}| = v$, $|\bm{v}'| = v'$ とする．Δt を微小時間とすると，$v' \approx v$ であるから，$\overparen{\mathrm{PP}'} \approx v \cdot \Delta t$ と表される．一方，$\angle \mathrm{POP}' = \Delta\theta$ とおくと角度をラジアンの単位で表せば，$\overparen{\mathrm{PP}'} = r \cdot \Delta\theta$ と書ける．これより，

$$v \cdot \Delta t \approx r \cdot \Delta\theta \qquad \therefore \quad v \approx r\frac{\Delta\theta}{\Delta t}$$

ここで，$\Delta t \to 0$ とすると，

$$v = r\frac{d\theta}{dt} = r\dot{\theta} = r\omega \tag{1.11}$$

となる．$\omega = \dot{\theta}$ を点 P における質点の**角速度**(angular velocity) という．

加速度 図 1.12 において，速度 $\bm{v}$ と $\bm{v}'$ のなす角は $\Delta\theta$ であるから，$\bm{v}$ と $\bm{v}'$ の始点を一致させ，$\bm{v}$ を $\overrightarrow{\mathrm{OA}}$, $\bm{v}'$ を $\overrightarrow{\mathrm{OB}}$ とする．線分 OB 上に $\overline{\mathrm{OA}} = \overline{\mathrm{OC}}$ となる点

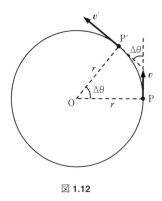

図 1.12

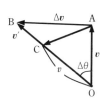

図 1.13

C をとり，$\Delta \boldsymbol{v} = \overrightarrow{AB}$ を，
$$\Delta \boldsymbol{v} = \overrightarrow{AC} + \overrightarrow{CB}$$
と分解する (図 1.13)．ここで，$|\overrightarrow{AC}|$ はほぼ円弧 $\overparen{AC}$ に等しく，円弧 $\overparen{AC}$ は，
$$\overparen{AC} = v\Delta\theta$$
となり，$\overline{CB} = v' - v \equiv \Delta v$ と書ける．

点 P における接線方向の加速度 (これを**接線加速度**という) は，
$$a_{\mathrm{t}} = \lim_{\Delta t \to 0} \frac{\overline{CB}}{\Delta t} = \lim_{\Delta t \to 0} \frac{\Delta v}{\Delta t} = \frac{dv}{dt} = r\ddot{\theta} = r\dot{\omega}$$
中心 O に向かう向きの加速度 (これを**向心加速度**という) は，
$$a_r = \lim_{\Delta t \to 0} \frac{\overline{AC}}{\Delta t} = \lim_{\Delta t \to 0} v\frac{\Delta\theta}{\Delta t}$$
$$\therefore \quad \boxed{a_r = v\omega = r\omega^2 = \frac{v^2}{r}} \tag{1.12}$$
となる．

等速円運動では，$dv/dt = 0$ であるから $a_{\mathrm{t}} = 0$ であり，速さの変化する円運動では，$a_{\mathrm{t}} \neq 0$ である．また，向心加速度は速さ v が変化しているかどうかによらず，式 (1.12) で与えられる．

例題 1.3 楕円上の運動の速度，加速度　質点 P の座標が時刻 t の関数として，$\boldsymbol{r} = (x, y) = (A\cos\omega t, B\sin\omega t)$ ($A > B > 0$, ω は一定) と表されるとき，P の描く軌道の方程式を求め，P の加速度は原点からの変位に比例し，原点に向かう向きであることを示せ．また，その比例定数を求めよ．

解答　$x = A\cos\omega t, y = B\sin\omega t$ を $\cos^2\omega t + \sin^2\omega t = 1$ に代入して，
$$\frac{x^2}{A^2} + \frac{y^2}{B^2} = 1$$
これは，原点を中心とした長軸の長さ $2A$，短軸の長さ $2B$ の楕円を表す．

加速度を $\boldsymbol{a} = (\ddot{x}, \ddot{y})$ として，微分公式
$$\frac{d}{dt}(\cos\omega t) = -\omega\sin\omega t, \qquad \frac{d}{dt}(\sin\omega t) = \omega\cos\omega t$$

を用いると，

$$\ddot{x} = -A\omega^2 \cos\omega t = -\omega^2 x$$
$$\ddot{y} = -B\omega^2 \sin\omega t = -\omega^2 y$$

よって，

$$\boldsymbol{a} = -\omega^2 \boldsymbol{r}$$

これより，加速度 $\boldsymbol{a}$ は原点からの変位 $\boldsymbol{r}$ に比例し，原点に向かう向きであることがわかる．また，その比例定数は符号を除いて ω^2 である． ∎

2 力について

　本章からが力学の本論である．まず，静力学として力のつり合いを考える．ここでは，重力，弾性力，摩擦力などを考慮して，それらのつり合いを考える．大きさのない質点のつり合いは合力ゼロの条件で簡単に書けるが，大きさをもつ剛体のつり合いでは合力ゼロの条件以外に，力のモーメントがゼロになる条件を必要とする．

　力のモーメントゼロの条件は，どの点のまわりで考えてもよい．このことの証明には，ベクトルとベクトルをかけてベクトルになるベクトルの外積，あるいはベクトル積とよばれるかけ算を用いると簡単である．

2.1 いろいろな力

　物体の運動状態を変化させたり，変形させるもとになるものを**力**(force)という．力は向きと大きさをもつベクトルである．物体に多くの力 $F_1, F_2, F_3, \cdots$ がはたらいているとき，その合力 F は，

$$F = F_1 + F_2 + F_3 + \cdots$$

となる．

(1) 重力と質量

　地球上の物体には，すべて**重力**(gravity)が作用する．空気抵抗が無視できる場合，物体は地球上で，物体の種類によらず加速度 $g \approx 9.8\,\mathrm{m/s^2}$ で落下する．この加速度 g を**重力加速度**(gravitational acceleration)という．物体にはたらく重力に比例し，地球上とか月の上とかなどという場所によらず物体に固有な量を**質量**(mass) [正確には，**重力質量**(gravitational mass)] という．地球上で，質量 m の物体には，大きさ mg の重力がはたらく．

(2) ばねの弾性力

ばねが自然の状態から伸び縮みすると，ばねには**弾性力**(elastic force) が作用する．図 2.1 のように，ばねの一端を固定した自然長のときの他端の位置に原点，ばねの伸びる向きに x 軸をとる．ばねの伸びが x のときばねの弾性力 F は，

$$F = -kx \tag{2.1}$$

と表される．ここで，k は**ばね定数**(spring constant) である．

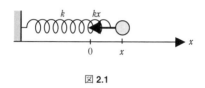

図 2.1

(3) 摩 擦 力

図 2.2 のように，粗い水平面上に静止している物体に水平方向に加える外力の大きさ f を 0 から次第に大きくしていくと，物体にはたらく**摩擦力**(friction force) の大きさは図 2.3 のように変化する．f が大きさ $F_{\max}$ の**最大摩擦力**(maximal friction force) になるまでは，物体にはたらく力はつり合い，物体は静止したままである．物体が滑っていないときにはたらく摩擦力を**静止摩擦力**(static friction

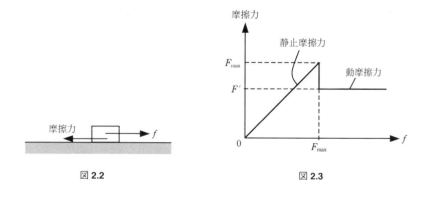

図 2.2　　　　　　　　図 2.3

force) という. したがって, 静止摩擦力の大きさ F は,

$$F \leq F_{\max} \tag{2.2}$$

を満たす. f が $F_{\max}$ を超えると物体は水平面上を滑り出し, 速さによらない大きさ F' の動摩擦力がはたらく. そのとき一般に,

$$F' < F_{\max} \tag{2.3}$$

の関係が成り立つ. $F_{\max}$ と F' は, ともに接触面に垂直にはたらく**垂直抗力**(normal reaction) の大きさ N に比例する. したがって, $F_{\max}$ と F' はそれぞれの比例定数 μ, μ' を用いて,

$$\boxed{F_{\max} = \mu N}, \qquad \boxed{F' = \mu' N} \tag{2.4}$$

と表される. このとき, それぞれの比例定数 μ, μ' を**静止摩擦係数**(coefficient of static friction), **動摩擦係数**(coefficient of kinetic friction) という. そこで, 式 (2.3), (2.4) より, 不等式

$$\boxed{\mu' < \mu} \tag{2.5}$$

の成り立つことがわかる.

2.2 質点にはたらく力のつり合い

図 2.4 のように, 質点 P にいろいろな力 $\boldsymbol{F}_1, \boldsymbol{F}_2, \boldsymbol{F}_3, \cdots$ が作用し, P が静止しているか等速度運動しているとき, P に作用している力はつり合い, それらの合力はゼロになっている. したがって, $\boldsymbol{F}_1 = (F_{1x}, F_{1y}, F_{1z})$, $\boldsymbol{F}_2 = (F_{2x}, F_{2y}, F_{2z})$, $\boldsymbol{F}_3 = (F_{3x}, F_{3y}, F_{3z}), \cdots$ とすると,

$$\boldsymbol{F}_1 + \boldsymbol{F}_2 + \boldsymbol{F}_3 + \cdots = \boldsymbol{0} \quad \Leftrightarrow \quad \begin{cases} F_{1x} + F_{2x} + F_{3x} + \cdots = 0 \\ F_{1y} + F_{2y} + F_{3y} + \cdots = 0 \\ F_{1z} + F_{2z} + F_{3z} + \cdots = 0 \end{cases} \tag{2.6}$$

が成り立つ.

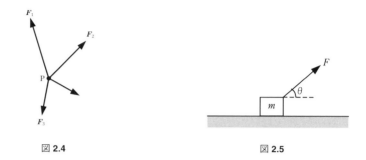

図 2.4　　　　　　　　　　図 2.5

例題 2.1　摩擦のある水平面上の物体　図 2.5 のように，摩擦のある水平面上に質量 m の物体が置かれているとき，水平と角 θ をなす向きに大きさ F の外力を加える．F を 0 から次第に大きくして，ある値 F_0 を超えると物体は水平面上を動き出した．F_0 を求めよ．ただし，物体と水平面の間の静止摩擦係数を μ_0，重力加速度の大きさを g とする．

解答　水平面から物体にはたらく垂直抗力の大きさを N，静止摩擦力の大きさを f とすると，$F = F_0$ のとき，$f = \mu_0 N$ となるから，物体にはたらく力のつり合いは，

$$F_0 \cos\theta - \mu_0 N = 0 \quad (\text{水平方向}), \qquad F_0 \sin\theta + N - mg = 0 \quad (\text{鉛直方向})$$

これらより N を消去して，

$$F_0 = \frac{\mu_0}{\cos\theta + \mu_0 \sin\theta} mg$$

となる．　■

2.3　剛体にはたらく力のつり合い

　大きさをもち，力が加わっても変形しない理想的な物体を**剛体**(rigid body) という．また，無限に多くの質点が互いの位置関係を変えることなく連続的に分布した物体を剛体と考えることができる．力がはたらく点を**作用点**(point of application) といい，作用点を通り力のベクトルに沿った直線を**作用線**(line of action) という．剛体にはたらく力を作用線に沿って動かしても，その作用に変化はない．

(1) ベクトルの内積と外積

ベクトルどうしのかけ算には，内積 (スカラー積ともいう) と外積 (ベクトル積ともいう) がある．

内積 図 2.6 のように，2 つのベクトル A と B について，A と B のなす角を θ ($0 \leq \theta \leq \pi$) とするとき，演算

$$A \cdot B \equiv |A| |B| \cos \theta \tag{2.7}$$

を**内積**(inner product) という．この定義より，A と B が平行のとき，内積の値は A の大きさと B の大きさの積に等しい．また，A と B が垂直のとき，内積の値はゼロである．

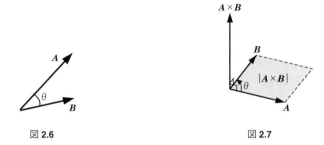

図 2.6　　　　　図 2.7

外積 図 2.7 のように，A と B を隣り合う 2 辺とする平行四辺形の面積をその大きさとし，A と B を含む平面に垂直で A の向きから B の向きに右ねじを回すとき，ねじの進む向きのベクトルを $A \times B$ と書き，**外積**(outer product) という．外積の大きさ $|A \times B|$ は，

$$|A \times B| = |A| |B| \sin \theta \tag{2.8}$$

と表される．ここで，$0 \leq \theta \leq \pi$ である．したがって，A と B が平行のとき，内積の値はゼロであり，A と B が垂直のとき，外積の値は A の大きさと B の大きさの積に等しい．また，外積はかける順序を逆にすると符号が反転する．

$$A \times B = -B \times A \tag{2.9}$$

外積については，

$$B \times A = -A \times B \qquad \text{(交換法則)}$$
$$(A+B) \times C = A \times C + B \times C \qquad \text{(分配法則)}$$

が成り立つ．

(2) 力のモーメント

図 2.8 のように，ある剛体に力 F が作用するとき，点 O を原点として F の作用点 P の位置ベクトルを r とする．このとき，

$$\boxed{N = r \times F} \tag{2.10}$$

を点 O のまわりの**力のモーメント**(moment of force)[*1]といい，剛体を点 O のまわりに回転させようとするはたらきを表す．

点 O から力 F ($|F| = F$) の作用線に引いた垂線の長さを h とするとき，力のモーメントの大きさ N は，

$$N = F \cdot h \tag{2.11}$$

となる．

図 2.9 の剛体上の点 A に大きさ F_1 の力を図の矢印の向きに加え，点 B に大きさ F_2 の力を矢印の向きに加える．このとき，点 O から大きさ F_1 の力の作用線

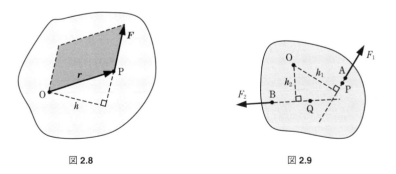

図 2.8　　　　　　　　　図 2.9

[*1] 正確には点 O を通り紙面に垂直な回転軸のまわりの力のモーメントであるが，これを 2 章では簡単化のため「点 O のまわり」と表現する．

に引いた垂線の長さを h_1,大きさ F_2 の力の作用線に引いた垂線の長さを h_2 とすると,この剛体の点 O のまわりの左回りの力のモーメント N は,

$$N = F_1 h_1 - F_2 h_2 \tag{2.12}$$

となる.$N = 0$ のとき,点 O のまわりのモーメントはつり合い,剛体はこの点のまわりに回転しない[*2].

重心 質量 m_1 の質点の位置を $\boldsymbol{r}_1$,質量 m_2 の質点の位置を $\boldsymbol{r}_2$ とするとき,位置

$$\boxed{\boldsymbol{r}_\mathrm{G} = \frac{m_1 \boldsymbol{r}_1 + m_2 \boldsymbol{r}_2}{m_1 + m_2}} \tag{2.13}$$

を**重心**(center of gravity) という.一般に,N 個の質点の重心は,

$$\boldsymbol{r}_\mathrm{G} = \frac{m_1 \boldsymbol{r}_1 + m_2 \boldsymbol{r}_2 + \cdots + m_N \boldsymbol{r}_N}{m_1 + m_2 + \cdots + m_N}$$

で定義される.たとえば,一様な細い棒の重心はその中点であり,一様な円板の重心はその中心である.

(3) 剛体のつり合い

剛体にはたらく力のつり合いは,次のようになる.

(a) **合力はゼロ** 剛体に力 $\boldsymbol{F}_1, \boldsymbol{F}_2, \boldsymbol{F}_3, \cdots$ が作用するとき,

$$\boldsymbol{F}_1 + \boldsymbol{F}_2 + \boldsymbol{F}_3 + \cdots = \boldsymbol{0}$$

これは,剛体の重心が静止するか等速度運動する条件であり,質点のつり合いと同様である.

(b) **力のモーメントの和はゼロ** 剛体にモーメント $\boldsymbol{N}_1, \boldsymbol{N}_2, \boldsymbol{N}_3, \cdots$ の力が作用するとき,

$$\boldsymbol{N}_1 + \boldsymbol{N}_2 + \boldsymbol{N}_3 + \cdots = \boldsymbol{0} \tag{2.14}$$

これは,剛体が回転しない条件である.

[*2] このことは,厳密には運動方程式から導かれる (8 章参照).

以下，条件 (b) について考えてみよう．

図 2.9 において，式 (2.12) で与えられる力のモーメントがゼロであれば，この剛体は点 O のまわりに回転しない．大きさ F_1 の力の作用線上にあり，大きさ F_2 の力の作用線上にない点 P のまわりのモーメント N_P を考えると，N_P は F_2 の力のモーメントだけで与えられるため，この剛体は点 P のまわりに右回りに回転する．一方，大きさ F_2 の力の作用線上にあり，大きさ F_1 の力の作用線上にない点 Q のまわりのモーメントを考えると，この剛体は左回りに回転することがわかる．したがって，どの点のまわりの回転を考えるかで，モーメントはゼロになったり (このとき剛体は回転しない)，ゼロにならなかったりする (このとき回転する)．ここで，次のことが成り立つ．

$$\begin{pmatrix} 合力ゼロ，かつ，ある1点 \\ のまわりのモーメントゼロ \end{pmatrix} \Rightarrow \begin{pmatrix} 任意の点のまわりの \\ モーメントゼロ \end{pmatrix} \quad (2.15)$$

図 2.9 の場合，大きさ F_1 と F_2 の合力はゼロではない．したがって，条件 (2.15) は成り立たず，ある 1 点のまわりのモーメントがゼロであっても，任意の点のまわりのモーメントはゼロにならない．条件 (2.15) は，合力がゼロになり，さらに 1 点のまわりの力のモーメントがゼロになれば，任意の点のまわりのモーメントがゼロになることを示している．このことを簡単な例で確かめてみよう．

例題 2.2 **軽い棒のつり合い** 図 2.10 のように，質量の無視できる長さ l の軽い棒の A 端に鉛直下向きに大きさ F_1 の力を，B 端に大きさ F_2 の力を加えて点 G で支えると，棒は水平を保った．そこで，点 G に鉛直上向きに大きさ $F = F_1 + F_2$ の力を加えて，棒に作用する合力をゼロにした．このとき，棒の任意の点 P のまわりのモーメントがゼロであることを示せ．

解答 点 G で支えると棒が水平を保つことから，G のまわりの力のモーメントはゼロである．したがって，A–G 間の距離 l_1 は，

$$F_1 \cdot l_1 = F_2 \cdot (l - l_1) \qquad \therefore \quad l_1 = \frac{F_2}{F} l$$

A 端から点 P までの距離を x，P のまわりのモーメント N_P は左回りを正として，

$$N_P = F_1 \cdot x + F(l_1 - x) - F_2(l - x) = F \cdot l_1 - F_2 \cdot l = 0$$

となる．この結果は距離 x によらず成立し，任意の点 P のまわりの力のモーメントはゼロであることがわかる． ∎

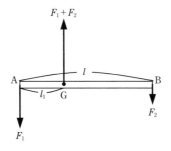

図 2.10

例題 2.3 立てかけられた梯子のつり合い 図 2.11 のように，質量 M，長さ $2l$ の一様な梯子を，粗い床と角 θ をなすようになめらかな壁に立てかけた．壁と梯子の間に摩擦はなく，梯子と床の間の静止摩擦係数は $\mu_0 = \sqrt{3}/2$ である．質量 M の人が床から梯子を登り始め，中点 O まで梯子は滑らずに登ることができた．角 θ はどのような値か．

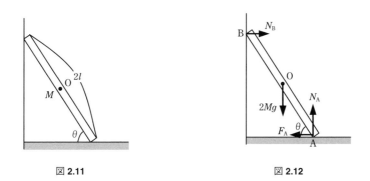

図 2.11 図 2.12

解答 人が中点 O に達したときの梯子のつり合いを考える．図 2.12 のように，梯子が床に接する点を A，壁に接する点を B とし，点 A で床から梯子に作用する垂直抗力を N_A，静止摩擦力を F_A，点 B で壁から梯子に作用する垂直抗力を N_B とする．梯子にはたらく力のつり合いは，重力加速度の大きさを g として，

$$F_A - N_B = 0 \quad (水平方向), \qquad N_A - 2Mg = 0 \quad (鉛直方向)$$

点 A のまわりの力のモーメントのつり合いは，

$$2Mg \cdot l\cos\theta - N_B \cdot 2l\sin\theta = 0$$

また，点 A で梯子が床上を滑らない条件は，

$$F_\mathrm{A} \leq \mu_0 N_\mathrm{A}$$

これらより，

$$\mu_0 \geq \frac{F_\mathrm{A}}{N_\mathrm{A}} = \frac{Mg/\tan\theta}{2Mg} = \frac{1}{2\tan\theta} \quad \therefore \quad \tan\theta \geq \frac{1}{2\mu_0} = \frac{1}{\sqrt{3}}$$

こうして，$\theta \geq 30°$ を得る． ∎

斜面上の直方体 図 2.13 のように，水平面と角 θ をなす粗い平面上に一辺の長さ a の正方形を底面とし，高さ h の一様な直方体が置かれている．直方体の底面の正方形の斜面下側の辺を A，上側の辺を B とする．この直方体の底面に斜面からはたらく垂直抗力は，A に近づくに従って増加し (図 2.14)，垂直抗力の合力の作用点 P は A–B 間の中点より A に近くなる．斜面の傾き角 θ が増加するに従って P は A に近づくが，A を越えて作用することはない．

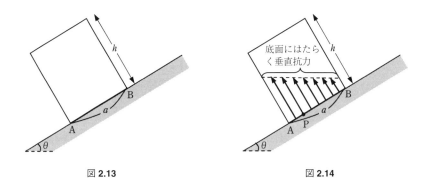

図 2.13 図 2.14

例題 2.4 直方体が倒れない条件 図 2.13 のように斜面上に直方体が静止しており，粗い面の傾角 θ を次第に大きくすると，直方体は滑らずに倒れた．このようなことが起きるためには，直方体の底面と粗い面の間の静止摩擦係数はいくら以上であればよいか．

解答 直方体の質量を M，重力加速度の大きさを g として，直方体の重心 G に作用する重力 Mg の作用線と斜面との交点を P とし，直方体は滑らないとする．直方体に作用する垂直抗力 N の作用点が点 P に一致すれば直方体は倒れることはない (図 2.15)．なぜなら，直方体に作用するすべての力，すなわち，重力 Mg，垂直抗力 N，静止摩擦力

2.3 剛体にはたらく力のつり合い

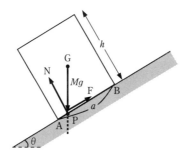

図 **2.15**

F の 3 つの力の作用線は点 P で交わり，P のまわりの力のモーメントはゼロとなり，つり合うからである．したがって，点 P が A–B 間の外に出てしまうと，そこに垂直抗力ははたらき得ないので，直方体は倒れる (図 2.16)．直方体が倒れる直前，点 P は辺 A 上に達する．このとき，斜面の傾角 θ は，

$$\tan\theta = \frac{a}{h}$$

で与えられる (図 2.17)．このとき直方体が滑らなければ題意を満たす．

斜面の傾角が θ のときの直方体のつり合いより，$N = Mg\cos\theta$，$F = Mg\sin\theta$ となるから，このとき滑らないための静止摩擦係数 μ_0 に対する条件は，

$$\mu_0 \geq \frac{F}{N} = \tan\theta \quad \therefore \quad \mu_0 \geq \frac{a}{h}$$

となる． ∎

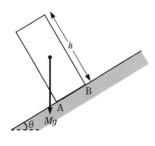

図 **2.16**

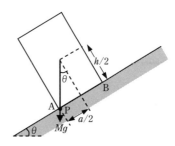

図 **2.17**

3 運動の法則

　ここで考える力学は，ニュートンによって集大成された力学であるから，**ニュートン力学**(Newtonian mechanics) とよばれる．ニュートン力学では，理由はわからないが自然界で必ず成り立つと考えられるいくつかの基本法則を考えて，それらをもとに力学現象を考察しようとする．

　この基本法則は，運動の3法則と万有引力の法則の4つである．これらの中で，万有引力の法則は7章で考えることにし，ここではまず，運動の3法則を考えよう．

3.1 運動の3法則

　ここで述べる3法則は，つねに成り立つと仮定する．これらの法則がなぜ成り立つかは問わない．

> **運動の第1法則 (慣性の法則)**　物体に力がはたらかないか，はたらいてもその合力がゼロであれば，その物体はいつまでも静止し続けるか，いつまでも等速直線運動を続ける．

　この法則が成り立つのは，物体を**慣性系**(inertial system) とよばれる座標系で観測したときだけである．以下，特に断らない限り，物体を観測する座標系は慣性系としよう．

> **運動の第2法則 (運動方程式)**　物体に力を加えると，その物体には，力の向きに加速度が生じ，その加速度の大きさは，加える力の大きさに比例する．

　この法則を式で表すと，次のようになる．

図 3.1 のように，物体 P に力 F を加えたとき，P に加速度 a が生じたとする．このとき，

$$a \propto F$$

となるから，その比例定数を $1/m$ とおき，m を**質量**(mass) [正確には**慣性質量**(inertial mass)] とよぶ．そうすると，

$$ma = F \tag{3.1}$$

が成り立つ．式 (3.1) を**運動方程式**(equation of motion) という．

この運動方程式を仮定することによって，力と質量を定めることができる．加速度は物体の運動を詳しく測定すればわかる量であるが，力はわからない．そこで，運動方程式 (3.1) を用いて，力と質量を次のように定める．

物体 P に力 F を加えたとき，P が加速度 a で運動したとする．次に，同じ物体 P に異なる力 $F_2, F_3, \cdots$ を加えたら，加速度 $2a, 3a, \cdots$ が生じたとする．このときそれぞれの力は，$F_2 = 2F, F_3 = 3F, \cdots$ で与えられる．したがって，はじめに，物体 P に加速度 $1 \mathrm{m/s^2}$ を生じさせる力を 1 ニュートン(単位記号 N) と定義しておけば，2 倍，3 倍，$\cdots$ の加速度を生じさせる力は，$2 \mathrm{N}, 3 \mathrm{N}, \cdots$ と定まる．こうして定まった力をある物体に加えたとき，物体の加速度を測定すれば，運動方程式より，その物体の質量が定まることになる．

図 3.1　　　　　　　　　図 3.2

運動の第 3 法則 (作用–反作用の法則)　物体 A から物体 B に力が作用するとき，つねに，A には B から同じ大きさで逆向きの力が作用する．

図 3.2 のように，物体 A から物体 B に作用する力を F とすると，A には B からその反作用 $-F$ が作用する．この作用と反作用は，2 つの物体間に作用する力であり，1 つの物体に作用する力ではないことに注意しよう．すなわち，作用–反作用の法則は，1 つの物体に作用する力のつり合い (合力ゼロ) とは無関係である．

3.2 運動方程式を用いる例

例題 3.1 粗い斜面上を滑る物体の運動　質量 m の小物体 P を水平面と角 θ をなす粗い斜面上の点 A で静かに (初速度ゼロで) 放したところ，P は滑り出し，A から斜面の最大傾斜線に沿って距離 l だけ下方の点 B を通過した．P が点 B を通過するときの速さを求めよ．ただし，物体 P と斜面の間の動摩擦係数を μ，重力加速度の大きさを g とする．

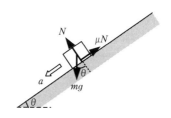

図 **3.3**

解答　物体 P にはたらく垂直抗力の大きさ N は，斜面に垂直方向の力のつり合いより，$N = mg\cos\theta$ と書けるから，P に作用する動摩擦力の大きさ f は，

$$f = \mu N = \mu mg \cos\theta$$

である (図 3.3)．これより，P の運動方程式は斜面下向きの加速度を a として，

$$ma = mg\sin\theta - \mu mg\cos\theta \quad \therefore \quad a = g(\sin\theta - \mu\cos\theta)$$

加速度 a は一定値であるから，物体 P は等加速度運動をする．よって，点 B を通過する P の速さ v は等加速度運動の式より，

$$v^2 - 0^2 = 2al \quad \therefore \quad v = \sqrt{2al} = \sqrt{2gl(\sin\theta - \mu\cos\theta)}$$

となる．　∎

例題 3.2 重ねられた 2 物体の運動　図 3.4 のように，なめらかな水平面上に質量 M の板 A が置かれ，その粗い上面に質量 m の小物体 B が置かれている．板 A に付けられ

た糸を右向きに引き，その張力を次第に大きくしたところ，その大きさが T_1 を超えたところで，B が A 上を滑り出した．T_1 を求めよ．ただし，A と水平面の間に摩擦はなく，A–B 間の静止摩擦係数を μ_0 とする．

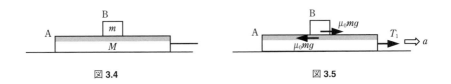

図 3.4   図 3.5

解答　板 A を引く張力の大きさが T_1 のとき，小物体 B には右向きに大きさ $\mu_0 mg$ の最大摩擦力が，A には左向きにその反作用 (大きさ $\mu_0 mg$) がはたらく (図 3.5)．A–B 間に滑りが生じる直前，A と B は同じ加速度 a で運動している．物体系 AB および小物体 B の運動方程式はそれぞれ，

$$(M+m)a = T_1 \quad \text{(物体系 AB)}, \qquad ma = \mu_0 mg \quad \text{(物体 B)}$$

これらより a を消去して，

$$T_1 = \mu_0 (M+m)g$$

となる．　∎

例題 3.3　**台上の 2 物体の運動**　図 3.6 のように，なめらかな床上になめらかな滑車の付いた質量 M の台車が置かれ，両端に同じ質量 m をもつ小物体 P, Q の付けられた軽い糸が滑車にかけられている．台車の上面 AB と P の間の動摩擦係数は μ (<1) で，台車の側面 BC にはレールが付けられ，Q は面 BC から離れることはなく，なめらかに上下することができる．はじめ，Q は床から高さ h の位置で支えられ，台車とともに静止している．この状態ですべての支えをはずすと，Q が鉛直成分 a の加速度で落下すると同時に，台車は水平方向左向きに加速度 A で動き始めた．a と A を求めよ．小物体 P と面 AB の間の摩擦以外，すべての摩擦，および滑車と糸の質量は無視でき，重力加速度の大きさを g とする．

解答　糸の質量が無視できるので，小物体 P と Q に作用する糸の張力は等しい．その大きさを T とする．Q が下降する加速度 a は，P の台車に対する相対加速度であるから，P の床に対する水平方向右向きの加速度は $a - A$ となる．また，P には台車から水平左向きに大きさ μmg の動摩擦力がはたらき，台車にはその反作用がはたらく (図 3.7)．ま

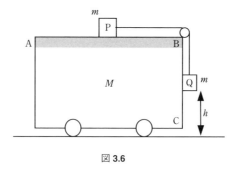

図 3.6

た滑車には，図 3.8 のように，糸からの大きさ T の張力が水平左向きと鉛直下方にはたらく．さらに，台車と Q は，水平方向左向きには，一体となって運動する．これらより，P, Q, および台車と Q 一体のそれぞれの運動方程式は次のように表される．

$$m(a - A) = T - \mu mg \quad (\text{P の水平方向右向き})$$
$$ma = mg - T \quad (\text{Q の鉛直方向下向き})$$
$$(M + m)A = T - \mu mg \quad (\text{台車と Q 一体の水平方向左向き})$$

これらより T を消去して，

$$a = (1 - \mu)\frac{M + 2m}{2M + 3m}g, \qquad A = (1 - \mu)\frac{m}{2M + 3m}g$$

を得る． ∎

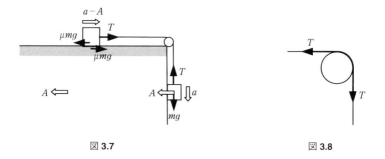

図 3.7　　　　　　　　　図 3.8

4 運動方程式を使う

運動方程式を使っていろいろな運動をしらべてみよう．まず，地表面近くでの物体の運動を，運動方程式を立ててしらべる．物体に一定の重力だけがはたらく場合と，さらに空気抵抗がはたらく場合とでは，運動の軌跡が異なることがわかるであろう．

また，物体の運動を考えるとき，加速度をもって運動する観測者がみると，その物体には実際に作用している力以外に，慣性力とよばれる見かけ上の力がはたらくこともわかる．

4.1 運動方程式を解く

(1) 放物運動

地表面から質点を投げ出す運動は，物体に作用する空気抵抗を無視すると，放物線の軌道を描くため，**放物運動**(projectile motion) とよばれている．

質点を投げ出す点を原点に，地面に沿って水平方向に x 軸，鉛直上向きに y 軸をとる．質量 m の質点 P を x 軸と角 θ をなす方向に初速 v_0 で投げ出す．空気抵

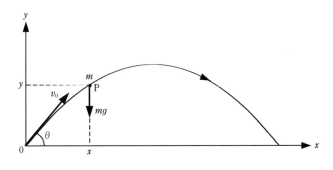

図 4.1

抗を無視すると，投げ出された P には，鉛直下方に重力 mg が作用するだけであるから，x 方向および y 方向の運動方程式は (図 4.1)，

$$m\ddot{x} = 0, \qquad m\ddot{y} = -mg \tag{4.1}$$

となる．

初期条件「$t = 0$ のとき, $(x, y) = (0, 0), (v_x, v_y) = (\dot{x}, \dot{y}) = (v_0 \cos\theta, v_0 \sin\theta)$」を用いて，式 (4.1) を時間 t に関して積分する．

$$v_x = v_0 \cos\theta, \qquad v_y = v_0 \sin\theta - gt \tag{4.2a}$$

$$x = v_0 \cos\theta \cdot t, \qquad y = v_0 \sin\theta \cdot t - \frac{1}{2}gt^2 \tag{4.2b}$$

式 (4.2b) より t を消去すると，

$$y = \tan\theta \cdot x - \frac{g}{2v_0^2 \cos^2\theta} x^2$$

となり，質点の軌跡は放物線になることがわかる．

質点の到達距離 投げ出された質点が地面に落下するまでの時間 t_0 は，式 (4.2b) より，

$$v_0 \sin\theta \cdot t_0 - \frac{1}{2}gt_0^2 = 0 \qquad \therefore \quad t_0 = \frac{2v_0 \sin\theta}{g} \quad (t_0 \neq 0)$$

となるから，落下点の座標 x_0 は，

$$x_0 = v_0 \cos\theta \cdot t_0 = \frac{2v_0^2 \sin\theta \cos\theta}{g} = \frac{v_0^2}{g} \sin 2\theta$$

となる．

こうして，初速 v_0 を与えていろいろな角度で投射された質点が最も遠くまで飛ぶ距離 $x_{\max}$ は，$\sin 2\theta \leq 1$ より，

$$x_{\max} = \frac{v_0^2}{g}$$

であり，そのときの投射角は，

$$2\theta = 90° \qquad \therefore \quad \theta = 45°$$

であることがわかる．

例題 4.1 斜面上での投げ上げ 水平面と角 θ をなす斜面上の点 O から質点 P を斜面と角 ϕ ($< 90° - \theta$) の向きに速さ v_0 で投げ上げる．P が斜面に垂直に衝突するための θ と ϕ の間に成り立つ関係式を求めよ．

解答 図 4.2 のように，点 O を原点に斜面に沿って x 軸，斜面に垂直に y 軸をとり，x–y 座標系で質点 P の運動を考えよう．質点 P に作用する重力加速度の x 成分は $a_x = -g\sin\theta$，y 成分は $a_y = -g\cos\theta$ であるから，P が斜面に衝突する時刻 t_0 は，投げ上げてから時間 t_0 だけたったときの P の y 座標が 0 になることより，

$$v_0 \sin\phi \cdot t_0 + \frac{1}{2} a_y t_0^2 = 0 \qquad \therefore \quad t_0 = \frac{2v_0 \sin\phi}{g\cos\theta}$$

P が斜面に垂直に衝突するには，$t = t_0$ のとき，P の速度の x 成分が 0 になればよい．よって，

$$v_0 \cos\phi + a_x t_0 = 0 \qquad \therefore \quad 2\tan\theta \cdot \tan\phi = 1$$

である． ∎

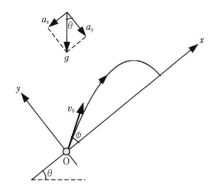

図 4.2

例題 4.2 2 質点の衝突 図 4.3 のように，地上の空間に原点 O をとり，水平右向きに x 軸，鉛直上向きに y 軸をとる．質点 P を O から水平面 (x 軸) と角 θ をなす向きに速さ v_0 で投げ出すと同時に，点 A(1, 1) からもう 1 つの質点 Q を x 軸正の向きに速さ V_0 で投げ出す．2 つの質点が衝突するための V_0/v_0 の値と，衝突するまでの時間を求めよ．ただし，地面の影響は考える必要はなく，重力加速度 g は一定でつねに鉛直下方を向いており，空気抵抗は無視する．

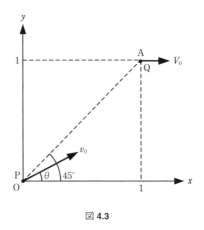

図 4.3

解答 質点 P と Q は，同じ重力加速度で運動するから，Q から見た P の相対加速度はゼロであり，Q から見ると，P は速度

$$\bm{v}_\mathrm{r} = (v_0\cos\theta, v_0\sin\theta) - (V_0, 0) = (v_0\cos\theta - V_0, v_0\sin\theta)$$

で等速度運動をする．したがって，はじめに $\bm{v}_\mathrm{r}$ が P から Q，すなわち $\overrightarrow{\mathrm{OA}} = (1,1)$ の向きを向いていれば P と Q は必ず衝突する．よって，衝突する条件は，

$$v_0\cos\theta - V_0 = v_0\sin\theta \quad \therefore \quad \frac{V_0}{v_0} = \cos\theta - \sin\theta$$

衝突するまでの時間 t は，はじめの P–Q 間の距離 $\sqrt{2}$ を，相対的な速さ

$$v_\mathrm{r} = \sqrt{(v_0\cos\theta - V_0)^2 + (v_0\sin\theta)^2}$$

で進む時間に等しいから，

$$t = \sqrt{\frac{2}{(v_0\cos\theta - V_0)^2 + (v_0\sin\theta)^2}}$$

となる． ∎

(2) 粘性抵抗のある場合の球体の運動

球体にはたらく空気抵抗は，速さが遅ければ球体の速さに比例する**粘性抵抗** (viscous drag) の寄与が大きいが，速さが速くなると速さの 2 乗に比例する**慣性**

抵抗(inertial drag) の寄与が大きくなる．ここでは，速さに比例する粘性抵抗だけがはたらくとした場合の球体の運動を考えてみよう．

質量 m の球体が速さ v で空気中を落下しているとき (図 4.4)，空気の粘性抵抗の比例定数を k，重力加速度の大きさを g，加速度を $a = dv/dt$ とすると，球体の運動方程式は，鉛直下向きを正として，

$$m\frac{dv}{dt} = mg - kv \tag{4.3}$$

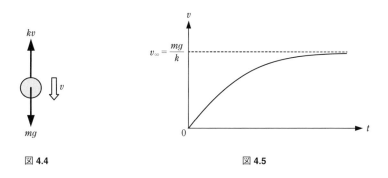

図 4.4　　　　　　　　　図 4.5

運動の定性的理解　運動方程式 (4.3) で与えられる球体の落下運動は，簡単に理解することができる．時刻 $t = 0$ で $v = 0$ であったとすると，はじめ加速度は $a = dv/dt > 0$ であるから v は増加するが，v が大きくなるにつれて dv/dt は小さくなり，v の増加の割合は次第に小さくなる．十分に時間がたち，$v \to v_\infty = mg/k$ となると，$dv/dt \to 0$ となり，v は一定値 v_∞ となって変化しなくなる．これより，落下速度 v は時間 t とともに図 4.5 のように変化することがわかる．このときの v_∞ を**終端速度**(terminal velocity) という．

運動方程式を解く　運動方程式 (4.3) は**変数分離型微分方程式**(differential equation with separable variables) とよばれ，物理ではしばしば登場する方程式であり，次のようにして解く (速度 v を t の関数として求める) ことができる．$k/m = \gamma$ とおいて，

$$\frac{1}{g - \gamma v}\frac{dv}{dt} = 1 \tag{4.4}$$

ここで,式 (4.4) の両辺を t で積分する.

$$\int \frac{1}{g-\gamma v}\frac{dv}{dt}dt = \int dt$$

上式の左辺は,積分変数を t から t の関数である v に変換して積分する**置換積分法**(integration by substitution) を表しており,$(dv/dt)dt \to dv$ としてこの式は,

$$\int \frac{dv}{g-\gamma v} = \int dt \;\Rightarrow\; -\frac{1}{\gamma}\log|g-\gamma v| = t + C \quad (C \text{ は積分定数})$$

$$\Rightarrow\; v = \frac{g}{\gamma}(1 - C_1 e^{-\gamma t}), \qquad C_1 = \frac{1}{g}e^{-\gamma C}$$

となる.ここで,初期条件を「$t=0$ のとき,$v=0$」とすると,$C_1 = 1$ と定まり,

$$v = \frac{g}{\gamma}(1 - e^{-\gamma t}) \tag{4.5}$$

と求められる.

例題 4.3　質点の斜め投射　図 4.6 のように時刻 $t=0$ に,質量 m の小球 P を原点 O から x 軸 (水平方向) と角 θ_0 をなす向きに,初速 v_0 で投げ出す.P には粘性抵抗だけがはたらくとして,P の運動方程式を x 方向と y 方向 (鉛直方向で,上向きを正とする) に分けて立て,それより,P の速度 (v_x, v_y) を時刻 t の関数として求めよ.また,それらの終端速度を求め,v_x と v_y のグラフの概形をそれぞれ描け.重力加速度 g はつねに一定値であるとする.さらに,P の位置座標 (x, y) を時刻 t の関数として求め,P の軌跡のグラフの概形が図 4.6 のようになることを確かめよ.

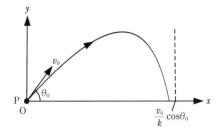

図 4.6

解答 任意の時刻 t における小球 P の速度 $\boldsymbol{v}$ が x 軸となす角を θ とすると，$\boldsymbol{v}$ ($|\boldsymbol{v}| = v$) は，

$$\boldsymbol{v} = (v_x, v_y) = (v\cos\theta, v\sin\theta)$$

と書ける．ここで，粘性抵抗の比例係数を mk とおくと，抵抗力 $\boldsymbol{f}$ は，

$$\boldsymbol{f} = (-mkv\cos\theta, -mkv\sin\theta) = (-mkv_x, -mkv_y)$$

となる．これより P の x 方向，y 方向の運動方程式はそれぞれ，

$$m\frac{dv_x}{dt} = -mkv_x \tag{4.6}$$

$$m\frac{dv_y}{dt} = -mkv_y - mg = -mk\left(v_y + \frac{g}{k}\right) \tag{4.7}$$

式 (4.6), (4.7) はそれぞれ変数分離型微分方程式であるから，式 (4.3) と同様に解くことができる．式 (4.6), (4.7) にそれぞれ初期条件「$t = 0$ のとき，$v_x = v_0\cos\theta_0$, $v_y = v_0\sin\theta_0$」を用いて，

$$(v_x, v_y) = \left(v_0\cos\theta_0 \cdot e^{-kt}, -\frac{g}{k} + \left(v_0\sin\theta_0 + \frac{g}{k}\right)e^{-kt}\right)$$

を得る．これらの終端速度は $t \to \infty$ として，

$$(v_x, v_y) \to \left(0, -\frac{g}{k}\right)$$

また，v_x と v_y のグラフは，それぞれ図 4.7a, b のようになる．

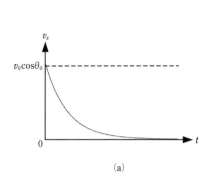
(a)

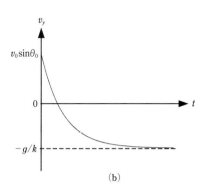
(b)

図 **4.7**

さらに，v_x, v_y を初期条件「$t=0$ のとき，$x=y=0$」を用いて t に関して積分して，

$$(x,y) = \left(\frac{v_0}{k}\cos\theta_0(1-e^{-kt}), -\frac{g}{k}t + \frac{1}{k}\left(v_0\sin\theta_0 + \frac{g}{k}\right)(1-e^{-kt})\right)$$

を得る．$t \to \infty$ で，上式の x 座標は $x \to (v_0/k)\cos\theta_0$，$y$ 座標は $y \to -\infty$ となる．これより，P の軌道のグラフの漸近線は $x = (v_0/k)\cos\theta_0$ となり，図 4.6 を得る． ∎

4.2 慣 性 力

慣性系に対して加速度 $\boldsymbol{a}$ で加速度運動している座標系で質量 m の物体の運動を観測すると，物体には真の力以外に，見かけ上の力である**慣性力**(inertial force) $-m\boldsymbol{a}$ が作用する．

(1) 加速度系での慣性力

図 4.8 のように，大きさ α の加速度で右向きに動いている電車内の粗い床上に質量 M の物体が置かれ，電車内でみると左向きに大きさ β の加速度をもって滑っているとする．物体と床の間の動摩擦係数を μ とする．この物体の運動を電車内の A 君 (加速度系) と，電車外で地面に静止している B 君 (静止系) が見る場合を考える．

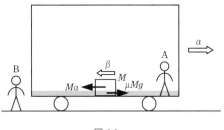

図 **4.8**

A 君が見る場合 物体には左向きに大きさ $M\alpha$ の慣性力がはたらいて電車の床上を左向きに滑り出し，床から大きさ μMg の動摩擦力が右向きにはたらく．それらの合力を受けて，物体は左向きに大きさ β の加速度で運動している．よって運

動方程式は,
$$M\beta = M\alpha - \mu Mg \tag{4.8}$$
となる.

B君が見る場合　物体の加速度は右向きに $\alpha - \beta$ であり，物体に作用する力は慣性力ははたらかないので，右向きの大きさ μMg の動摩擦力だけである．したがって，運動方程式は,
$$M(\alpha - \beta) = \mu Mg \tag{4.9}$$
となる.

静止系で解くことができる　式 (4.8) と式 (4.9) は数学的にまったく同じ式であり，このことは，慣性力を用いることなく静止系で物体の運動方程式を立てて，問題を解くことができることを示している．したがって原理的に考える限り，加速度系で慣性力を用いた考察をする必要はないが，課題によっては加速度系で考えた方が考えやすい場合があり，そのような場合は慣性力を用いて加速度系で考察するのがよい．

(2)　慣性力の一般的導出

図 4.9 のように，質量 m の質点 P の慣性系の原点 O からの位置ベクトルを $\boldsymbol{r}$，加速度系の原点 O′ の点 O からの位置ベクトルを $\boldsymbol{r}_0$，P の点 O′ からの位置ベクトルを $\boldsymbol{r}'$ とすると,
$$\boldsymbol{r} = \boldsymbol{r}_0 + \boldsymbol{r}' \tag{4.10}$$

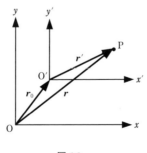

図 **4.9**

となる.真の力を f とすると,慣性系で P の運動方程式は,

$$m\ddot{r} = f \tag{4.11}$$

であるから,式 (4.10) を式 (4.11) に代入して,加速度系の加速度を $a = \ddot{r}_0$ とおくと,

$$m(\ddot{r}_0 + \ddot{r}') = f \quad \therefore \quad m\ddot{r}' = f - ma$$

となる.これは,加速度系での運動方程式であり,そこには真の力 f 以外に,慣性力 $-ma$ が作用することを示している.

(3) 慣性力の例

加速度系で慣性力を考えると理解しやすい例を考えよう.

例題 4.4 **電車の天井から吊るされた小球** 図 4.10 のように,大きさ α の加速度で右向きに動いている電車内で,質量 m の小球が軽い (質量の無視できる) 糸で天井から吊るされて,電車に対して静止している.このときの糸の張力および糸が鉛直方向となす角を θ としたときの $\tan\theta$ の値を, (a) 電車内の人 (加速度系) と (b) 電車外に静止している人 (静止系) の両方の座標系で求めよ.ただし,空気の影響は無視し,重力加速度の大きさを g とする.

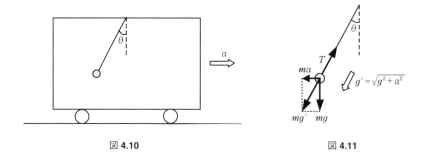

図 4.10　　　　　　　　　　図 4.11

解答 (a) 加速度系の場合:図 4.11 のように,小球には鉛直下向きに大きさ mg の重力,水平左向きに大きさ $m\alpha$ の慣性力がはたらくから,それとつり合うように糸から大きさ $T = m\sqrt{g^2 + \alpha^2}$ の張力がはたらく.このとき,$\tan\theta = \alpha/g$ となる.

慣性力のはたらく電車内では，大きさ $g' = \sqrt{g^2 + \alpha^2}$ の**見かけ上の重力加速度**(apparent acceleration of gravity) が，鉛直下方から角 θ だけ電車の加速度と逆向きに生じると見なすことができる．このとき小球には，大きさ mg' の**見かけ上の重力**(apparent gravity) が作用する．

(b) 静止系の場合：小球には重力 mg と張力 T が作用して，電車とともに大きさ α の加速度で右向きに運動している．小球の水平方向の運動方程式と鉛直方向のつり合いの式は，

$$m\alpha = T\sin\theta \quad (\text{水平方向}), \qquad T\cos\theta - mg = 0 \quad (\text{鉛直方向})$$

これらより，$\tan\theta = \alpha/g$ と $T = m\sqrt{g^2 + \alpha^2}$ を得る． ∎

例題 4.5 **電車内の風船** 空気より軽いヘリウムの詰められた風船に付けられた糸の端を，大きさ α の加速度で右向きに動いている電車の床に固定した．風船はどの位置に上がるか．風船に付けられた糸と鉛直方向のなす角の正接を求めよ．

解答 電車内のすべての物体には見かけ上の重力がはたらくから，風船には周囲の空気から風船と同体積の空気にはたらく見かけ上の重力と同じ大きさの力が，見かけ上の重力と逆向きにはたらく．したがって，風船は電車の加速度の方向に向き，糸が鉛直線となす角を θ とすると，$\tan\theta = \alpha/g$ となる (図 4.12)． ∎

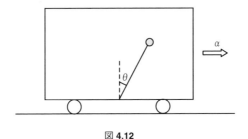

図 4.12

例題 4.6 **三角柱台上の小物体の運動** 質量 M の三角柱台がなめらかな水平面上に置かれ，水平面と角 θ をなす台のなめらかな斜面上に質量 m の小物体が手で支えられ，台と小物体は静止している．手の支えをはずすと小物体が斜面上を滑り出すと同時に，台も水平面上を動き出した．小物体が滑るときの斜面に対する相対加速度の大きさを，台とともに動く観測者から見た運動を考えて求めよ．すべての摩擦や抵抗は無視し，重力加速度の大きさを g とする．

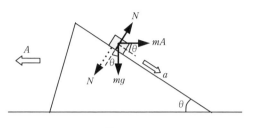

図 4.13

解答 図 4.13 のように，小物体が三角柱台の斜面上を滑っているとき，台の水平左向きの加速度の大きさを A とすると，小物体には，鉛直下方に大きさ mg の重力，台からはたらく大きさ N の垂直抗力に加えて，水平右向きに大きさ mA の慣性力がはたらく．これらの力を受けて，小物体は斜面上を斜面に対して大きさ a の加速度で滑る．また，水平左向きに小物体から台に加わる垂直抗力の水平成分 $N\sin\theta$ によって，台は左向きに加速度 A で運動する．

台から見た小物体と，水平面から見た台のそれぞれの運動方程式は，

$$ma = mg\sin\theta + mA\cos\theta \quad \text{(小物体の斜面方向)} \tag{4.12}$$

$$0 = N + mA\sin\theta - mg\cos\theta \quad \text{(小物体の斜面垂直方向)} \tag{4.13}$$

$$MA = N\sin\theta \quad \text{(台の水平左方向)} \tag{4.14}$$

式 (4.13), (4.14) より N を消去して，

$$A = \frac{m\sin\theta\cos\theta}{M + m\sin^2\theta}g$$

これを式 (4.12) に代入して，

$$a = \frac{(M+m)\sin\theta}{M + m\sin^2\theta}g$$

となる． ∎

5 保存則——運動方程式の積分——

　運動方程式が与えられれば，原理的にはすべての力学の問題は解くことができるはずである．しかし，運動方程式は位置 x の時間 t に関する 2 階微分方程式であり，解くことのできるものは限られている．そこで，運動方程式を解かなくても力学的状況を理解できるように，あらかじめ運動方程式を変形(積分)して**保存則**(law of conservation)とよばれる法則をつくり，この法則を用いて力学現象を理解する方が便利なことが多い．

　このような保存則には，運動量保存則，エネルギー保存則，角運動量保存則の 3 つがあるが，本章では，前者の 2 つの保存則について考えよう．

5.1 運動量と力積

　以下簡単化のために，特に断らない限り，x 軸に沿った直線運動を考える．一般的には 3 次元運動の場合であっても，それぞれの座標軸に沿った保存則を合わせれば，同様な保存則が成り立つ．

(1) 運動方程式の積分

　図 5.1 のように，質量 m の質点 P が時刻 t ととも変化する力 F を受けながら，時刻 t_1 に速度 v_1 で，時刻 t_2 に速度 v_2 で運動していた．P が任意の時刻 t にお

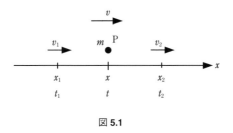

図 5.1

いて，座標 x の点を速度 v で動いているとすると，その運動方程式は，

$$m\frac{dv}{dt} = F$$

と書ける．この式の両辺を時刻 t_1 から t_2 まで積分する．

$$\int_{t_1}^{t_2} m\frac{dv}{dt} dt = \int_{t_1}^{t_2} F\, dt$$

この式の左辺は，4章で述べたように t から v への置換積分であり，$(dv/dt)dt \to dv$ となり，積分区間は $t_1 \to v_1, t_2 \to v_2$ となる．このとき左辺は，

$$\int_{v_1}^{v_2} m\, dv = mv_2 - mv_1$$

となる．ここで，質量と速度の積を**運動量**(momentum) とよぶことにすると，この式は時刻 t_1 から t_2 までの運動量変化を表している．

また，右辺は力に微小時間 dt をかけて，それらを t_1 から t_2 まで加え合わせることを表す．力 F が時間 t だけ作用したとき，$F \cdot t$ を**力積**(impulse) という．いまの場合，力が時間とともに変化するので，F を t で積分した．そこで，F を t で積分した量を力積 I と表そう．

こうして，運動量と力積の関係

$$\boxed{mv_2 - mv_1 = I} \tag{5.1}$$

が導かれる．

(2) 運動量保存則と外力の力積

2つの質点が互いに力を及ぼし合いながら運動する場合を考えよう．図 5.2 のように，質量 m_1 の質点1と質量 m_2 の質点2が，時刻 t_1 から t_2 まで互いに大

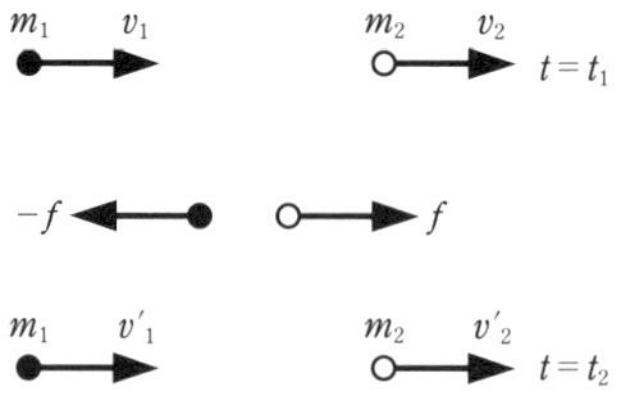

図 5.2

きさ f の力を及ぼし合い，質点 1 が速度 v_1 から v_1' に，質点 2 が速度 v_2 から v_2' になったとする．この間の質点 1 と 2 の運動量と力積の関係はそれぞれ，

$$m_1 v_1' - m_1 v_1 = \int_{t_1}^{t_2} (-f)\, dt, \qquad m_2 v_2' - m_2 v_2 = \int_{t_1}^{t_2} f\, dt \tag{5.2}$$

となる．ここで，質点 1 から 2 に及ぼす力と 2 から 1 に及ぼす力の間には，作用–反作用の法則 (運動の第 3 法則) が成り立つことを用いた．これらを辺々加えると，力積の項は消えて，

$$m_1 v_1' + m_2 v_2' = m_1 v_1 + m_2 v_2 \tag{5.3}$$

を得る．この式は，力を及ぼし合う前後で 2 質点の運動量の和が等しいことを示しており，**運動量保存則**(law of conservation of momentum) が成り立っている．このとき，質点 1 と 2 が互いに及ぼし合う作用 f と反作用 $-f$ は**内力**(internal force) とよばれる．

いま，時刻 t_1 から t_2 の間に，質点 1 に**外力**(external force) F がはたらいたとすると，質点 1 の運動量は F による力積だけさらに変化し，

$$m_1 v_1' - m_1 v_1 = \int_{t_1}^{t_2} (-f)\, dt + \int_{t_1}^{t_2} F\, dt$$

となる．このとき式 (5.3) のかわりに，

$$(m_1 v_1' + m_2 v_2') - (m_1 v_1 + m_2 v_2) = \int_{t_1}^{t_2} F\, dt \tag{5.4}$$

が成り立つ．式 (5.4) は一般に，

$$\textbf{全運動量変化} = \textbf{外力の力積} \tag{5.5}$$

が成り立つことを示している．したがって，外力の力積がゼロであれば，全運動量は保存されるが，ゼロでなければ，その力積だけ全運動量は変化する．

ただし，外力は第 3 者から加えられる力であるから，その反作用は第 3 者に及ぶ．そこで，第 3 者を含めた運動量変化を考えれば，全体の運動量は保存されることになる．したがって，外力がはたらき得ない全宇宙の運動量は保存されることになる．ここで外力は，見方を変えて，全体の運動量変化を考えると内力と見なされることに注意しよう．

例題 5.1 板上の小物体の運動　図 5.3 のように，質量 M の板 Q がなめらかな床上に置かれ，粗い板の上面に質量 m の小物体 P が置かれている．P と Q の間の動摩擦係数は μ である．はじめ P と Q はともに静止していたが，P に水平右向きに大きさ I の力積を瞬間的に加えたところ，P は Q 上を右向きに滑り出し，ある距離だけ滑った後，P と Q は同じ速度になって (一体になって) 床上を右向きに滑って行った．P が Q 上を滑る時間と，一体になったときの PQ の速さを求めよ．板と床の間の摩擦は無視できる．

図 5.3　　　　　　　　　　図 5.4

解答　小物体 P に大きさ I の力積が与えられる瞬間に板 Q に作用する右向きの大きさ μmg の動摩擦力による微小時間の力積は無視できる．よって，力積が与えられた直後の Q の速さもゼロと見なすことができる．

その後，P と Q に外部から水平方向の外力ははたらかないから，P, Q 全体の運動量は，はじめに P に加えられた力積 I に等しく，一定に保たれる．よって，一体になった PQ の速さを V とすると，

$$I = (m+M)V \qquad \therefore \quad V = \frac{I}{m+M}$$

P が Q 上を滑っている時間 t の間，Q には右向きに動摩擦力 μmg がはたらき，Q の速さは 0 から V になる (図 5.4)．Q の運動量と力積の関係は，

$$MV - 0 = \mu mg \cdot t \qquad \therefore \quad t = \frac{MV}{\mu mg} = \frac{MI}{\mu mg(m+M)}$$

となる．　　■

(3)　衝突と反発係数

それぞれ速度 v_1, v_2 をもつ質点 1 と 2 が衝突し，速度 v_1', v_2' になる直線上の衝突 (v_1, v_2 と v_1', v_2' はすべて同一直線上にある) を考えるとき，

$$\boxed{e = -\frac{v_1' - v_2'}{v_1 - v_2}} \tag{5.6}$$

を反発係数(coefficient of restitution) (あるいははね返り係数)という．もし，質点2が固定された面であるとすると，$v_2 = v_2' = 0$ となるから，

$$v_1' = -ev_1 \tag{5.7}$$

となる．一般の衝突では，$0 \leq e \leq 1$ となる．

例題 5.2 小球の床への衝突 図 5.5 のように，小球 P を床から高さ h の点から初速ゼロで落下させると，しばらく弾んだ後，はね返らなくなる．P が床に衝突してからはね返らなくなるまでの時間を求めよ．
　ただし，P と床との反発係数を e ($0 < e < 1$)，重力加速度の大きさを g とし，空気抵抗を無視する．また，P の大きさも無視できる．

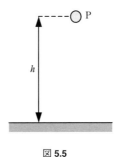

図 **5.5**

解答 小球 P がはじめて床に衝突する直前の速さ v_0 は，等加速度運動の式より，

$$v_0^2 - 0^2 = 2gh \qquad \therefore \quad v_0 = \sqrt{2gh}$$

1 回目に衝突した直後の P の速さは $v_1 = ev_0$ であり，2 回目に衝突する直前の速さも同じ v_1 である．1 回目から 2 回目に衝突するまでの時間 t_1 は，

$$v_1 t_1 - \frac{1}{2}g t_1^2 = 0 \qquad \therefore \quad t_1 = \frac{2v_1}{g} = e\frac{2v_0}{g} = e t_0 \quad (t_1 \neq 0)$$

ここで，時間 t_0 を $t_0 = 2v_0/g$ とおいた．
　2 回目に衝突した直後の P の速さは $v_2 = ev_1 = e^2 v_0$ であるから，2 回目から 3 回目に衝突するまでの時間 t_2 は，上と同様にして $t_2 = 2v_2/g = e^2 t_0$ となる．以下同様に，

n 回目の衝突から $(n+1)$ 回目の衝突までの時間は $t_n = e^n t_0$ となるから，無限回衝突してはね返らなくなるまでの時間 T は

$$T = t_1 + t_2 + \cdots + t_n + \cdots = \frac{1}{1-e}t_1 = \frac{e}{1-e}t_0 = \frac{2e}{1-e}\sqrt{\frac{2h}{g}}$$

となる． ∎

5.2 仕事とエネルギー

仕事の定義　仕事は，日常生活で用いる仕事とは異なり，物理では次のように定義される．

図 5.6 のように，質点 P に力 $\boldsymbol{F}$ を加えたとき，P が $\boldsymbol{r}$ だけ変位する．このとき，$\boldsymbol{F}$ と $\boldsymbol{r}$ の内積で定義される

$$W \equiv \boldsymbol{F} \cdot \boldsymbol{r} \tag{5.8}$$

を仕事(work) という．

図 5.6

以下，$\boldsymbol{F}$ と $\boldsymbol{r}$ が x 軸に平行であるとする．

力 F が質点 P の位置 x とともに変化するとき，P が点 x_1 から点 x_2 まで移動する間の F のする仕事 $W(x_1 \to x_2)$ は，

$$W(x_1 \to x_2) = \int_{x_1}^{x_2} F \cdot dx \tag{5.9}$$

で与えられる．

(1) 仕事とエネルギー

5.1 節の (1) で運動量と力積の関係を考えたときと同様に，質量 m の質点 P が，P の座標 x とともに変化する力 F を受けながら，時刻 t_1 に座標 x_1 の点を速度 v_1 で通過し，時刻 t_2 に座標 x_2 の点を速度 v_2 で通過したとする (図 5.1).

今回は，P の運動方程式

$$m\frac{dv}{dt} = F$$

の両辺に速度 $v = dx/dt$ をかけて t_1 から t_2 まで積分する．以下で示すように，これは右辺から P になされる仕事の表式を導くための積分操作である．

$$\int_{t_1}^{t_2} mv\frac{dv}{dt}\,dt = \int_{t_1}^{t_2} F\frac{dx}{dt}\,dt$$

この式の左辺は t から v への置換積分であり，積分区間は $v_1 \to v_2$ となり，

$$左辺 = \int_{v_1}^{v_2} mv\,dv = \frac{1}{2}mv_2^2 - \frac{1}{2}mv_1^2$$

一方，右辺は t から x への置換積分であり，積分区間は $x_1 \to x_2$ となり，

$$右辺 = \int_{x_1}^{x_2} F\,dx = W(x_1 \to x_2)$$

こうして，関係式

$$\boxed{\frac{1}{2}mv_2^2 - \frac{1}{2}mv_1^2 = W(x_1 \to x_2)} \tag{5.10}$$

を得る．ここで，質量 m をもつ P が速度 v で運動しているとき，$\frac{1}{2}mv^2$ を P の**運動エネルギー**(kinetic energy) とよぶ．式 (5.10) は，P に力 F が仕事をすると，その分 P のもつ運動エネルギーが変化することを示している．

(2) 保存力と力学的エネルギー

質点に力を加えて動かすとき，力のする仕事が質点の始点と終点だけで決まり，途中の経路によらない力を**保存力**(conservative force) といい，それに対して，仕事が途中の経路によって異なってしまう力を**非保存力**(nonconservative force) という．保存力には，重力，ばねの弾性力などがあり，非保存力には，摩擦力，垂直抗力などがある．

例題 5.3 動摩擦力の仕事 小物体Pが直線的に移動する場合を考えて，Pに作用する動摩擦力は非保存力であることを示せ．

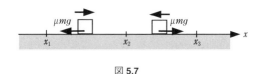

図 **5.7**

解答 図 5.7 のように，粗い水平面上に x 軸をとり，質量 m の小物体Pが位置 x_1 から x_2 $(> x_1)$ まで移動する間，Pに作用する動摩擦力の仕事を考える．Pと水平面の間の動摩擦係数を μ，重力加速度の大きさを g とすると，Pには大きさ μmg の動摩擦力がPの進行方向と逆向きに作用する．したがって，x_1 から x_2 まで直接移動する間の動摩擦力のする仕事 $W_\mu(x_1 \to x_2)$ は，x 軸正方向の力を正として，

$$W_\mu(x_1 \to x_2) = -\mu mg \cdot (x_2 - x_1)$$

と書ける．一方，x_1 から x_2 を通り越して x_3 $(> x_2)$ まで移動した後，x_2 に戻る場合の動摩擦力の仕事 $W_\mu(x_1 \to x_3 \to x_2)$ を考える．この場合，$x_3 \to x_2$ では動摩擦力は μmg であり，変位は $x_2 - x_3$ であることに注意して，

$$W_\mu(x_1 \to x_3 \to x_2) = -\mu mg \cdot (x_3 - x_1) + \mu mg \cdot (x_2 - x_3)$$
$$= -\mu mg (2x_3 - x_1 - x_2)$$
$$\therefore \quad W_\mu(x_1 \to x_3 \to x_2) \neq W_\mu(x_1 \to x_2)$$

となる．したがって，x_1 から x_2 まで移動する間の動摩擦力のする仕事は，途中の経路によって異なり，動摩擦力は非保存力であることがわかる．■

例題 5.4 重力の仕事 小球Pが直線的に移動する場合，Pに作用する重力は保存力の性質を満たすことを示せ．

解答 図 5.8 のように，鉛直上向きに h 軸をとり，質量 m の小球Pを高さ h_1 の点から h_2 $(> h_1)$ の点まで移動させる間の重力の仕事を考える．h_1 から h_2 まで，直接移動する間の重力の仕事 $W_g(h_1 \to h_2)$ は，

$$W_g(h_1 \to h_2) = -mg \cdot (h_2 - h_1)$$

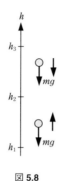

図 5.8

P が h_2 を通り越して $h_3 (> h_2)$ まで上昇し,その後,h_2 に戻るときの仕事 $W(h_1 \to h_3 \to h_2)$ は,重力がつねに h 軸の負の向きに作用することに注意すると,

$$W(h_1 \to h_3 \to h_2) = -mg \cdot (h_3 - h_1) - mg \cdot (h_2 - h_3)$$
$$= -mg \cdot (h_2 - h_1)$$
$$= W_g(h_1 \to h_2)$$

となり,この場合,重力は保存力の条件を満たすことがわかる. ∎

(3) 保存力と位置エネルギー

次に,質点 P がある点にいるだけでもつ位置エネルギーという量を考えよう.点 A から点 O まで動く間の力 f のする仕事が,途中の経路によらず一定に定まるならば,すなわち f が保存力であれば P は A にいるだけで,点 O にいるときよりもその仕事の分だけエネルギーを余分にもっていると見なすことができる.このエネルギーを**位置エネルギー**という.位置エネルギーは,英語で potential energy という.potential とは "潜在的" という意味である.

基準となる点 O を決めて,保存力 f による点 A の O に対する位置エネルギー $U_f(\mathrm{A})$ を,点 A から O まで P を移動させる間の f のする仕事 $W_f(\mathrm{A} \to \mathrm{O})$ と定義する.

$$U_f(\mathrm{A}) = W_f(\mathrm{A} \to \mathrm{O}) \tag{5.11}$$

(4) 重力の位置エネルギー

地面を基準 (位置エネルギーゼロ) としたときの高さ h の点の重力の位置エネルギー $U_g(h) = W_g(h \to 0)$ は (図 5.9),

$$U_g(h) = mg \cdot h = mgh \tag{5.12}$$

となる.

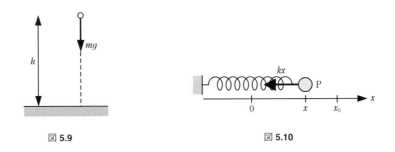

図 5.9　　　　　　　　　　図 5.10

(5) 弾性エネルギー

質量の無視できる弾性定数 k のばねの左端を固定して右端に小球 P を付ける (図 5.10). ばねが自然長のときの P の位置を原点 $x = 0$ に, ばねに沿って x 軸をとる. P を位置 x_0 に移動したとき, $x = 0$ を基準 (位置エネルギーゼロ) として, P のもつ弾性力の位置エネルギー [これを単に**弾性エネルギー**(elastic energy) という] $U_k(x_0) = W_k(x_0 \to 0)$ は,

$$U_k(x_0) = \int_{x_0}^{0} (-kx)\, dx = \int_{0}^{x_0} kx \cdot dx = \frac{1}{2} k x_0^2 \tag{5.13}$$

(6) 力学的エネルギー

質量 m の質点 P に保存力 f と非保存力 F が作用すると, 合力の仕事は, f のする仕事 W_f と F のする仕事 W_F の和である. そこで, 基準点 O の座標を x_0 として式 (5.10) を次のように書き直す (図 5.11).

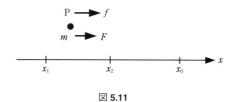

図 5.11

$$\frac{1}{2}mv_2^2 - \frac{1}{2}mv_1^2 = W(x_1 \to x_2)$$
$$= W_f(x_1 \to x_2 \to x_0) - W_f(x_2 \to x_0) + W_F(x_1 \to x_2)$$
$$= U_f(x_1) - U_f(x_2) + W_F(x_1 \to x_2)$$

$$\therefore \quad \boxed{\left[\frac{1}{2}mv_2^2 + U_f(x_2)\right] - \left[\frac{1}{2}mv_1^2 + U_f(x_1)\right] = W_F(x_1 \to x_2)} \quad (5.14)$$

いま，運動エネルギーと位置エネルギーの和を**力学的エネルギー**(mechanical energy) と定義すると，式 (5.14) は，

$$\text{力学的エネルギー変化} = \text{非保存力の仕事} \quad (5.15)$$

を表している．

非保存力の仕事がゼロのとき，力学的エネルギーは保存され，**力学的エネルギー保存則**(law of conservation of mechanical energy) が成り立つ．

例題 5.5 **ばねから発せられる小球の高さ** 図 5.12 のように，水平面 AD 上に置かれた質量の無視できるばね定数 k のばねの左端は点 A に固定され，右端に接するように質量 m の小球 P が置かれている．ばねが自然長のときのばねの右端の位置を B とし，ばねを距離 a だけ押し縮めて P を放した．P は位置 B でばねから離れ，水平面上を D まで進み，D でなめらかに接続された水平面と角 θ をなす斜面上を上昇し，位置 E で P の速度がゼロになった．水平面上の距離 l の B–C 間だけに摩擦があり，P と面 BC の間の動摩擦係数を μ，重力加速度の大きさを g とする．B–C 間以外の面の摩擦および P の大きさは無視できる．位置 E の水平面 AD からの高さ h を求めよ．ここで，ばねの質量は無視できるので，位置 B で P が離れると，ばねはただちに自然長で静止する．

解答 ばねを自然長より a だけ縮めたときの弾性エネルギーは $\frac{1}{2}ka^2$，水平面 AD を基準とした位置 E での P の重力の位置エネルギーは mgh，P が水平面 B–C 間を滑って

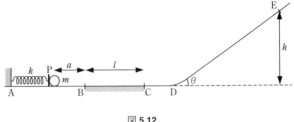

図 5.12

いるときの動摩擦力は μmg である．ばねを a だけ縮めた状態と P が位置 E で速度が 0 になったときの間の，力学的エネルギー変化と動摩擦力 (非保存力) の仕事との関係は，

$$mgh - \frac{1}{2}ka^2 = -\mu mg \cdot l \qquad \therefore \quad h = \frac{ka^2}{2mg} - \mu l$$

となる． ∎

例題 5.6 等質量の 2 つの小球の弾性衝突 同じ質量 m をもつ 2 つの小球 P, Q が弾性衝突する場合を考えよう．

(a) **直線的な衝突** 図 5.13 のように，同じ質量 m をもつ 2 つの小球 P, Q が，それぞれ速度 v_1, v_2 で弾性衝突したとき，衝突直後のそれぞれの速度 v_1', v_2' を求めよ．小球の速度はすべて 1 直線上にあるものとする．

(b) **平面上の衝突** 図 5.14 のように，質量 m をもつ小球 P が速度 $\boldsymbol{v}_0$ で静止している質量 m の小球 Q に弾性衝突した．衝突直後の 2 つの小球の速度のなす角を求めよ．

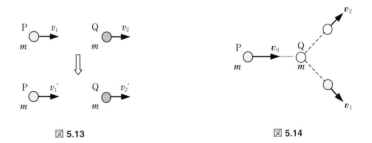

図 5.13　　　　　　図 5.14

解答 (a) 衝突前後での運動量保存則と反発係数の式はそれぞれ，

$$mv_1 + mv_2 = mv_1' + mv_2', \qquad 1 = -\frac{v_1' - v_2'}{v_1 - v_2}$$

これらより,
$$v_1' = v_2, \qquad v_2' = v_1$$
この結果は,よく知られた **2 つの小球の速度交換** が起こることを示している.

(b) 衝突直後の小球 P と Q の速度をそれぞれ $\bm{v}_1, \bm{v}_2$ とする.運動量保存則とエネルギー保存則の式は,ベクトル表現を用いてそれぞれ,
$$m\bm{v}_0 = m\bm{v}_1 + m\bm{v}_2, \qquad \frac{1}{2}m|\bm{v}_0|^2 = \frac{1}{2}m|\bm{v}_1|^2 + \frac{1}{2}m|\bm{v}_2|^2$$
運動量保存則の式の両辺を 2 乗してエネルギー保存則の式と比較すると,$|\bm{v}_0|^2 = \bm{v}_0 \cdot \bm{v}_0$ などを用いて,
$$\bm{v}_1 \cdot \bm{v}_2 = 0 \qquad \therefore \quad \bm{v}_1 \perp \bm{v}_2$$
すなわち,2 つの小球の速度のなす角は 90° である. ∎

5.3 物体系の運動

(1) 重　心

　質量 $m_1, m_2, \cdots, m_n$ の n 個の質点が,それぞれ位置 $\bm{r}_1, \bm{r}_2, \cdots, \bm{r}_n$ に置かれているとき,重心の座標 $\bm{r}_G$ を,
$$m_1\bm{r}_1 + m_2\bm{r}_2 + \cdots + m_n\bm{r}_n = (m_1 + m_2 + \cdots + m_n)\bm{r}_G \tag{5.16}$$
で定義する.式 (5.16) の両辺を時間 t で微分すると,重心の速度 $\bm{v}_G = \dot{\bm{r}}_G$ は,それぞれの質点の速度を $\bm{v}_1 = \dot{\bm{r}}_1, \bm{v}_2 = \dot{\bm{r}}_2, \cdots, \bm{v}_n = \dot{\bm{r}}_n$ として,
$$m_1\bm{v}_1 + m_2\bm{v}_2 + \cdots + m_n\bm{v}_n = (m_1 + m_2 + \cdots + m_n)\bm{v}_G \tag{5.17}$$
で与えられることがわかる.式 (5.17) の左辺は質点系の全運動量を表しているから,質点系に外力がはたらかなければ全運動量は保存し,重心の速度は一定に保たれることがわかる.

(2) 反発係数と相対運動

　以下簡単化のために,2 つの質点系の直線的な運動を考える.ただし,速度をベクトルに書き直し,反発係数を衝突前後の相対的速さの比として定義すれば,一般的な 3 次元運動の表現になる.

質量 m_1 の質点が速度 v_1 で,質量 m_2 の質点が速度 v_2 で運動しているとき,それらの運動エネルギーの和 K は,

$$K = \frac{1}{2}m_1 v_1^2 + \frac{1}{2}m_2 v_2^2$$
$$= \frac{1}{2}M v_\text{G}^2 + \frac{1}{2}\mu v_\text{r}^2 = K_\text{G} + K_\text{R} \tag{5.18}$$

と書ける.ここで,$M = m_1 + m_2$ は全質量,$v_\text{r} = v_1 - v_2$ は相対速度であり,

$$\mu = \frac{m_1 m_2}{m_1 + m_2}$$

は**換算質量**(reduced mass)とよばれる.また,K_G は重心運動エネルギー,K_R は相対運動エネルギーとよばれる.式 (5.18) は単純な式変形で得られるものであるが,重要な意味をもつ.

時刻 t_1 において,質量 m_1, m_2 の 2 つの質点がそれぞれの速度 v_1, v_2 で運動している.その後,互いに力を及ぼし合い,時刻 t_2 にそれぞれ速度 v_1', v_2' になったとする.この間,2 質点の外から力が作用しなければ全運動量は保存され,重心の速度 v_G は一定に保たれ,重心運動エネルギー K_G は変化しない.一方,この間に相対速度が $v_\text{r} = v_1 - v_2$ から $v_\text{r}' = v_1' - v_2' = -e(v_1 - v_2) = -e v_\text{r}$ に変化したとすると,相対運動エネルギーは,

$$K_\text{R} = \frac{1}{2}\mu v_\text{r}^2 \quad \Rightarrow \quad K_\text{R}' = \frac{1}{2}\mu v_\text{r}'^2 = e^2 \cdot \frac{1}{2}\mu v_\text{r}^2 = e^2 K_\text{R} \tag{5.19}$$

と変化する.

いま,時刻 t_1 から t_2 の間に質点間の衝突が起きたのであれば,e は反発係数であり $0 \leq e \leq 1$ である.これより,$e = 1$ であれば全運動エネルギーは一定に保たれ,力学的エネルギーは保存されることがわかる.$0 \leq e < 1$ のとき,力学的エネルギーは失われる.

$e > 1$ となるのは,2 質点間で爆発などによりエネルギーが放出され,力学的エネルギーが増加する場合である.

例題 5.7 動く台上の小物体の衝突 図 5.15 のように,なめらかな床上に,なめらかな斜面と水平面および鉛直な壁 W をもつ質量 M の台 D が静止している.D 上の水平面 BC から高さ h の点 A に,質量 m の小物体 P が支えられ,台とともに静止している.P の支えを外すと P は D 上を滑り出すと同時に,D は床上を滑り出す.斜面 AB は水平面

BC となめらかに接続している．P は BC 上に達した後，W と反発係数 e $(0 < e < 1)$ で衝突し，その後，点 B を通過して斜面を上り，最高点 H に達した．点 H の水平面 BC からの高さ h' を求めよ．摩擦はすべて無視できるとする．

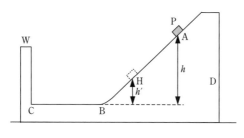

図 5.15

解答 はじめ小物体 P と台 D は静止していたから全運動量はゼロであり，水平方向に外力は作用しない．よって全運動量はゼロのまま保存される．したがって重心運動エネルギーはつねにゼロであり，P と D の運動エネルギーの和は相対運動エネルギーに等しい．また最高点 H では P の D に対する相対速度はゼロであるから，P と D の速度はともにゼロであり，P と D の力学的エネルギーは P の重力の位置エネルギーだけである．

衝突前後の運動エネルギーの和をそれぞれ K, K'，相対運動エネルギーをそれぞれ K_R, K'_R，水平面 BC に対する点 A と点 H での，P の重力の位置エネルギーをそれぞれ U_A, U_H とする．このとき力学的エネルギー保存則は，

$$K_R = K = U_A = mgh, \qquad K'_R = K' = U_H = mgh'$$

と書ける．また，P と壁 W の反発係数は e であるから，

$$K'_R = e^2 K_R$$

となり，

$$mgh' = K'_R = e^2 K_R = e^2 \cdot mgh \qquad \therefore \quad h' = e^2 h$$

となる． ∎

6 円運動と単振動

物体が円軌道上を運動する円運動を考えるとき，慣性系で運動方程式を立てても，回転座標系で運動方程式を立てても，まったく同じである．回転座標系では慣性力としての遠心力が物体に作用する．

また，等速円運動する質点を x 軸上に射影した点の運動は，その x 座標が時間 t の正弦関数に従って周期的に変化する単振動をする．本章では，円運動と単振動について考えてみよう．

6.1 円運動と遠心力

(1) 遠 心 力

図 6.1 のように長さ l の糸の一端を水平面上の点 O に固定し，他端に質量 m の質点 P を取り付け，P に速さ v を与えて O を含む水平面内で O のまわりに円運動させた．円運動の角速度は $\omega = v/l$ であるからその向心加速度の大きさ a_r は，

$$a_r = \frac{v^2}{l} = l\omega^2 \tag{6.1}$$

で与えられる (1.2 節参照)．この運動を，P とともに回転する観測者 (回転座標系) S から見ると，P に大きさ $f_c = ma_r$ の慣性力が O から離れる向きにはたらく．

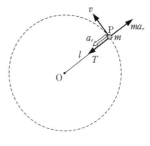

図 6.1

この慣性力を**遠心力**(centrifugal force) という．

回転していない慣性系から見ると，質点 P の中心方向の運動方程式は，糸の張力を T とすると，式 (6.1) を用いて，

$$ma_r = T \tag{6.2}$$

となる．一方，観測者 S から見ると，質点 P は静止しているから，P に作用する力はつり合っている．したがって，中心方向の力のつり合いの式は，

$$T = f_c = ma_r$$

となり，式 (6.2) と一致する．このことは，円運動の問題を考えるとき，**中心方向の運動方程式を用いても，遠心力を考えて力のつり合いの式を用いても，どちらでも同等である**ことを示している．

例題 6.1 円錐振り子　図 6.2 のように，長さ l の糸の一端を天井の点 O に固定し，他端に質量 m の小球 P を取り付け，糸が鉛直線となす角を θ にして水平面内で等速円運動をさせた．P の速さ v と円運動の周期 T を求めよ．重力加速度の大きさを g とし，空気抵抗や摩擦は無視する．

解答　円軌道の半径は $l\sin\theta$ であるから，糸の張力を S とすると，小球 P の円運動の中心方向の運動方程式は，

$$m\frac{v^2}{l\sin\theta} = S\sin\theta$$

また，P は水平面内で運動することから，鉛直方向の力のつり合いより，

$$S\cos\theta = mg$$

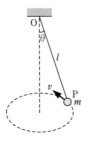

図 **6.2**

これらより S を消去して，
$$v = \sqrt{gl\sin\theta \cdot \tan\theta}$$
円運動の周期 T は，
$$T = \frac{2\pi l\sin\theta}{v} = 2\pi\sqrt{\frac{l\cos\theta}{g}}$$
となる． ∎

(2) 鉛直面内の円運動

図 6.3 のように，長さ l の糸の一端を点 O に固定し，他端に質量 m の小球 P を取り付け，P に最下点 A で水平方向に初速 v_0 を与えた．糸が鉛直線と角 θ ($0 \leq \theta \leq \pi$) をなすときの P の速さを v，糸の張力の大きさを T とすると，重力加速度の大きさを g として，P の運動方程式はそれぞれ，

$$m\frac{v^2}{l} = T - mg\cos\theta \qquad (\text{中心方向}) \tag{6.3}$$

$$m\frac{dv}{dt} = -mg\sin\theta \qquad (\text{接線方向}) \tag{6.4}$$

となる．

まず，式 (6.4) の両辺に $v = l\omega = l(d\theta/dt)$ (ω は角速度) をかけて t で積分 (エネルギー積分) を行う．左辺は 5.2 節で行ったように，$t \to v$ への置換積分により，

$$\int mv\frac{dv}{dt}dt = \int mv\,dv = \frac{1}{2}mv^2 + C \qquad (C \text{ は積分定数})$$

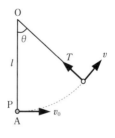

図 **6.3**

となる．右辺は，$t \to \theta$ への置換積分により，

$$-\int mgl\sin\theta \frac{d\theta}{dt}dt = -mgl\int \sin\theta\, d\theta = mgl\cos\theta + C' \qquad (C' は積分定数)$$

ここで，初期条件「$t=0$ のとき，$v=v_0, \theta=0$」を用いて積分定数を決めて，鉛直面内の円運動におけるエネルギー保存則

$$\frac{1}{2}mv^2 + mgl(1-\cos\theta) = \frac{1}{2}mv_0^2 \tag{6.5}$$

を得る．式 (6.3), (6.5) より，糸と鉛直線のなす角が θ のとき，糸の張力 T は，

$$T = m\frac{v_0^2}{l} + mg(3\cos\theta - 2)$$

となる．これより θ の増加とともに T は単調に減少し最高点 B で糸の張力 T_1 は，

$$T_1 = m\frac{v_0^2}{l} - 5mg$$

となる．

小球 P が円軌道の最高点 B まで達するためには，それまで張力が作用し，糸は張ったままでなければならない．したがって，P が円運動をし続けるための初速 v_0 に対する条件は，$T_1 \geq 0$ より，

$$v_0 \geq \sqrt{5gl} \tag{6.6}$$

となる．また最高点 B での P の速さ v_1 は式 (6.5) で $\cos\theta = -1$ $(\theta = \pi)$ とおき，

$$v_1 = \sqrt{v_0^2 - 4gl} \geq \sqrt{gl}$$

となる．

例題 6.2 **動く円柱内面での円運動** 図 6.4 のように，半径 r のなめらかな円柱状内面をもつ質量 m の台 D がなめらかな水平面上に置かれ，その左側の水平面上から質量 m の小球 P が，D に垂直に速さ v_0 で滑ってきて円柱状内面を滑り上がり，その最高点 H まで達した．この間，台 D は水平面上を右向きに滑るが，水平面から浮き上がることはないとする．P が点 H に達するためには，v_0 はいくら以上でなければならないか．摩擦や空気抵抗はすべて無視できるとする．

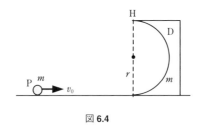

図 **6.4**

解答 小球 P は最高点 H に達したとき,台 D に対して水平方向左向きの速度をもつ. このとき,P に作用する遠心力の大きさは,P の D に対する**相対的な速さ**を u とすると[*1],$m(u^2/r)$ となり,その向きは鉛直上向きである.したがって,D から P に鉛直下向きに作用する垂直抗力の大きさ N は,

$$N = m\frac{u^2}{r} - mg$$

となり,P が円柱状内面から離れないための u に対する条件は,$N \geq 0$ より,

$$u \geq \sqrt{gr} \tag{6.7}$$

となる.

また,P と D に水平方向に外力は作用しないので,それらの運動量の和は保存され,摩擦もないので,力学的エネルギーも保存される.P が最高点 H に達したときの D の速さを V とすると,このときの P の水平面に対する速度は右向きに $V - u$ となるから,運動量保存則は,

$$mv_0 = mV + m(V - u)$$

力学的エネルギー保存則は,

$$\frac{1}{2}mv_0^2 = \frac{1}{2}mV^2 + \frac{1}{2}m(V-u)^2 + mg \cdot 2r$$

と書ける.これらより,V を消去して式 (6.7) より,

$$v_0^2 = u^2 + 8gr \geq 9gr \qquad \therefore \quad v_0 \geq 3\sqrt{gr}$$

を得る. ∎

[*1] 円運動の運動方程式は,円運動している座標系から見て成り立つ式であることに注意しよう.したがって,台 D に対する相対速度 u を用いる.もし,D が加速度運動している場合には,慣性力も考慮しなければならない.

6.2 単振動

(1) 単振動と等速円運動

図 6.5 のように，点 O を中心とした半径 A の円周上を角速度 ω で等速円運動している点 Q がある．Q を x 軸へ正射影した点 P の運動を**単振動**(simple harmonic oscillation) という．時刻 $t = 0$ における P の座標を $x = x_0 + A\sin\phi$ とすると，時刻 t における P の座標 x は，

$$x = x_0 + A\sin(\omega t + \phi) \tag{6.8}$$

となる．単振動を表す式 (6.8) において，ω を**角振動数**(angular frequency)，A を**振幅**(amplitude)，$\omega t + \phi$ を**位相**(phase)，ϕ を**初期位相**(initial phase) という．このとき，単振動がもとの状態に戻るまでの時間すなわち**周期**(period) T は，ω を用いて $T = 2\pi/\omega$ となる．

一般に質量 m の質点 P に，振動中心からのずれに比例する**復元力**(restoring force)(振動中心に戻そうとする力) がはたらくと，P は単振動をする．実際，P に x 軸上で $x = x_0$ に戻そうとする復元力が作用するとき，その運動方程式は k を定数として，

$$\boxed{m\ddot{x} = -k(x - x_0)} \tag{6.9}$$

と書ける．式 (6.9) に式 (6.8) を代入する．$\ddot{x} = -A\omega^2\sin(\omega t + \phi)$ より，

$$\omega = \sqrt{\frac{k}{m}} \tag{6.10}$$

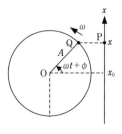

図 **6.5**

のとき，式 (6.8) は運動方程式 (6.9) を満たし，角振動数が式 (6.10) で与えられる単振動をすることがわかる．これより周期は，

$$T = 2\pi\sqrt{\frac{m}{k}} \tag{6.11}$$

となる．

　質量 m の質点 P の運動方程式が式 (6.9) で与えられたとき，P は $x = x_0$ を中心に，角振動数が式 (6.10)[周期が式 (6.11)] で与えられる単振動をすることがわかる．ただし，運動方程式 (6.9) から決まるのはここまでであり，単振動の振幅と初期位相は定まらない．それらは初期条件が与えられてはじめて定まる．

　たとえば，初期条件を

$$t = 0 \text{ のとき}, \quad x = 0, \quad v = \dot{x} = 0 \tag{6.12}$$

とすると，式 (6.9) を満たす P の位置 x が $x = x_0$ を中心に正弦関数で表されることから，そのグラフは，直観的に図 6.6 のようになることがわかる．これより，この場合の P の運動は，

$$x = x_0(1 - \cos\omega t) \tag{6.13}$$

で与えられることがわかる．

解の数学的導出法　ω が式 (6.10) で与えられるとき，$x - x_0 = \sin\omega t$ および $x - x_0 = \cos\omega t$ を式 (6.9) に代入すると，ともに運動方程式 (6.9) を満たすことがわかる．このように，微分方程式を満たす関数を**解**(solution) という．一般に，2 階微分方程式の 2 つの解がわかると，それらを任意定数倍したものの和は，**一般解**(general solution) とよばれ，すべての解を含む．一方，任意定数を含まな

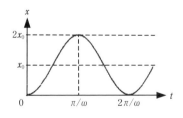

図 **6.6**

い個別の解を**特解**(particular solution) (あるいは特殊解) という. そこで, B と C を任意定数として式 (6.9) の一般解を,

$$x - x_0 = A\sin(\omega t + \phi) = B\sin\omega t + C\cos\omega t \tag{6.14}$$

とおく. 式 (6.14) の両辺を時間 t で微分すると,

$$v = \dot{x} = B\omega\cos\omega t - C\omega\sin\omega t$$

となるから, これらに初期条件 (6.12) を適用すると, $\omega \neq 0$ より,

$$B = 0, \quad C = -x_0$$

となる. こうして, 式 (6.12) を満足する特解 (6.13) を得ることができる.

(2) エネルギー保存則

単振動の問題を解く上で, 単振動のエネルギー保存則は非常に役立つ. これは通常の力学的エネルギー保存則とはやや異なる形式で用いられることが多い.

運動方程式 (6.9) の両辺に $\dot{x}$ をかけると,

$$m\dot{x}\ddot{x} = \frac{d}{dt}\left(\frac{1}{2}m\dot{x}^2\right), \quad k(x-x_0)\dot{x} = \frac{d}{dt}\left[\frac{1}{2}k(x-x_0)^2\right]$$

となる. $v = \dot{x}$ と書き, 時間 t で積分すると, C を積分定数として,

$$\boxed{\frac{1}{2}mv^2 + \frac{1}{2}k(x-x_0)^2 = C} \tag{6.15}$$

となる. 式 (6.15) が単振動のエネルギー保存則である.

例題 6.3 **鉛直ばね振り子** 図 6.7 のように, 天井から吊るされた質量の無視できるばねに質量 m の小球 P を吊るしたところ, ばねは自然長から l だけ伸びてつり合った. そのときの P の位置を原点に鉛直下向きに x 軸をとる. 時刻 $t = 0$ に P を $x = 2l$ の位置まで引き延ばして静かに放したところ, P は振動を始めた. P がはじめてばねの自然長の位置 $x = -l$ を通過する時刻と, そのときの速度を求めよ. 重力加速度は g とする.

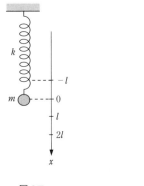
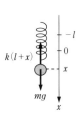

図 **6.7** 　　　　　図 **6.8**

解答　ばね定数を k とすると，つり合いの位置での小球 P のつり合いの式は，

$$mg - kl = 0 \qquad \therefore \quad k = \frac{mg}{l}$$

P の位置が x のとき，ばねの伸びは $x - (-l) = x + l$ であるから，その運動方程式は図 6.8 より，

$$m\ddot{x} = mg - k(x+l) = -kx$$

これより，P は $x = 0$ を中心に，角振動数 $\omega = \sqrt{k/m}$ の単振動をすることがわかる．また，初期条件「$t = 0$ のとき，$x = 2l, v = \dot{x} = 0$」より，時刻 t での位置 x は，

$$x = 2l\cos\omega t \tag{6.16}$$

と表される．よって，はじめて $x = -l$ を通過する時刻 t_1 は，

$$-l = 2l\cos\omega t_1 \quad \Rightarrow \quad \cos\omega t_1 = -\frac{1}{2} \quad \Rightarrow \quad t_1 = \frac{2\pi}{3\omega} = \frac{2\pi}{3}\sqrt{\frac{m}{k}}$$

また，式 (6.16) より，

$$v = \dot{x} = -2l\omega\sin\omega t$$

となるから，はじめて $x = -l$ を通過する速度 v_1 は，

$$v_1 = -2l\omega\sin\omega t_1 = -2l\omega\sin\frac{2\pi}{3} = -l\sqrt{\frac{3k}{m}}$$

となる．　■

(3) 単振動のいくつかの例

単振動は物理全体の理解にとって重要であるから，ここで単振動とそれに関連する例をいくつか考えておこう．

例題 6.4 **ばねに付けられた板上の小物体** 図 6.9 のように，下端が床に固定され，上端に質量 M の薄い板 A が付けられたばね定数 k の質量の無視できるばねが鉛直に置かれている．A の上には質量 m の小物体 P が置かれ，つり合いの位置 O で静止している．いま，点 O を原点に鉛直上向きに x 軸をとる．ばねを押し縮めて A を位置 $x = -L$ で放したら，位置 S で P は A から離れて上昇した．位置 S の座標 x_1 と，その点を通過する A と P の速さ v_1 を求めよ．

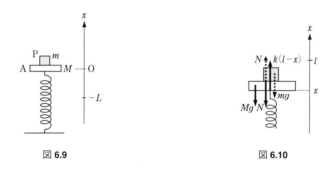

図 6.9　　　　　　　　　　図 6.10

解答　ばねが自然長のとき板 A の位置を $x = l$ とすると位置 O でのつり合いの式は，

$$kl - (M+m)g = 0 \quad \therefore \quad l = \frac{(M+m)g}{k}$$

板 A の上に小物体 P が載って運動しているとき，P にはたらく垂直抗力の大きさを N とする．A の位置が x のときの P と A の運動方程式を立てると図 6.10 より，

$$m\ddot{x} = N - mg \qquad \text{(P について)} \qquad (6.17)$$

$$M\ddot{x} = k(l-x) - N - Mg \qquad \text{(A について)} \qquad (6.18)$$

これらより加速度 $\ddot{x}$ を消去すると，

$$N = \frac{m}{M+m}k(l-x)$$

となる．$N \geq 0$ (すなわち $x \leq l$) のとき P は A に接しており，P が A から離れる瞬間，$N = 0$ となるから，位置 S は $N = 0$ より，

$$x_1 = l = \frac{(M+m)g}{k}$$

ここで位置 S は，ばねが自然長のときの A の位置であることに注意しよう．

運動方程式 (6.17) と (6.18) の辺々和をとると，

$$(M+m)\ddot{x} = k(l-x) - (M+m)g = -kx$$

となる．これよりエネルギー保存則は，C を定数として，

$$\frac{1}{2}(M+m)v^2 + \frac{1}{2}kx^2 = C$$

と書けるから，$x = -L, v = 0$ と $x = l, v = v_1$ を上式の左辺に代入して等しいとおくと，

$$\frac{1}{2}kL^2 = \frac{1}{2}(M+m)v_1^2 + \frac{1}{2}k\left[\frac{(M+m)g}{k}\right]^2$$

$$\therefore \quad v_1 = \sqrt{\frac{k}{M+m}L^2 - \frac{M+m}{k}g^2}$$

となる． ∎

例題 6.5 台車に引かれた物体の運動 図 6.11 のように，質量 m の物体 P が，台車につながれた質量の無視できるばね (ばね定数は k) に付けられて粗い床上に置かれている．ばねが自然長の状態から台車は瞬間的に右向きに一定速度 V で動き出した．その後，台車から見るとばねは周期的な振動運動をした．ばねの伸びの最大値を求めよ．また，P が再び床に対して静止するときのばねの伸びを求めよ．ただし，物体と床の間の静止摩擦係数を 2μ，動摩擦係数を μ，重力加速度を g とする．

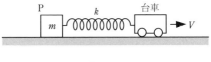

図 **6.11**

解答 はじめに物体 P が床の上を滑り出すときのばねの伸び x_0 は，滑り出す直前の P のつり合いより，

$$kx_0 = 2\mu mg \quad \therefore \quad x_0 = \frac{2\mu mg}{k}$$

ばねの伸びが x で P が滑っているとき, P の運動方程式は,

$$m\ddot{x} = -kx + \mu mg = -k\left(x - \frac{x_0}{2}\right) \tag{6.19}$$

これより, P は床上を滑っている限り, 台車から見るとばねの伸びが $x = x_0/2$ となる点を中心に角振動数 $\omega = \sqrt{k/m}$ の単振動をすることがわかる.

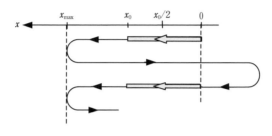

図 **6.12**

ばねの伸び x は, 台車から見た P の左向きへの変位を表している. 図 6.12 のように, 左向きに x 軸をとると, P は $x = 0$ から $x = x_0$ までは床上を滑らず, 左向きに速さ V で等速度運動 (図 6.12 の 2 重線部分) し, $x = x_0$ を通過後, しばらくは式 (6.19) で表される単振動 (図 6.12 の 1 重線部分) をすることがわかる. したがって, ばねの伸びの最大値 $x_{\max}$ は, $x = x_0, v = V$ から $x = x_{\max}, v = 0$ までのエネルギー保存則

$$\frac{1}{2}mV^2 + \frac{1}{2}k\left(x_0 - \frac{x_0}{2}\right)^2 = \frac{1}{2}k\left(x_{\max} - \frac{x_0}{2}\right)^2$$

より,

$$x_{\max} = \frac{\mu mg}{k} + \sqrt{\frac{m}{k}V^2 + \left(\frac{\mu mg}{k}\right)^2}$$

単振動は振動中心に関して対称な運動なので, $x = x_0$ と $x = 0$ での速さは等しく V である. よって, ばねが最も縮んだ後 P が $x = 0$ を通過するとき台車に対する左向きの速さは V となり床に対して静止する. その後 P は $x = x_0$ になるまで床上で静止する. ∎

(4) 単 振 り 子

図 6.13 のように, 一端が天井の一点 H に固定された長さ l の質量の無視できる糸の他端に, 質量 m の小球 P が付けられている. 糸が鉛直になった状態での P の位置を点 O とする. P に点 O で水平方向の初速 v_0 を与えると, P は O を中心に振り子運動をする. この運動を**単振り子**(simple pendulum) という. 点 O

を原点に，点 H を中心とした半径 l の円弧に沿って反時計回りの向きに座標軸 s をとり，糸と鉛直線のなす角 θ が十分小さい ($|\theta| \ll 1$) 微小振動を考える．重力加速度の大きさを g とする．

P の座標を $s = l\theta$ とすると，s 軸に沿った P の運動方程式は，$\ddot{s} = l\ddot{\theta}, \sin\theta \approx \theta$ を用いて，

$$ml\ddot{\theta} = -mg\sin\theta \approx -mg\theta \qquad \therefore \quad \ddot{\theta} = -\frac{g}{l}\theta \tag{6.20}$$

となる．式 (6.20) は，角 θ に関する単振動の方程式であり，その角振動数 ω，周期 T はそれぞれ，

$$\boxed{\omega = \sqrt{\frac{g}{l}}, \qquad T = \frac{2\pi}{\omega} = 2\pi\sqrt{\frac{l}{g}}} \tag{6.21}$$

で与えられる．

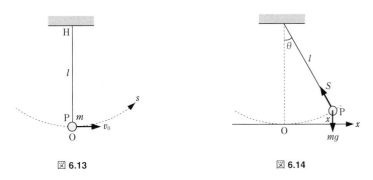

図 6.13　　　　　　　　　　　図 6.14

もう 1 つの方法　上で考えた微小角の単振り子を，少し異なる方法でしらべることができる．それは，図 6.14 のように，点 O を原点に水平右向きに x 軸をとり，小球 P の運動を，近似的に x 軸に沿った直線運動とみなす方法である．糸が鉛直線と角 θ ($|\theta| \ll 1$) をなすとき，鉛直方向に動かないとみなすことから，力のつり合いは，糸の張力を S として，

$$mg = S\cos\theta \approx S$$

と書ける．座標が x のとき，P の運動方程式は，

$$m\ddot{x} = -S\sin\theta \approx -mg\frac{x}{l} \qquad \therefore \quad \ddot{x} = -\frac{g}{l}x$$

となり，この式は，単振動を表す式 (6.20) と同じであり，その角振動数 ω と周期 T は，式 (6.21) で与えられる．

例題 6.6　慣性質量と重力質量　3.1 節で述べたようにニュートン力学 (高校で学ぶ力学) では運動方程式 (3.1) の左辺の質量を慣性質量とよぶ．そこで慣性質量を m_I で表す．一方，重力に比例する質量を重力質量とよび m_G で表す．図 6.13 で示される単振り子において，小球 P の慣性質量を m_I，重力質量を m_G として微小振動の周期を求めよ．

解答　小球 P にはたらく重力は $m_\mathrm{G} g$ と書けるから，P の運動方程式は，

$$m_\mathrm{I} l \ddot{\theta} = -m_\mathrm{G} g \sin\theta \approx -m_\mathrm{G} g \theta \quad \therefore \quad \ddot{\theta} = -\frac{m_\mathrm{G} g}{m_\mathrm{I} l}\theta$$

これより，角振動数 ω' と周期 T' は，

$$\omega' = \sqrt{\frac{m_\mathrm{G} g}{m_\mathrm{I} l}}, \quad T' = \frac{2\pi}{\omega'} = 2\pi\sqrt{\frac{l}{g}}\cdot\sqrt{\frac{m_\mathrm{I}}{m_\mathrm{G}}}$$

となる．　■

6.3　重心と相対運動

　この節では，1 次元系において，互いに内力を及ぼし合う 2 質点 (2 物体) の運動を考えよう．

重心　図 6.15 のように，質量 m_1 の質点 1 に質量 m_2 の質点 2 から力 f が作用し，質点 2 にはその反作用 $-f$ が作用するとする．質点 1, 2 の運動方程式は，

$$m_1 \ddot{x}_1 = f \quad (質点 1) \tag{6.22}$$

$$m_2 \ddot{x}_2 = -f \quad (質点 2) \tag{6.23}$$

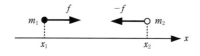

図 **6.15**

と書ける．式 (6.22), (6.23) を辺々加えて時間 t で積分することより，

$$m_1\ddot{x}_1 + m_2\ddot{x}_2 = 0 \quad \Rightarrow \quad m_1v_1 + m_2v_2 = C \tag{6.24}$$

となる．ここで，$v_1 = \dot{x}_1, v_2 = \dot{x}_2$ である．

式 (6.24) は，外力が作用しないときの運動量保存則を表し，重心の速度 v_G は，

$$v_G = \frac{m_1v_1 + m_2v_2}{m_1 + m_2} = \frac{C}{m_1 + m_2} = 一定$$

であることを示している．

相対運動 式 (6.22) を m_1 で割り式 (6.23) を m_2 で割り辺々引き算して換算質量

$$\mu = \frac{m_1m_2}{m_1 + m_2}$$

を用いると，

$$\ddot{x}_1 - \ddot{x}_2 = \left(\frac{1}{m_1} + \frac{1}{m_2}\right)f = \frac{f}{\mu}$$

となる．ここで，質点 1 の 2 に対する相対座標 $x_r = x_1 - x_2$ を導入して，

$$\mu\ddot{x}_r = f \tag{6.25}$$

を得る．式 (6.25) を**相対運動方程式**(equation of relative motion) という．5.2 節の (1) の積分と同様に式 (6.25) の両辺に $v_r = \dot{x}_r$ をかけて $t = t_1$ ($x_r = x_{r1}$, $v_r = v_{r1}$) から $t = t_2$ ($x_r = x_{r2}$, $v_r = v_{r2}$) まで積分すると，

$$\frac{1}{2}\mu v_{r2}^2 - \frac{1}{2}\mu v_{r1}^2 = W_f(x_{r1} \to x_{r2})$$

を得る．すなわち，相対運動エネルギーの変化は，その間の内力のする仕事に等しい．

例題 6.7 **ばねでつながれた 2 球の運動** 図 6.16 のように，質量 m と M の小球 P と Q が，質量の無視できる自然長 l_0，ばね定数 k のばねにつながれて，ばねが自然長の状態でなめらかな水平面上に置かれている．P に Q に向かう右向きの初速 v_0 を与えたところ，P と Q は振動しながら右向きに動いて行った．Q から見た P の振動の振幅と周期を求めよ．

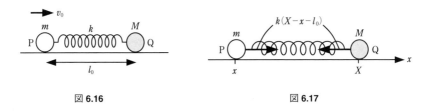

図 6.16　　　　　　　　　図 6.17

解答　ばねに沿って P から Q の向きに x 軸をとり，P, Q の座標をそれぞれ x, X とすると，それぞれの運動方程式は図 6.17 より，

$$m\ddot{x} = k(X - x - l_0) \qquad \text{(P の運動方程式)} \tag{6.26}$$
$$M\ddot{X} = -k(X - x - l_0) \qquad \text{(Q の運動方程式)} \tag{6.27}$$

ここで，$x_r = x - X, \mu = mM/(m+M)$ とおいて，式 (6.26), (6.27) より，

$$\ddot{x}_r = -\left(\frac{1}{m} + \frac{1}{M}\right)k(x_r + l_0) \qquad \therefore \quad \mu\ddot{x}_r = -k(x_r + l_0) \tag{6.28}$$

これから，Q から見ると P は，$x_r = -l_0$ を中心に角振動数 $\omega = \sqrt{k/\mu}$ の単振動をすることがわかる．これより単振動の周期 T は，

$$T = \frac{2\pi}{\omega} = 2\pi\sqrt{\frac{mM}{k(m+M)}}$$

求める振幅を A_r として，$x_r = -l_0, v_r = \dot{x}_r = v_0$ から $x_r = -l_0 + A_r, v_r = 0$ について，式 (6.28) に対するエネルギー保存則

$$\frac{1}{2}\mu v_r^2 + \frac{1}{2}k(x_r + l_0)^2 = 一定$$

を適用すると，

$$\frac{1}{2}\mu v_0^2 = \frac{1}{2}kA_r^2 \qquad \therefore \quad A_r = v_0\sqrt{\frac{\mu}{k}} = v_0\sqrt{\frac{mM}{k(m+M)}}$$

となる．　■

7 万有引力の法則とケプラーの法則

　万有引力の法則は，ニュートンによってケプラーの法則から導かれたものであるが，ニュートンはこの法則を運動の 3 法則と同様に，力学の出発点にとるべき基本法則の 1 つと考えた．

　ケプラーの法則は，太陽のまわりを回る惑星の運動を観測した結果として得られた法則であり，そこから導かれた万有引力の法則は，観測結果から得られる基本法則の 1 つと見なされる．

7.1　万有引力の法則

　図 7.1 のように，質量 m をもつ質点 P と質量 M をもつ質点 Q が距離 r だけ離れて存在するとき，P–Q 間には大きさ

$$F = G\frac{Mm}{r^2} \tag{7.1}$$

の引力が作用する．これを**万有引力**(universal gravitation) といい，このような関係が成り立つ法則を，**万有引力の法則**(law of universal gravitation) という．

図 **7.1**

(1)　万有引力の法則の導出

　まず，万有引力の法則が，ケプラーの法則からどのように導かれるか考えてみよう．

　ケプラーの法則(Kepler's laws) は，次の 3 つの法則からなる．

- **第1法則**：惑星は太陽を1つの焦点とする楕円軌道上を運動する．楕円軌道は円軌道を特別な場合として含む．
- **第2法則**：太陽のまわりを回る惑星の面積速度[*1]は一定である．この法則は，個々の惑星の軌道運動で成り立つ．
- **第3法則**：惑星の公転周期の2乗は，楕円軌道の長半径（長軸の長さの半分）の3乗に比例する．この法則は，いろいろな惑星の軌道間で成り立つ．

一般に，太陽のまわりを回る惑星は，太陽を1つの焦点とする楕円軌道を描いている．楕円軌道に対するケプラーの法則を用いて万有引力の法則を導く計算は，やや面倒である．しかし，惑星の軌道の多くは円軌道に近い．そこで，円軌道であるとすると，万有引力の法則は簡単に導くことができる．ここでは，惑星の軌道は円軌道であるとして，ケプラーの第3法則を用いて万有引力の法則を導いてみよう．また，太陽も惑星も質点と見なすことにする．

図7.2のように，質量Mの太陽Sのまわりを質量mの惑星Pが，半径rの円軌道を描いて周期T（すなわち，角速度$\omega = 2\pi/T$）の等速円運動をしているとする．Mはmより十分大きく，Sは動かないものとする．惑星PにSの向きにはたらく力の大きさをFとすると，Pの円運動の式は，

$$mr\left(\frac{2\pi}{T}\right)^2 = F$$

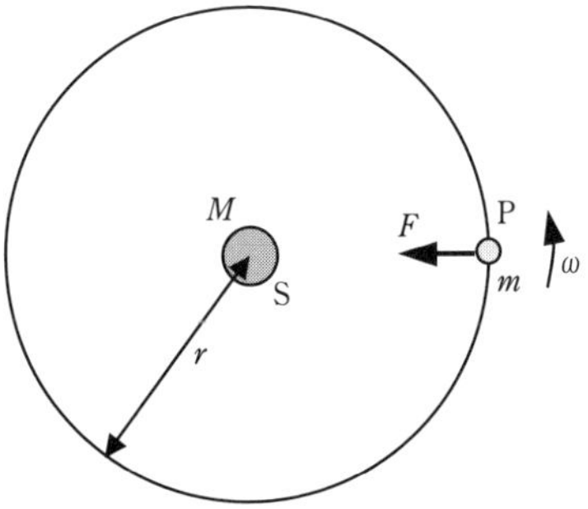

図7.2

[*1] 7.2節で説明する．

となる．ここで，ケプラーの第3法則を用いる．第3法則における楕円軌道の長半径は，円軌道に移行すると半径 r になる．そこで，この場合の第3法則は，k を比例定数として，

$$T^2 = kr^3$$

となる．これを上の式に代入して，

$$F = \frac{4\pi^2}{k}\frac{m}{r^2} \propto \frac{m}{r^2} \tag{7.2}$$

を得る．ここで，作用-反作用の法則を用いると，太陽にも大きさ F の力がはたらくはずである．しかるに，太陽に作用する力であれば，太陽の質量 M にも比例するはずであり，

$$F \propto \frac{Mm}{r^2}$$

と書ける．ここで，比例定数を G とおいて式 (7.1) を得る．

このように，惑星が太陽のまわりを円運動していると見なすと，簡単に万有引力の法則を導くことができる．

(2) ケプラーの第3法則

式 (7.1) と式 (7.2) を比較すると，

$$GM = \frac{4\pi^2}{k} \quad \therefore \quad k = \frac{4\pi^2}{GM}$$

となる．こうして，ケプラーの第3法則は，一般の楕円軌道に拡張すると，周期を T，長半径を a として，

$$\frac{T^2}{a^3} = \frac{4\pi^2}{GM} \tag{7.3}$$

となる．

例題 7.1 **太陽が動く場合のケプラーの第3法則** 惑星から太陽に万有引力が作用すると，太陽も動くはずである．太陽と惑星の外から力がはたらかないとすると，重心は動かないと見なすことができる．そうすると，図 7.3 のように，太陽 S と惑星 P は，相対して重心 G のまわりに円運動をする．S–P 間の距離を l として，円運動の周期の2乗と太陽と惑星の間の距離 l の3乗の比の値を求めよ．

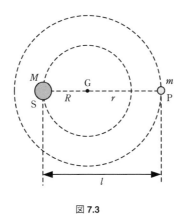

図 **7.3**

解答 $\overline{\mathrm{SG}} = R$, $\overline{\mathrm{PG}} = r$ とすると,

$$R = \frac{m}{M+m}l, \qquad r = \frac{M}{M+m}l$$

となる.これより,周期を T として,惑星 P の円運動の式より,

$$m \cdot \frac{M}{M+m}l \cdot \left(\frac{2\pi}{T}\right)^2 = G\frac{Mm}{l^2} \qquad \therefore \quad \frac{T^2}{l^3} = \frac{4\pi^2}{G(M+m)} \qquad (7.4)$$

を得る.式 (7.4) より,T^2 と l^3 の比は一定ではなく,惑星の質量 m に依存することがわかる.ただし,$M \gg m$ であるから,ほとんど一定値と見なせることがわかる. ■

(3) 球形物体による万有引力

これまでは,太陽も惑星も質点として大きさを無視してきたが,大きさがある場合,万有引力の法則は,どのように表されるのであろうか.

天体間に作用する万有引力 天体の質量密度 (単位体積あたりの質量) ρ が中心からの距離 r だけで与えられるとき,すなわち,$\rho = \rho(r)$ である (これを「質量が球対称に分布する」という) とき,天体の外部の質点にはたらく万有引力は,天体の全質量が中心の 1 点に集まっている点天体からはたらく万有引力に等しい.また,質量が球対称に分布する物体に作用する万有引力は,全質量が中心の 1 点に集まった質点に作用する万有引力に等しい.したがって,質量が球対称に分布す

る2つの天体間に作用する万有引力は，それぞれの天体の中心に集まった2質点間に作用する万有引力で与えられる．

このことは，質点間に作用する万有引力を用いて証明されるが，ここではその証明には立ち入らない．

天体の内部の質点に作用する万有引力　図 7.4 のように，質量が球対称に分布する半径 R の天体の中心 O から距離 R_1 ($< R$) の点にある質点 P に作用する万有引力は，O を中心とした半径 R_1 の球体内の全質量が O に集中したと見なされる質点からはたらく万有引力に等しい．O からの距離 R_1 から R の間に分布する質量 (図 7.4 の網掛け部分の質量) が質点 P に作用する万有引力の合力はゼロとなる．このことを例題 7.2 で示すために，まず立体角を導入しよう．

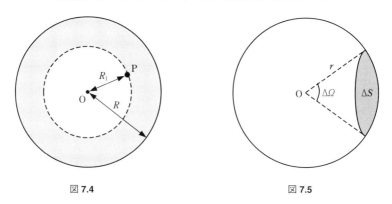

図 7.4　　　　　　　　　図 7.5

立体角　図 7.5 のように，点 O を中心にした半径 r の球面の面積 ΔS の領域を O から見込む，立体的な角を**立体角**(solid angle) という．立体角 $\Delta \Omega$ は，

$$\Delta \Omega \equiv \frac{\Delta S}{r^2} \tag{7.5}$$

で定義される．全方向の立体角 Ω は，半径 r の球面の表面積は $4\pi r^2$ であるから，

$$\Omega = \frac{4\pi r^2}{r^2} = 4\pi$$

となる．

例題 7.2 **外部球殻からはたらく万有引力** 図 7.6 のように，点 O を中心にした半径 r と $r+\Delta r$ の球面で挟まれた球殻 K から，その内部の点 P に置かれた質量 m の質点に作用する万有引力の合力がゼロであることを示せ．ただし，球殻の質量密度はどこでも等しいとする．

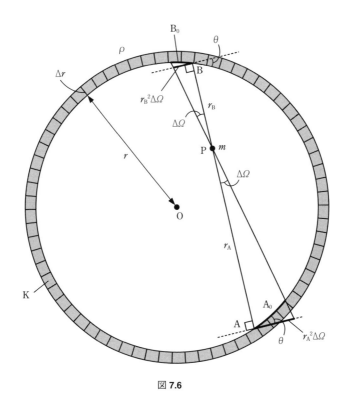

図 7.6

[解答] 点 P を通る任意の直線を引き，質量密度 ρ の球殻 K と交わる点を A, B とし，P から微小な立体角 $\Delta\Omega$ で見込まれる A, B のまわりの球殻の一部の領域 A_0, B_0 の質量が点 P に及ぼす万有引力を考える．線分 PA, PB の長さをそれぞれ r_A, r_B，PA, PB に垂直な面が A_0, B_0 となす角を θ とすると，A_0, B_0 の質量 $\Delta M_A, \Delta M_B$ はそれぞれ，

$$\Delta M_A = \rho \frac{r_A^2 \Delta\Omega}{\cos\theta}\Delta r, \qquad \Delta M_B = \rho \frac{r_B^2 \Delta\Omega}{\cos\theta}\Delta r$$

と書ける．これより，P–A_0 間，P–B_0 間にはたらく万有引力は逆向きであり，その大きさ ΔF_A，ΔF_B はそれぞれ，

$$\Delta F_A = G\frac{m \cdot \Delta M_A}{r_A^2} = Gm\rho\frac{\Delta \Omega}{\cos\theta}\Delta r$$

$$\Delta F_B = G\frac{m \cdot \Delta M_B}{r_B^2} = Gm\rho\frac{\Delta \Omega}{\cos\theta}\Delta r$$

となり，$\Delta F_A = \Delta F_B$ であることがわかる．

点 P を通る任意の直線が球殻と交わる点の近くで上のことが成り立つので，球殻 K から点 P にある質点に作用する力の合力はゼロであることがわかる．

このことは，点 P の外側のすべての球殻に対して成り立つので，P の外側部分の球殻の質量が P に及ぼす万有引力の合力はゼロとなる．したがって，点 P にある質点に作用する万有引力は，半径 OP の球体内の全質量が点 O に集中したと見なされる質点からはたらく万有引力に等しいことがわかる． ■

例題 7.3 **地球に掘られたトンネル内の小物体の運動** 図 7.7 のように，半径 R の地球に掘られた長さ $2a$ の直線状のトンネルの端 A から，質量 m の小物体を静かに放したら，ある時間 T だけ経過した後，A に戻ってきた．地球は一様な質量密度 ρ の球形とし，万有引力定数を G とする．小物体に摩擦や空気抵抗ははたらかないとし，地球の自転の影響は無視して小物体の速さの最大値 $v_{\max}$ と周期 T を求めよ．

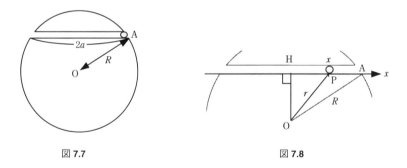

図 7.7　　　　　　　　　　図 7.8

解答 図 7.8 のように，地球の中心 O からトンネルに垂線 OH を引き，点 H を原点として端 A の向きに x 軸をとる．座標 x の点を P とし $\overline{OP} = r$ とすると小物体には，半径 r の球体内の地球の質量

$$M = \rho \cdot \frac{4}{3}\pi r^3$$

から万有引力がはたらく. その大きさ F は,

$$F = G\frac{Mm}{r^2} = \frac{4}{3}\pi\rho G m r$$

となる. これより, 小物体の運動方程式は,

$$m\ddot{x} = -F \cdot \frac{x}{r} = -Kx \qquad \left(K = \frac{4}{3}\pi\rho G m\right)$$

となるから, 小物体は, 点 H を中心に角振動数 $\omega = \sqrt{K/m} = 2\sqrt{\pi\rho G/3}$ の単振動をすることがわかる. よって, その周期 T は,

$$T = \sqrt{\frac{3\pi}{\rho G}}$$

また, 小物体は $x = a$ で初速 0 で放されたので, 単振動のエネルギー保存則より,

$$\frac{1}{2}mv_{\max}^2 = \frac{1}{2}Ka^2 \qquad \therefore \quad v_{\max} = a\sqrt{\frac{K}{m}} = 2a\sqrt{\frac{\pi\rho G}{3}}$$

となる. ∎

7.2 万有引力とケプラーの法則

(1) 万有引力による位置エネルギー

位置エネルギーの基準点 (位置エネルギーがゼロとなる点) はどこにとってもよいのであるが, 質量 M の質点 Q による質量 m の質点 P のもつ万有引力の位置エネルギーは, Q から無限に遠く離れた点を基準にとるのが普通である. 図 7.9 のように, 質点 Q の位置を原点に, 質点 P に向かう向きに x 軸をとり, P が $x = r$ の点でもつ位置エネルギー $U(r)$ を求めよう. $x = \infty$ を基準とすると, 位置エネ

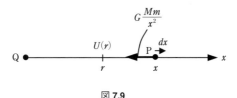

図 7.9

ルギーの定義より，$U(r)$ は，P を $x=r$ から $x=\infty$ まで動かす間の万有引力のする仕事 $W(r\to\infty)$ に等しいから，P に作用する万有引力は，$-x$ 方向を向いていることに注意して，

$$\begin{aligned}U(r)=W(r\to\infty)&=\int_r^\infty\left(-G\frac{Mm}{x^2}\right)dx\\&=-GMm\left[-\frac{1}{x}\right]_r^\infty=-\frac{GMm}{r}\end{aligned}\tag{7.6}$$

となる．

(2) ケプラーの第 1 法則

図 7.10 のように，質量 M の質点 Q から距離 r 離れた点を速さ v で運動している質量 m の質点 P がもつ力学的エネルギー E は，

$$E=\frac{1}{2}mv^2-\frac{GMm}{r}\tag{7.7}$$

と書ける．

質点 Q から万有引力を受けて運動する質点 P は，その力学的エネルギー E の値により，Q を焦点とする次のような 2 次曲線の軌道を描く．

$E<0$ [楕円軌道 (特別な場合として円軌道を描く)]
$E=0$ (放物線軌道)
$E>0$ (双曲線軌道)

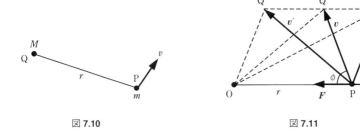

図 7.10   図 7.11

(3) ケプラーの第2法則

図 7.11 のように，固定された質点 O から距離 r だけ離れた点を質点 P が速度 $\boldsymbol{v}$ ($|\boldsymbol{v}| = v$) で運動している．ここで，線分 OP を**動径**(moving radius) といい，動径が単位時間に掃く面積を**面積速度**(areal velocity) という．動径 OP と速度 $\boldsymbol{v}$ のなす角を ϕ ($0 \le \phi \le \pi$) とするとき，面積速度 s は OP と $\boldsymbol{v}$ を隣り合う2辺とする三角形の面積で与えられ，

$$s = \frac{1}{2} rv \sin \phi$$

と表される．

いま，引力の**撃力**[*1](impulsive force) $\boldsymbol{F}$ が作用し，P の速度が瞬間的に $\boldsymbol{v}'$ に変化した．このとき，$\boldsymbol{v}$ の終点を Q，$\boldsymbol{v}'$ の終点を Q$'$ とすると，$\overrightarrow{\mathrm{QQ'}} \parallel \overrightarrow{\mathrm{PO}}$ であるから，

$$s = \triangle \mathrm{OPQ} = \triangle \mathrm{OPQ}'$$

となり，撃力 $\boldsymbol{F}$ が作用する前後で面積速度が一定に保たれることがわかる．

一方，質点 P に斥力の撃力 $\boldsymbol{F}'$ が作用し，P の速度が瞬間的に $\boldsymbol{v}'' = \overrightarrow{\mathrm{PQ''}}$ に変化するとき，$\overrightarrow{\mathrm{QQ''}} \parallel \overrightarrow{\mathrm{OP}}$ となるから，

$$s = \triangle \mathrm{OPQ} = \triangle \mathrm{OPQ}''$$

となり，面積速度が一定に保たれる．こうして，P に作用する線分 OP に平行な力 [これを**中心力**(central force) という] が作用するとき，質点 P の点 O のまわりの面積速度は一定に保たれることがわかる．万有引力は中心力の一種である．

☞ この議論は直観的なものであり，厳密には，撃力が作用する微小時間の間の質点 P の位置の変化を考慮した議論が必要である．

7.3 ケプラー運動

万有引力を受けた物体の運動を，**ケプラー運動**(Keplerian motion) という．ここでは，ケプラー運動のいろいろな例を取り上げよう．

---
*1 瞬間的に作用する非常に強い力．

例題 7.4 **静止衛星の打上げ** 地球の赤道上空の円形軌道を1日で1周する人工衛星 [これを**静止衛星**(stationary satellite) という] を打ち上げることを考えよう．地球を質量 $M = 6.0 \times 10^{27}$ kg, 半径 $R = 6.4 \times 10^6$ m の一様な球体とし，万有引力定数を $G = 6.7 \times 10^{-14}$ m$^3 \cdot$s$^{-2} \cdot$kg^{-1} とする．

(a) 静止衛星の軌道半径 r_0 は R の何倍か．

静止衛星を軌道に乗せるために，図 7.12 のように，まず小さな円軌道 (軌道半径 r) に衛星を乗せ，次に，円軌道上の点 P で加速して地球の中心 O から遠地点 Q までの距離が r_0 の楕円軌道に乗せる．最後に，点 Q で再び加速して静止軌道に乗せることにする．

(b) 楕円軌道上の近地点 P と遠地点 Q での衛星のそれぞれの速さ v_1, v_2 を求め，点 Q で増加させる速さ Δv を求めよ．

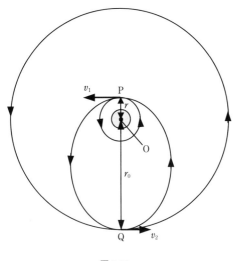

図 **7.12**

解答 (a) 地球を一様な球体としているので，その全質量が地球の中心に集まっているとして万有引力の法則を用いることができる．静止衛星の質量を m, 周期 (1日) を T とすると，その円運動の式は，

$$mr_0 \left(\frac{2\pi}{T}\right)^2 = G\frac{Mm}{r_0^2}$$

これより，$T = 24 \times 60 \times 60\,\text{s}$ を用いて，

$$\frac{r_0}{R} = \frac{1}{R}\sqrt[3]{\frac{GMT^2}{4\pi^2}} = 6.6\text{ 倍}$$

(b) 近地点 P と遠地点 Q での力学的エネルギー保存の式は，

$$\frac{1}{2}mv_1^2 - \frac{GMm}{r} = \frac{1}{2}mv_2^2 - \frac{GMm}{r_0}$$

と表される．また，動径と速度ベクトルは，P と Q でともに垂直であるから，面積速度一定の式は，

$$\frac{1}{2}rv_1 = \frac{1}{2}r_0 v_2$$

となる．これらより，

$$v_1 = \sqrt{\frac{2GMr_0}{r(r+r_0)}}, \qquad v_2 = \sqrt{\frac{2GMr}{r_0(r+r_0)}}$$

一方，静止衛星の速さを v_0 とすると，円運動の式より，

$$m\frac{v_0^2}{r_0} = G\frac{Mm}{r_0^2} \qquad \therefore \quad v_0 = \sqrt{\frac{GM}{r_0}}$$

となるから，点 Q で増加させる速さ Δv は，

$$\Delta v = v_0 - v_2 = \sqrt{\frac{GM}{r_0}}\left(1 - \sqrt{\frac{2r}{r+r_0}}\right)$$

となる． ■

例題 7.5 　**円軌道と楕円軌道を描く惑星の力学的エネルギー**　質量 M の太陽 S のまわりを半径 r の円軌道を描いて回る質量 m の惑星 P_1 の力学的エネルギーを求めよ．また，S を 1 つの焦点とする長半径 a の楕円軌道を描いて回る質量 m の惑星 P_2 の力学的エネルギーを求めよ．S の質量は十分大きく動かないとし，S から無限に遠く離れた点を位置エネルギーの基準とする．また万有引力定数を G とする．

解答　図 7.13 のように，惑星 P_1 の速さを v とすると，万有引力を受けた P_1 の円運動の式

$$m\frac{v^2}{r} = G\frac{Mm}{r^2}$$

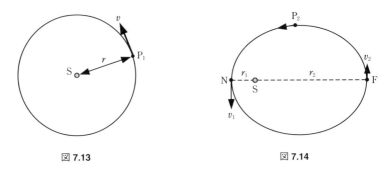

図 7.13   図 7.14

を用いて，P_1 の力学的エネルギー E_1 は，

$$E_1 = \frac{1}{2}mv^2 - \frac{GMm}{r} = \frac{GMm}{2r} - \frac{GMm}{r} = -\frac{GMm}{2r}$$

図 7.14 のように，衛星 P_2 の近地点 N での速さを v_1，遠地点 F での速さを v_2，S–N 間の距離を r_1，S–F 間の距離を r_2 とする．面積速度の 2 倍を h とすると，h と力学的エネルギー E はそれぞれ，

$$h = r_1 v_1 = r_2 v_2$$

$$E = \frac{1}{2}mv_1^2 - \frac{GMm}{r_1} = \frac{1}{2}mv_2^2 - \frac{GMm}{r_2}$$

となる．これらより $v_i\ (i=1,2)$ を消去して r_i の 2 次方程式

$$Er_i^2 + GMmr_i - \frac{1}{2}mh^2 = 0 \tag{7.8}$$

を得る．式 (7.8) は r_1 と r_2 に対して成り立つので，解と係数の関係より，

$$r_1 + r_2 = -\frac{GMm}{E}$$

ここで，$r_1 + r_2$ は長軸の長さ $2a$ に等しいことから，楕円軌道を描いてまわる惑星 P_2 の力学的エネルギー E は，長半径 a を用いて，

$$E = -\frac{GMm}{2a}$$

となる． ∎

8 剛体の回転運動 ★

　これまでは，物体の運動を考えるとき，物体を大きさのない質点とみなしてきたが，実際には，物体は大きさをもつため回転運動を行う．物体の回転運動を考えることにより，より現実的な物体の運動を理解できるようになる．

　本章では剛体の回転運動を考える．そのためにまず，角運動量を導入し，その理解を図る．次に，物体を質点の集合体と考えて，各質点の運動方程式を考えることにより，

$$\text{角運動量の変化率} = \text{力のモーメント}$$

が導かれる．最後に，質点間の位置関係が変化しない剛体に上の式を適用して，慣性モーメントを含む剛体の回転運動方程式を得る．回転運動方程式を用いて，いろいろな剛体の回転運動をしらべてみよう．

8.1 角運動量保存則

　5 章で述べたように，運動方程式から導かれる保存則には，運動量保存則，エネルギー保存則，角運動量保存則がある．ここでは，角運動量保存則を考える．

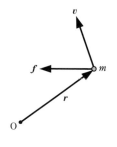

図 **8.1**

図 8.1 のように，原点 O からの位置ベクトル r を速度 $v = dr/dt$ で運動している質量 m の物体に力 f が作用するとき，その運動方程式は，

$$m\frac{dv}{dt} = f \tag{8.1}$$

と書ける．この式の両辺に，左から r を外積としてかけると，

$$mr \times \frac{dv}{dt} = r \times f \tag{8.2}$$

となる．この式の左辺を変形するために，次の積の微分を考える．

$$\frac{d}{dt}(r \times v) = \frac{dr}{dt} \times v + r \times \frac{dv}{dt}$$

ここで，$v = dr/dt$ であり，外積の定義から $v \times v = 0$ であるから，式 (8.2) の左辺は，運動量 $p = mv$ を用いて，

$$mr \times \frac{dv}{dt} = \frac{d}{dt}(r \times p)$$

となる．ここで，$l = r \times p$ を点 O のまわりの**角運動量**(angular momentum) とよぶ．

一方，式 (8.2) の右辺 $n = r \times f$ は，点 O のまわりの力のモーメントであるから，式 (8.2) は，

$$\boxed{\frac{dl}{dt} = n} \tag{8.3}$$

と表される．式 (8.3) は，物体の角運動量の変化率は，物体に作用する力のモーメントに等しいことを示している．

8.2 中心力と角運動量保存則

7 章で述べたように，点 O の方向を向いた力を中心力という．中心力 f は位置ベクトル r と平行 ($f \parallel r$) であるから，

$$n = r \times f = 0$$

である.そうすると,式 (8.3) は

$$\frac{d\boldsymbol{l}}{dt} = \boldsymbol{0}$$

となり,角運動量は時間的に変化しない.つまり**中心力が作用するとき,角運動量保存則** (law of conservation of angular momentum) が成り立つことがわかる.

面積速度一定 7 章で学んだように,中心力が作用するとき,面積速度は一定になる.実は,面積速度と角運動量の間には簡単な関係が成り立つ.

位置 $\boldsymbol{r}$ の点を質量 m の物体が速度 $\boldsymbol{v}$ で運動しているとき,原点 O のまわりの面積速度 s は,$\boldsymbol{r}$ と $\boldsymbol{v}$ を隣り合う 2 辺とする三角形の面積として,

$$s = \frac{1}{2} rv \sin\theta \qquad (r = |\boldsymbol{r}|,\ v = |\boldsymbol{v}|) \tag{8.4}$$

となることを 7 章で述べた.ここで,$\theta\ (0 \leq \theta \leq \pi)$ は $\boldsymbol{r}$ と $\boldsymbol{v}$ のなす角である.
一方,角運動量の大きさ $l = |\boldsymbol{l}|$ は,

$$l = mvr\sin\theta = 2m \cdot s \tag{8.5}$$

と書ける.
一般に,面積速度もベクトルを用いて,

$$\boxed{\boldsymbol{s} = \frac{1}{2} \boldsymbol{r} \times \boldsymbol{v}} \tag{8.6}$$

で定義され,$s = |\boldsymbol{s}|$ である.そうすると,中心力が作用して角運動量が保存されるとき,面積速度は一定に保たれることは明らかである.

8.3 剛体の固定軸のまわりの回転運動方程式

ここでは固定された回転軸を z 軸とし,z 軸まわりの剛体の回転運動を考える.

(1) 角運動量の角速度を用いた表現

剛体の角運動量を考えるために,質点の角運動量を用いた表現を書いておこう.

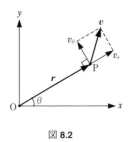

図 8.2

図 8.2 のように，x–y 平面上で質量 m の質点が点 P(位置ベクトル r) を速度 v で運動しているとする．速度の O→P 方向の成分を v_r，OP に垂直で反時計回りの成分を v_θ とすると，OP が x 軸となす角を θ として，

$$v_r = \dot{r}, \qquad v_\theta = r\dot{\theta} = r\omega \tag{8.7}$$

と表される．この式の v_r は明らかであろう．また v_θ も，角速度 $\omega = \dot{\theta}$ で半径 r の円運動をしている質点の速さを考えれば理解できるであろう．これより，質点の点 O のまわりの反時計回りの角運動量 l は，

$$l = r \cdot mv_\theta = mr^2\omega \tag{8.8}$$

と表される．

(2) 慣性モーメント

図 8.3 のように，大きさのある物体を質量 m_i ($i = 1, 2, \cdots$) の質点の集合体と考えよう．いま，物体が紙面に垂直な回転軸 O のまわりに角速度 ω で回転している (物体を構成している各質点がすべて同じ角速度 ω で回転している) とき，回

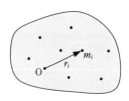

図 8.3

転軸から各質点までの距離を r_i とすると，物体の角運動量，すなわち各質点の角運動量の和 L は，

$$L = \sum_i m_i r_i^2 \omega = I\omega \tag{8.9}$$

と表される．ここで，

$$\boxed{I = \sum_i m_i r_i^2} \tag{8.10}$$

を物体の回転軸 O のまわりの**慣性モーメント**(moment of inertia) という．

(3) 外力のモーメント

次に，物体を構成している各質点に作用する力のモーメントの和を考えよう．

図 **8.4**

一般に，図 8.4 のように，位置 $\boldsymbol{r}_j$ の質点に位置 $\boldsymbol{r}_k$ の質点から力 $\boldsymbol{f}_{jk}$ が作用するとき，作用-反作用の法則より，位置 $\boldsymbol{r}_k$ の質点には位置 $\boldsymbol{r}_j$ の質点から力 $-\boldsymbol{f}_{jk}$ が作用する．したがって，位置 $\boldsymbol{r}_j$ と $\boldsymbol{r}_k$ の質点間に作用する力による点 O のまわりの力のモーメントの和 $\boldsymbol{n}_{jk}$ は，

$$\boldsymbol{n}_{jk} = \boldsymbol{r}_j \times \boldsymbol{f}_{jk} + \boldsymbol{r}_k \times (-\boldsymbol{f}_{jk}) = (\boldsymbol{r}_j - \boldsymbol{r}_k) \times \boldsymbol{f}_{jk}$$

と書ける．ここで，$(\boldsymbol{r}_j - \boldsymbol{r}_k) \parallel \boldsymbol{f}_{jk}$ より，$\boldsymbol{n}_{jk} = \boldsymbol{0}$ となる．よって，**質点間にはたらく内力のモーメントはゼロ**となる．これより，物体の各質点に作用する力のモーメントの和は，物体に外部から作用する力のモーメントの和に等しい．こうして，物体を構成する各質点について，式 (8.3) の和をとることにより，物体の角運動量 $\boldsymbol{L}$ と物体に作用する外力のモーメント $\boldsymbol{N}$ の間に，

$$\frac{d\boldsymbol{L}}{dt} = \boldsymbol{N}$$

が成り立つ．回転軸 O のまわりの角運動量 L と力のモーメント N の間には，

$$\frac{dL}{dt} = N \quad \Leftrightarrow \quad \frac{d}{dt}(I\omega) = N \tag{8.11}$$

が成り立つ．ここで N は力のモーメントのベクトル $\boldsymbol{N}$ の z 成分 (回転軸に平行な成分) であり，物体に作用する外力の作用線に z 軸 (回転軸) から引いた垂線の長さと外力の x–y 平面 (回転軸に垂直な平面) への射影の長さの積で与えられる．

例題 8.1 **アイススケーターのスピン** アイススケーターが氷上の一点で回転するとき，腕を広げると回転の角速度は減少し，腕を縮めると角速度は増加することを説明せよ．

解答 腕を広げると，体の中心軸から腕の各質点までの距離が長くなり，スケーターの慣性モーメント I は増加し，腕を縮めると I は減少する．スケーターの回転軸のまわりの外力のモーメントはゼロであり，腕の伸縮はスケーターの内力で行われ，内力のモーメントの和もゼロであるから，スケーターに作用する力のモーメントはゼロである．したがって，スケーターの角運動量 $L = I\omega$ は一定に保たれる．こうして，スケーターが腕を伸ばすと I は増加して ω は減少し，腕を縮めると I は減少して ω は増加する．■

(4) 回転運動方程式

物体として，質点間の位置関係が変化しない剛体を考えよう．剛体で I は変化しないから，式 (8.11) は，

$$\boxed{I\frac{d\omega}{dt} = N} \tag{8.12}$$

となる．式 (8.12) は，1 つの回転軸のまわりの剛体の回転運動を考える出発点となる方程式であり，**回転運動方程式**(equation of rotational motion) とよばれる．

(5) 回転の運動エネルギー

剛体が角速度 ω で回転運動しているときの剛体の運動エネルギー K は，剛体を構成する各質点の運動エネルギーの和である．回転軸 O から距離 r_i の位置の質量 m_i の質点の運動エネルギーは $\frac{1}{2}m_i(r_i\omega)^2$ と書けるから，

$$K = \sum_i \left(\frac{1}{2}m_i r_i^2\right)\omega^2 = \frac{1}{2}I\omega^2 \qquad (8.13)$$

となる.

8.4 慣性モーメント

(1) 重心と重心系

剛体の慣性モーメントを考える準備として, **重心**(center of gravity) と**重心系**(center-of-gravity system, あるいは center-of-mass system) について必要なことをまとめておこう.

質量 $m_1, m_2, \cdots, m_i, \cdots$ の質点の位置ベクトルをそれぞれ, $\boldsymbol{r}_1, \boldsymbol{r}_2, \cdots, \boldsymbol{r}_i, \cdots$ とするとき, 重心 [**質量中心**(center of mass) ともいう] の位置ベクトル $\boldsymbol{r}_\mathrm{G}$ は,

$$\boldsymbol{r}_\mathrm{G} = \frac{\sum_i m_i \boldsymbol{r}_i}{\sum_i m_i}$$

で定義される. このとき, 重心を原点とする座標系 (これを重心系という) における各質点の位置ベクトルは,

$$\boldsymbol{r}'_1 = \boldsymbol{r}_1 - \boldsymbol{r}_\mathrm{G}, \quad \boldsymbol{r}'_2 = \boldsymbol{r}_2 - \boldsymbol{r}_\mathrm{G}, \quad \cdots, \quad \boldsymbol{r}'_i = \boldsymbol{r}_i - \boldsymbol{r}_\mathrm{G}, \quad \cdots$$

と書けるから,

$$\sum_i m_i \boldsymbol{r}'_i = \boldsymbol{0} \qquad (8.14)$$

が成り立つ. 重心を原点とする重心系で重心座標は原点であり, 重心の定義より, 式 (8.14) の成立は当然である. この結果を以下で用いる.

剛体の慣性モーメントについて, 次の2つの定理が成り立つ.

(2) 平行軸の定理

任意の回転軸 O のまわりの慣性モーメント I と, 剛体の重心を通り軸 O に平行な回転軸 G のまわりの慣性モーメント I_G の間には,

$$I = I_{\mathrm{G}} + Md^2 \qquad (8.15)$$

の関係が成り立つ．ここで，M は剛体の質量，d は 2 つの回転軸 O と G の間の距離である．

証明 図 8.5 のように，回転軸 O を z 軸，回転軸 G を z' 軸として紙面に垂直にとり，x 軸，y 軸を紙面に平行に，x 軸，y 軸と平行にそれぞれ x' 軸，y' 軸をとる．

x–y–z 座標系での重心座標を $(x_{\mathrm{G}}, y_{\mathrm{G}}, 0)$，質量 m_i の質点 i の位置を (x_i, y_i, z_i)，(x'_i, y'_i, z'_i) とすると，

$$x_i = x_{\mathrm{G}} + x'_i$$
$$y_i = y_{\mathrm{G}} + y'_i$$
$$z_i = z'_i$$

となる．これより，軸 O のまわりの慣性モーメント I は，

$$I = \sum_i m_i(x_i^2 + y_i^2) = \sum_i m_i[(x_{\mathrm{G}} + x'_i)^2 + (y_{\mathrm{G}} + y'_i)^2]$$
$$= \sum_i (m_i x_i'^2 + m_i y_i'^2) + \left(\sum_i m_i\right)(x_{\mathrm{G}}^2 + y_{\mathrm{G}}^2) + 2x_{\mathrm{G}} \sum_i m_i x'_i + 2y_{\mathrm{G}} \sum_i m_i y'_i$$

ここで，

$$I_{\mathrm{G}} = \sum_i (m_i x_i'^2 + m_i y_i'^2), \qquad M = \sum_i m_i, \qquad d^2 = x_{\mathrm{G}}^2 + y_{\mathrm{G}}^2$$

また，式 (8.14) より，

$$\sum_i m_i x'_i = 0, \qquad \sum_i m_i y'_i = 0$$

であることを用いて式 (8.15) を得る．　∎

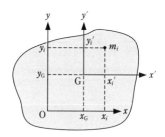

図 **8.5**

(3) 直交軸の定理

薄い平板に沿って点 O で直交する x 軸と y 軸のまわりの慣性モーメントを I_x, I_y, 点 O を通り板に垂直な z 軸のまわりの板の慣性モーメントを I_z とすると,

$$I_z = I_x + I_y \tag{8.16}$$

の関係が成り立つ.

証明 図 8.6 のように, 薄い板内の質量 m_i の質点 i の位置を $(x_i, y_i, 0)$ とすると, I_x, I_y, I_z は,

$$I_x = \sum_i m_i y_i^2, \qquad I_y = \sum_i m_i x_i^2, \qquad I_z = \sum_i m_i (x_i^2 + y_i^2)$$

となることから式 (8.16) を得る. ∎

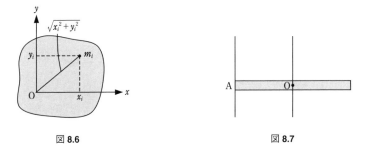

図 **8.6**　　　　　　　　　　　　　　図 **8.7**

例題 8.2　**細い棒の慣性モーメント**　図 8.7 のような質量 M, 長さ L の一様な細い棒を考える. 棒の端 A を通り, 棒に垂直な回転軸のまわりの慣性モーメント I_A, および棒の中心 O を通り, 棒に垂直な回転軸のまわりの慣性モーメント I_O をそれぞれ求めよ.

解答　端 A を原点に棒に沿って x 軸をとる. 棒の線密度 (単位長さあたりの質量) を ρ とすると, $M = \rho L$ より,

$$I_A = \int_0^L x^2 \cdot \rho \, dx = \rho \frac{L^3}{3} = \frac{1}{3} M L^2 \tag{8.17}$$

中心 O を原点に端 A とは反対向きに x 軸をとると,

$$I_O = 2 \int_0^{L/2} x'^2 \cdot \rho \, dx' = \frac{2\rho}{3} \left(\frac{L}{2}\right)^3 = \rho \frac{L^3}{12} = \frac{1}{12} M L^2 \tag{8.18}$$

ここで,
$$I_A = I_O + M\left(\frac{L}{2}\right)^2$$
となり,平行軸の定理 (8.15) が成り立っていることがわかる. ■

例題 8.3 円板の慣性モーメント　質量 M,半径 R の薄い一様な円板の中心 O を通り,円板に垂直な回転軸 O のまわりの慣性モーメント I_0 を求めよ.また,点 O を通り,円板に平行な回転軸 1 のまわりの慣性モーメント I_1,円板の円周上の点を通り,円板に平行で円の接線を回転軸 (この回転軸を軸 2 とよぶ) とする慣性モーメント I_2 を求めよ.

解答　図 8.8 のように,中心 O から半径 r と $r + dr$ の円で挟まれた円輪の質量 dM は,円板の面密度を σ とすると,
$$dM = \sigma \cdot 2\pi r\, dr$$
と書けるから,この円輪の軸 O のまわりの慣性モーメント dI は,
$$dI = r^2 dM = 2\pi\sigma r^3 dr$$
となる.したがって,円板の慣性モーメント I_0 は,$M = \sigma \cdot \pi R^2$ を用いて,
$$I_0 = \int dI = 2\pi\sigma \int_0^R r^3 dr = \frac{\pi}{2}\sigma R^4 = \frac{1}{2}MR^2 \tag{8.19}$$
次に,図 8.9 のように,円板に平行で点 O で直交する 2 本の回転軸 x, y のまわりの慣性モーメント I_x, I_y は,対称性から互いに等しい.よって,直交軸の定理 (8.16) を用いて,
$$I_1 = I_x = I_y = \frac{1}{2}I_0 = \frac{1}{4}MR^2 \tag{8.20}$$

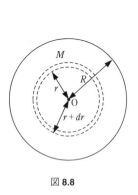

図 8.8

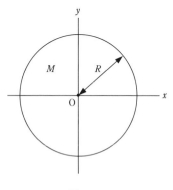

図 8.9

となる.

さらに，回転軸2のまわりの慣性モーメント I_2 は，平行軸の定理 (8.15) を用いて,

$$I_2 = I_1 + MR^2 = \frac{5}{4}MR^2$$

となる. ∎

例題 8.4 球の慣性モーメント　質量 M，半径 R の一様な球の中心 O を通る回転軸 O のまわりの慣性モーメント I_0 と，球の接線を回転軸 (これを回転軸1とよぶ) とする慣性モーメント I_1 をそれぞれ求めよ.

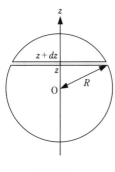

図 **8.10**

解答　球を回転軸 O に垂直な薄い円板の集合体と考える．図 8.10 のように，中心 O を原点に回転軸 O を z 軸にとり，平面 z と $z+dz$ で挟まれた薄い円板を考える．円板の半径は $r = \sqrt{R^2 - z^2}$ であるから，密度を ρ として円板の質量 dM は,

$$dM = \rho \cdot \pi r^2 dz = \pi \rho (R^2 - z^2)\, dz$$

となる．したがって，z 軸のまわりの円板の慣性モーメント dI は,

$$dI = \frac{1}{2}dM \cdot r^2 = \frac{1}{2}\pi \rho (R^2 - z^2)^2 dz$$

と書ける．これより，球の慣性モーメント I_0 は，$M = \rho \cdot \frac{4}{3}\pi R^3$ を用いて,

$$I_0 = \int dI = \frac{1}{2}\pi \rho \int_{-R}^{R} (R^2 - z^2)^2 dz = \frac{2}{5}MR^2 \tag{8.21}$$

慣性モーメント I_1 は，平行軸の定理より，

$$I_1 = I_0 + MR^2 = \frac{7}{5}MR^2$$

となる． ∎

8.5 剛体の回転運動

(1) 滑車の回転

図 8.11 のように，軽い糸 (質量は無視できる) でつながれた質量 M と $m\,(<M)$ の 2 物体 1, 2 が滑車にかけられ，物体 1 が下降し物体 2 が上昇する運動を考えてみよう．糸が滑ることなく質量の無視できる滑車が回転するとき，物体 1 を引く糸の張力と物体 2 を引く糸の張力は等しい．そこで，糸の張力を S，物体 1, 2 の加速度を α とすると，2 物体の運動方程式は，重力加速度を g として，

$$M\alpha = Mg - S \quad (物体 1)$$
$$m\alpha = S - mg \quad (物体 2)$$

となり，これらよりを S 消去して加速度の大きさ α は，

$$\alpha = \frac{M-m}{M+m}g \tag{8.22}$$

と求められる．

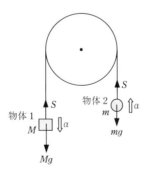

図 8.11

8.5 剛体の回転運動　99

例題 8.5 **質量の無視できない滑車にかけられた 2 物体の運動**　質量 M_0 の薄い円板でつくられたなめらかに回転する滑車に，軽い糸でつながれた質量 M と m ($< M$) の 2 物体 1, 2 がかけられている．糸は滑ることがないとして，物体の加速度の大きさ β を求めよ．重力加速度の大きさを g とする．

[解答]　物体 1 側の糸の張力を S_1，物体 2 側を S_2 とすると，2 物体の運動方程式は，

$$M\beta = Mg - S_1 \quad (\text{物体 1})$$
$$m\beta = S_2 - mg \quad (\text{物体 2})$$

物体 1 が距離 x だけ下降したときの滑車の左回りの回転角を θ，滑車の半径を R とすると，糸が滑らない条件は $x = R\theta$ である．これより，$\omega = \dot{\theta}$ として，

$$\beta = R\dot{\omega}$$

糸の張力による滑車の回転軸のまわりの力のモーメントは，左回りを正として，$(S_1 - S_2)R$ であるから，滑車の慣性モーメント $I = \frac{1}{2}M_0 R^2$ より，回転運動方程式は，

$$I\dot{\omega} = (S_1 - S_2)R$$

これらより，$S_1, S_2, \dot{\omega}$ を消去して，加速度 β は，

$$\beta = \frac{2(M-m)}{M_0 + 2(M+m)}g$$

ここで，滑車の質量が無視できるとき，$M_0 = 0$ として式 (8.22) より $\beta = \alpha$ となることがわかる．　■

(2)　斜面上を転がる球

一様な球が粗い斜面上を転がりながら下降する運動を考えてみよう．この場合，球と斜面の間に摩擦がないと転がることはなく，球は斜面上を滑り落ち，球の重心 (中心) を通る回転軸は，回転軸の向きを一定に保ったまま加速度運動をする．

一般に，質量 M の剛体に外力 $\boldsymbol{F}$ が作用して運動するとき，重心の加速度を $\boldsymbol{a}_\mathrm{G}$ とすると，重心の運動方程式は，

$$M\boldsymbol{a}_\mathrm{G} = \boldsymbol{F}$$

で与えられる．また剛体の重心を通る回転軸のまわりの慣性モーメントを I，回転軸のまわりの左回りの角速度を ω，回転軸のまわりの左回りの外力のモーメントを N とすると，回転運動の方程式は固定軸のまわりの回転運動の場合と同様に，

$$I\frac{d\omega}{dt} = N$$

と書ける[*1]．

例題 8.6 **転がる球の運動** 質量 M，半径 R の一様な球が水平面と角 θ をなす粗い斜面上を滑ることなく転がりながら下降している．球の加速度 α と，球が滑らないための球と斜面の間の静止摩擦係数 μ に対する条件を求めよ．重力加速度の大きさを g とする．

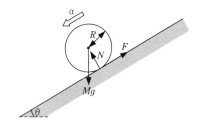

図 **8.12**

解答 図 8.12 のように，球に斜面から作用する静止摩擦力と垂直抗力の大きさをそれぞれ F, N とする．球の中心を通る回転軸のまわりの慣性モーメントを $I = \frac{2}{5}MR^2$，中心のまわりに回転する角速度の大きさを ω とすると，球の中心の運動方程式と中心のまわりの回転運動方程式はそれぞれ，

$$M\alpha = Mg\sin\theta - F$$
$$I\dot{\omega} = F \cdot R$$

また，球が滑らない条件は，

$$\alpha = R\dot{\omega}$$

これらより，F と $\dot{\omega}$ を消去して $I = \frac{2}{5}MR^2$ を代入する．

$$\alpha = \frac{1}{1+(I/MR^2)}g\sin\theta = \frac{5}{7}g\sin\theta$$

[*1] ここでは示さないが，これらのことは剛体を質点の集合体と考えて，各質点の運動方程式および回転運動の方程式をつくることにより示される．

摩擦がないときに滑り落ちる加速度の大きさは $g\sin\theta$ であるから,上の加速度の大きさ α は,それより小さく,$\frac{5}{7}$ 倍になることがわかる.

また,静止摩擦力の大きさ F は,

$$F = \frac{I\dot{\omega}}{R} = \frac{I}{R^2}\alpha = \frac{2}{7}Mg\sin\theta$$

となる.垂直抗力の大きさ N は,斜面に垂直方向の球のつり合いより,

$$N = Mg\cos\theta$$

であるから,滑らない条件は,$F \leq \mu N$ より,

$$\mu \geq \frac{2}{7}\tan\theta$$

なお,球が滑りながら転がるとき,$\alpha > R\dot{\omega}$ となる. ∎

(3) 剛体の微小振動

実体振り子　図 8.13 のように,紙面に垂直な固定軸 O のまわりに剛体が振動する振り子を,一般に**実体振り子**(physical pendulum) という.

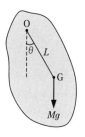

図 **8.13**

質量 M の剛体の重心を G とし,$\overline{OG} = L$,$\overline{OG}$ が鉛直線となす角を θ,軸 O のまわりの剛体の慣性モーメントを I とすると,軸 O の左回りを正とした回転運動の方程式は,$\dot{\omega} = \ddot{\theta}$ を用いて,

$$I\ddot{\theta} = -Mg \cdot L\sin\theta$$

と書ける.ここで,微小振動を考えて $|\theta| \ll 1$ とすると,$\sin\theta \approx \theta$ より,

$$I\ddot{\theta} = -MgL \cdot \theta$$

となり，単振動の運動方程式になる．これより，この振り子の周期 T は，

$$T = 2\pi\sqrt{\frac{I}{MgL}} \tag{8.23}$$

となる．

例題 8.7 **ボルダの振り子** 図 8.14 のように，長さ l の一様な棒の一端に質量 M のおもりをつけて，他端を通る紙面に垂直な回転軸 O のまわりに振動させる振り子を，ボルダの振り子 (Borda's pendulum) という．

(a) この振り子において，棒の質量とおもりの大きさが十分に小さければ，回転軸 O のまわりの微小振動の周期 T は，小さなおもりに長さ l の軽い糸をつけて微小振動させたときの周期の式 (6.21) に一致することを示せ．
(b) おもりを半径 R の球とし棒の質量が無視できるとき，微小振動の周期 T_1 を求めよ．

図 **8.14**

解答 (a) 棒の質量とおもりの大きさが十分に小さければ，軸 O からボルダの振り子の重心までの距離は l と近似できる．また振り子の軸 O のまわりの慣性モーメント I は，

$$I \approx Ml^2$$

と書けるから，式 (8.23) より，

$$T = 2\pi\sqrt{\frac{Ml^2}{Mgl}} = 2\pi\sqrt{\frac{l}{g}}$$

となり，単振子の周期の式 (6.21) に一致することがわかる．

(b) おもりの中心を通る回転軸のまわりの慣性モーメントは $I = \frac{2}{5}MR^2$ である．回転軸 O のまわりのおもりの慣性モーメント I_1 は，平行軸の定理を用いて，

$$I_1 = \frac{2}{5}MR^2 + M(l+R)^2$$

となる．ここで，式 (8.23) を用いて微小振動の周期 T_1 は，

$$T_1 = 2\pi\sqrt{\frac{\frac{2}{5}MR^2 + M(l+R)^2}{Mg(l+R)}} = 2\pi\sqrt{\frac{(2R^2/5l) + l(1+R/l)^2}{g(1+R/l)}}$$

となる． ∎

第 II 部

電 磁 気 学

　力学では，はじめに自然界のもつ性質として認める必要のある基本法則があった．それと同様に，電磁気学にもはじめに認める必要のある基本法則 (あるいは基本的な実験事実) がある．それらは次の3つである．これらの実験にもとづかれた法則とその意味，さらにそれらの使い方を9章以降でていねいに説明していくことにしよう．

1. **クーロンの実験**　この実験により，電荷の間に作用するクーロンの法則が成り立つことがわかる．クーロンの法則はガウスの法則へと一般化さる．ガウスの法則は電場に関するものと磁場に関するものが存在する．
2. **電流のつくる磁場に関する実験**　この実験により，アンペールの法則を得ることができる．アンペールの法則は，さらにマクスウェル–アンペールの法則として一般化される．
3. **ファラデーの実験**　この実験により，電磁誘導の法則が得られる．

　ここに述べた電場に関するガウスの法則，磁場に関するガウスの法則，電磁誘導の法則，マクスウェル–アンペールの法則を，数式を用いてまとめたものはマクスウェル方程式とよばれ，これらの方程式を用いると電磁気学のすべての性質が導かれる．これらから電磁波の存在が予言され，実際に観測される．

9 静電場

まず,時間的に変化しない電気現象を考える.物体どうしを擦り合わせるとそれぞれの物体が帯電するという身近な現象から始めて,電荷間に作用する力に関するクーロンの法則を導入する.

次に,電荷に電気的な力を及ぼす空間としての電場を導入し,単位電荷あたりの位置エネルギーとして電位を定義する.電場と電位は,時間的に変化しない静電場における電気現象を理解する要となる.

9.1 静電気

(1) 帯電現象と電荷

ガラス棒を絹の布で擦ると,ガラス棒は正の電気を帯び,エボナイト棒を毛皮で擦ると,エボナイト棒は負の電気を帯びる.このような帯電現象はなぜ起きるのであろうか.

物体は**原子**(atom)からできており,原子は正の電荷をもつ**原子核**(atomic nucleus)と負の電荷をもつ**電子**(electron)からなる.原子核と電子の電荷がつり合い,電気的に中性になっていた原子が何らかの作用を受けると,電子を失って正の**イオン**(ion)になったり,逆に電子を受け入れて負のイオンになったりする.2つの物体を擦り合せると,イオンや電子がもともと中性であった一方の物体から他方の物体に移動し,それぞれの物体が正または負に帯電する.このように帯電する電気の実体を**電荷**(electric charge)という.電荷の単位にはクーロン(記号C)が用いられる.電荷の流れは**電流**(electric current)とよばれ,アンペアという単位(記号A)[*1]で表し,1Aの電流が1秒間に運ぶ電荷を1Cという.正の電荷どうし,あるいは負の電荷どうしの間には斥力がはたらき,正の電荷と負の電荷の間には引力が作用する.

[*1] 1Aの定義は,12.1節の(3)で述べる.

(2) 導体と絶縁体

電気をよく通す物質を**導体**(conductor),電気をほとんど通さない物体を**絶縁体**(insulator)という.絶縁体は**誘電体**(dielectric substance)ともよばれる.また,導体と絶縁体の中間程度に電流を流す物質を**半導体**(semiconductor)という.導体の多くは金属である.金属内には,自由に動くことのできる電子[これを**自由電子**(free electron)という]が多くあり,自由電子が移動することにより電荷を運び,電流が流れる.一方,絶縁体では,原子内の電子は原子から離れて自由に動くことができず,電流を流さない.

(3) 静 電 誘 導

図 9.1 のように,正に帯電した物体 A を導体 B に近づけると,B の A に近い側に負の電荷が現れ,A から遠い側に正の電荷が現れる.その結果,導体 B は物体 A に引き付けられる.このように,帯電した物体の影響で,導体の電荷分布に偏りが生じる現象を**静電誘導**(electrostatic induction)という.また,導体に限らず,帯電体を絶縁体に近づけても絶縁体の表面に電荷が現れる.この現象を**誘電分極**(dielectric polarization)という.

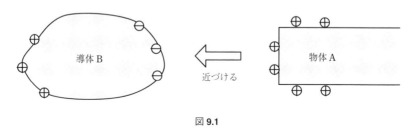

図 9.1

(4) 箔 検 電 器

図 9.2 のような器具を**箔検電器**という.はじめ中性に保たれていた箔検電器の金属板に正に帯電した棒を近づけると,静電誘導により,金属板には負電荷が現れ,容器内の箔には正電荷が現れる.その結果,箔どうしの間に斥力が作用して,箔は開く.

9.1 静電気　109

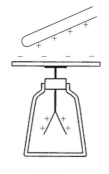

図 9.2

例題 9.1　**箔検電器の性質**　はじめ電荷を蓄えていない電気的に中性の箔検電器の金属板に，負電荷を帯電させたエボナイト棒を近づけ，エボナイト棒を近づけたまま金属板に手を軽く触れた．その後，手を離してからエボナイト棒も金属板から遠ざけた．
(a) 箔検電器の箔の開きはどのように変化するか，簡単に述べよ．
(b) 前問 (a) に続いて，正に帯電させたガラス棒を箔検電器の金属板に近づけた．箔の広がりはどのように変化するか答えよ．

解答　(a) 負に帯電させたエボナイト棒を，中性の箔検電器の金属板に近づけると，金属板に正電荷が引き寄せられ，箔には負電荷が残り，箔は開く (図 9.3a)．次に，金属板に手を触れると，箔の負電荷が手を通して逃げるため，箔は閉じる (図 9.3b)．さらに手を離してからエボナイト棒を遠ざけると，金属板にたまっていた正電荷が金属板と箔全

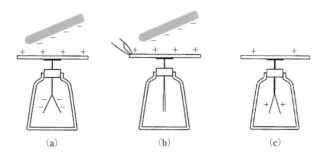

図 9.3

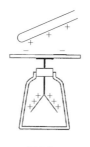

図 **9.4**

体に広がるので，箔はわずかに開く (図 9.3c).
(b) 正に帯電したガラス棒を金属板に近づけると，金属板に負電荷が誘起され，金属板にたまっていた正電荷に加えて金属板の負電荷と等しい大きさの正電荷が箔に加えられる．その結果，箔は大きく開く (図 9.4). ∎

9.2 クーロンの法則

1785 年，クーロン (C. A. Coulomb) はねじり秤を用いて帯電した電荷間に作用する力を直接測定することにより，**クーロンの法則**(Coulomb's law) とよばれる電磁気学の基本法則を提案した．

電荷が 1 点に集中した理想的な電荷を**点電荷**(point charge) という．真空中で距離 r だけ離れている 2 つの点電荷 q_1 と q_2 の間には，両者を結ぶ直線の方向の力

$$F = k\frac{q_1 q_2}{r^2} \tag{9.1}$$

がはたらく．比例定数 k は，$k = 8.99 \times 10^9 \mathrm{N \cdot m^2 / C^2}$ で与えられ，$F > 0$ のとき斥力，$F < 0$ のとき引力である (図 9.5a, b)．これがクーロンの法則である．こ

図 **9.5** (a) $F > 0$ のとき，(b) $F < 0$ のとき

こで,
$$k = \frac{1}{4\pi\varepsilon_0}$$
とおいて,**真空の誘電率**(permittivity of vacuum)[**電気定数**(electric constant)ともいう] $\varepsilon_0 = 8.85 \times 10^{-12} \mathrm{C}^2/\mathrm{N \cdot m}^2$ を定義しよう.

式 (9.1) で与えられる力は,静止している点電荷にはたらく力であり,**静電気力**(electrostatic force) という.この力は,電荷間の距離の 2 乗に反比例する逆 2 乗則に従い,万有引力と類似の形をしている.

9.3 電場と電位

クーロンの法則に従って 2 つの点電荷間にはたらく力は,はじめ,遠く離れた電荷間に直接作用する**遠隔作用**(action at a distance) の力と考えられたが,1 つの点電荷の影響がその周囲から順次伝わり,もう 1 つの電荷に伝わる**近接作用**(action through medium) の考えの下に,**電場**(electric field) が考えられるようになった.

(1) 電　場

図 9.6 のように,点 P に静止している電荷 q に力 $\boldsymbol{f}$ が作用するとき,点 P の電場 $\boldsymbol{E}$ を,
$$\boldsymbol{E} = \frac{\boldsymbol{f}}{q} \quad \Leftrightarrow \quad \boxed{\boldsymbol{f} = q\boldsymbol{E}} \tag{9.2}$$
で定義する.これより,

$q > 0$ のとき,　電場 $\boldsymbol{E}$ と力 $\boldsymbol{f}$ は同じ向き
$q < 0$ のとき,　電場 $\boldsymbol{E}$ と力 $\boldsymbol{f}$ は逆向き

となる.

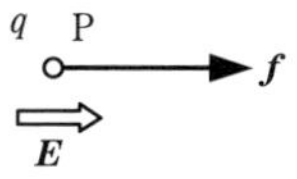

図 **9.6** 　$q > 0$ のとき

ある点の電場は，その点に単位正電荷 (+1 C) を置いたときにはたらく力に等しく，向きと大きさをもつ**ベクトル**(vector) であり，その単位は N/C で与えられる．

点電荷による電場　クーロンの法則 (9.1) と電場の定義 (9.2) から，点電荷 q から距離 r だけ離れた点にできる電場の強さ E は，

$$E = k\frac{q}{r^2} \tag{9.3}$$

と表され，

$q > 0$ のとき，　電場は電荷 q から離れる向き

$q < 0$ のとき，　電場は電荷 q に近づく向き

であることがわかる (図 9.7)．

図 9.7　$q > 0$ のとき

(2)　電　　　位

電荷に電気的位置エネルギーを与えるもとになるものを**電位**(electric potential) という．ある点 P に置かれた電荷 q が位置エネルギー U をもつとき，点 P の電位 V を，

$$V = \frac{U}{q} \quad \Leftrightarrow \quad \boxed{U = qV}$$

で定義する．これより，

$q > 0$ のとき，　電位 V と位置エネルギー U は同符号

$q < 0$ のとき，　電位 V と位置エネルギー U は逆符号

となる．

ある点の電位は，その点に単位正電荷 (+1 C) を置いたときにもつ電気的位置エネルギーに等しく，任意に定めることのできる電位ゼロの点 (これを基準点とする) に対する相対的な量である．また，電位は向きをもたない**スカラー**(scalar) であり，その単位はボルト [記号は V(= J/C)] で与えられる．

点電荷による電位 点電荷 Q から距離 r だけ離れた点 P の電位 V を求めよう. 電位は単位電荷 ($+1$ C) の位置エネルギーに等しいので, 位置エネルギーの定義に従って, まず基準点を無限遠と定めよう. そうすると, V は, 単位電荷を点 P から無限遠まで移動させる間に Q から作用する静電気力のする仕事を求めればよい. 図 9.8 のように, 単位電荷が Q から距離 x だけ離れているときに作用する力は, その点の電場 $E(x) = kQ/x^2$ に等しいから, 電位 V は,

$$V = \int_r^\infty E(x)\,dx = kQ \int_r^\infty \frac{dx}{x^2}$$
$$= \frac{kQ}{r} \qquad (9.4)$$

と求められる.

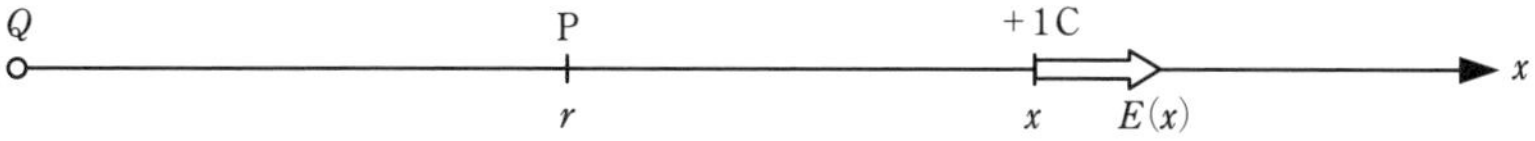

図 9.8

式 (9.4) より,

$$Q > 0 \text{ のとき,} \quad V > 0$$
$$Q < 0 \text{ のとき,} \quad V < 0$$

となる.

(3) 電場と電位の関係

微積分の基本定理 a を定数とすると, x の関数 $f(x)$ に対して,

$$f(x) = \frac{d}{dx} \int_a^x f(t)\,dt \qquad (9.5)$$

が成り立つ.

電場は電位の勾配 点電荷による電位を求める計算と同様に考えて, 位置 $x = x_0$ を基準点とすると, 位置 x での電位 $V(x)$ は,

$$V(x) = \int_x^{x_0} E(x')\,dx' = -\int_{x_0}^x E(x')\,dx'$$

と書ける．この式の両辺を x で微分し，微積分の基本定理を用いて，電場 $E(x)$ と電位 $V(x)$ の関係を，

$$\frac{dV}{dx} = -\frac{d}{dx}\int_{x_0}^{x} E(x')\,dx' = -E(x)$$

$$\therefore \quad E(x) = -\frac{dV(x)}{dx} \tag{9.6}$$

と得ることができる．

式 (9.6) より，電場の大きさは電位の傾きの大きさに等しく，電場は電位の高い位置から低い位置に向かうことがわかる (図 9.9)．

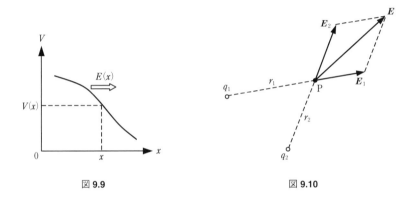

図 9.9　　　　　　　　図 9.10

電場と電位の合成　図 9.10 のように，2 つの点電荷 q_1 と q_2 から，それぞれ距離 r_1, r_2 離れた点 P にできる電場 $\boldsymbol{E}$ は，q_1 によって点 P にできる電場 $\boldsymbol{E}_1$ と，q_2 によって点 P にできる電場 $\boldsymbol{E}_2$ のベクトル和として，

$$\boldsymbol{E} = \boldsymbol{E}_1 + \boldsymbol{E}_2$$

で与えられる．

2 つの点電荷 q_1 と q_2 から，それぞれ距離 r_1, r_2 離れた点 P の電位 V は，q_1 によって点 P に生じる電位 V_1 と，q_2 によって点 P に生じる電位 V_2 のスカラー和として，

$$V = V_1 + V_2$$

で与えられる．合成の電位は，それぞれの符号を含めた和である．

例題 9.2　2つの点電荷による電場と電位　図 9.11 のように，真空中で同じ 2 つの正の点電荷 q が，y 軸上の点 $A(0, a)$ と点 $B(0, -a)$ $(a > 0)$ に固定されている．このとき，x 軸上の電場と電位を求め，それらのグラフを描け．ただし，クーロンの法則の比例定数を k とする．

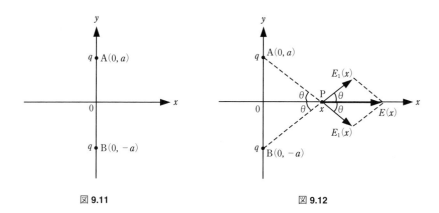

図 9.11　　　　　　　　　　図 9.12

[解答]　x 軸上の点 $P(x, 0)$ の電場 $E(x)$ と電位 $V(x)$ を考える．ただし，2 つの点電荷が x 軸に関して対称に配置されているから，電場は x 軸方向を向く．そこで，x 軸正方向の電場を正とする．

図 9.12 のように，2 つの点電荷は点 P に，x 軸に関して対称な向きに同じ強さ $E_1(x)$ の電場をつくる．A–P 間と B–P 間の距離はともに $\sqrt{x^2 + a^2}$ であり，線分 AP と BP が x 軸となす角 θ は，
$$\cos\theta = \frac{x}{\sqrt{x^2 + a^2}}$$
で与えられるから，電場 $E(x)$ は，
$$E(x) = 2E_1(x)\cos\theta$$
$$= 2\frac{kq}{x^2 + a^2} \cdot \frac{x}{\sqrt{x^2 + a^2}} = \frac{2kqx}{(x^2 + a^2)^{3/2}}$$

電位 $V(x)$ は，
$$V(x) = 2\frac{kq}{\sqrt{x^2 + a^2}} = \frac{2kq}{\sqrt{x^2 + a^2}}$$

となる．ここで，$V(x)$ を x で微分することにより，関係式 (9.6) が成り立っていることが確かめられる．

$E(x)$ と $V(x)$ のグラフは，図 9.13a, b のようになり，$E(x)$ は x の奇関数であるから，そのグラフは原点に関して対称であり，$V(x)$ は x の偶関数であるから，そのグラフは V 軸に関して対称である. ∎

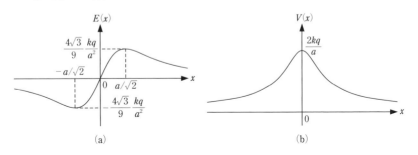

図 **9.13**

例題 9.3 **帯電した円輪による電場と電位** 図 9.14 のように，真空中で半径 a の円形導線に線密度 λ で電荷が一様に分布している．このとき，円形導線の中心軸上，中心 O から距離 x 離れた点 P における電場 $E(x)$ を，真空中の誘電率 ε_0 を用いて求めよ．

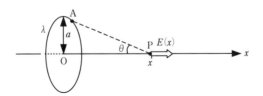

図 **9.14**

解答 円周上で点 A の近傍の長さ ds の微小線分に分布する電荷 $\lambda\,ds$ による，点 P の電場の強さ dE は，

$$dE = \frac{1}{4\pi\varepsilon_0} \cdot \frac{\lambda\,ds}{x^2 + a^2}$$

線分 AP と x 軸のなす角 θ を用いて，

$$\cos\theta = \frac{x}{\sqrt{x^2 + a^2}}$$

より，

$$E(x) = \oint dE \cos\theta = \frac{\lambda}{4\pi\varepsilon_0} \oint \frac{x}{(x^2+a^2)^{3/2}} ds = \frac{a\lambda x}{2\varepsilon_0(x^2+a^2)^{3/2}}$$

ここで,記号 $\oint$ は,円形導線一周の積分を表し,被積分関数が点 A の導線上の位置によらず,$\oint ds = 2\pi a$ となることを用いた. ∎

(4) 電荷系のつり合い

一般に,時間的に変動しない**静電場**(electrostatic field) 中に置かれた複数個の電荷 (電荷系) に,静電気力以外の力が作用しないとき,**安定なつり合い**(stable equilibrium) は存在しない.これを**アーンショウの定理**(Earnshaw' theorem) という.安定なつり合いの位置とは,電荷をつり合いの位置からどのような向きに微小変位させても,もとのつり合いの位置に戻そうとする力が作用する位置のことをいう.

3 つの点電荷によるつり合い 図 9.15 のように,2 つの同じ点電荷 Q が x–y 平面上の 2 点 A$(a,0)$, B$(-a,0)$ に固定されている.このとき,原点 $(0,0)$ に点電荷 q をおくと,Q と q が同符号 $(Qq > 0)$ であるか異符号 $(Qq < 0)$ であるかによらず,q にはたらく力はつり合う.

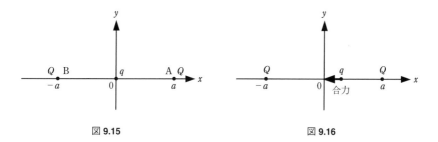

図 9.15   図 9.16

$Qq > 0$ のとき,点電荷 q を x 軸上で点 A に近づけると,2 つの点電荷 Q から q にはたらく合力は原点に戻そうとする向きとなり (図 9.16),q を点 B に近付けても原点に戻そうとする力がはたらくから,q は x 軸上で見る限り,原点で安定なつり合いになっている.しかし,q を y 軸方向に動かすと,q に作用する合力は原点から遠ざかる向きとなるから (図 9.17),q は原点で**不安定**(unstable) である.

$Qq < 0$ のとき,q は y 軸方向には安定であるが,x 軸方向には不安定であり,この場合も原点は安定なつり合いの位置ではない.

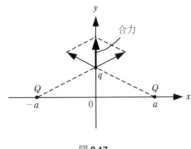

図 **9.17**

例題 9.4 **3電荷をつり合わせる** 図9.15のように，点電荷Qを2点A$(a,0)$, B$(-a,0)$に，点電荷qを原点に，すべてを自由に動ける状態にしておくとき，3つの電荷にはたらく力がすべてつり合った．

(a) qをQを用いて表せ．
(b) 3つの点電荷がすべてつり合った状態で2つの電荷Qを固定し，電荷qを原点からx軸正方向にわずかに動かして2つの電荷Qの固定を解くと，点AとBの電荷Qはそれぞれどの方向に動き出すか．また，3つの電荷がつり合った状態で2つの電荷Qを固定し，qを原点からy軸正方向にわずかに動かして2つの電荷Qの固定を解くと，点AとBの電荷Qはそれぞれどの方向に動き出すか．

解答 (a) 2つの点電荷Qから点電荷qにはたらく力は，qとQの値にかかわらずつねにつり合う．電荷Qにはたらく力がつり合う条件は，合力がゼロになるとして，

$$k\frac{Q^2}{(2a)^2} + k\frac{Qq}{a^2} = 0 \qquad \therefore \quad q = -\frac{Q}{4}$$

(b) 点電荷qを原点からx軸正方向にわずかに動かすと，qと点Aの電荷Qの間の引力が強くなり，qと点Bの間の引力は弱くなる．また，2つの電荷Q間の斥力は変わらないから，点Aの電荷はx軸負方向に動き出し，点Bの電荷もx軸負方向に動き出す．

電荷qを原点からy軸正方向にわずかに動かすと，qと点A，qと点Bの電荷間の引力のx成分の大きさがともに弱くなると同時に，点A, Bの2つの電荷にはともにy軸正方向の力が作用する．また，2つの電荷Q間の斥力は変わらないから，点Aの電荷Qは，x軸正方向とy軸正方向の間の方向に動き出す．一方，点Bの電荷Qは，x軸負方向とy軸正方向の間の方向に動き出す． ■

(5) 電荷系の静電エネルギー

電荷系において，全電荷がもつ電気的位置エネルギーの和を電荷系の**静電エネルギー**(electrostatic energy) という．

2 電荷系　まず図 9.18 のように，2 つの点電荷 q_1 と q_2 が距離 r_{12} だけ離れた点 P と Q に固定されているとき，2 つの点電荷のもつ静電エネルギーを考えよう．点電荷 q_2 による点 P の電位 $V_1^{(2)}$ および q_1 による点 Q の電位 $V_2^{(2)}$ は，無限遠の電位を基準としてそれぞれ，

$$V_1^{(2)} = \frac{kq_2}{r_{12}}, \qquad V_2^{(2)} = \frac{kq_1}{r_{12}}$$

と書ける．いま，点電荷 q_2 を固定し，q_1 を無限遠から点 P に移動させるのに加える仕事は $q_1 V_1^{(2)}$ であり，この間，q_2 は固定されたままであるから仕事をされない．したがって，q_1 と q_2 全体でもつ静電エネルギーは $q_1 V_1^{(2)}$ である．一方，点電荷 q_1 を固定し，q_2 を無限遠から点 Q に移動させるのに加える仕事は $q_2 V_2^{(2)}$ であるから，静電エネルギーは $q_2 V_2^{(2)}$ にも等しい．このとき，2 つの点電荷 q_1 と q_2 がもつ静電エネルギー $U^{(2)}$ は，

$$U^{(2)} = q_1 V_1^{(2)} = q_2 V_2^{(2)} = \frac{1}{2}\left(q_1 V_1^{(2)} + q_2 V_2^{(2)}\right) = \frac{kq_1 q_2}{r_{12}} \tag{9.7}$$

と表される．この系の静電エネルギーは $2U^{(2)}$ とならないことに注意しよう．

3 電荷系　次に図 9.19 のように，2 つの点電荷 q_1, q_2 が距離 r_{12} だけ離れた 2 点 P, Q に固定された状態で，点電荷 q_3 を点 P, Q から，それぞれ距離 r_{13} と r_{23} だけ離れた点 R に固定したとき，3 つの点電荷がもつ静電エネルギーを考えよう．

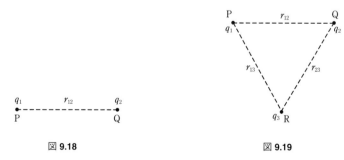

図 9.18　　　　　　　　　　　図 9.19

q_2, q_3 による点 P の電位 $V_1^{(3)}$, q_3, q_1 による点 Q の電位 $V_2^{(3)}$, q_1, q_2 による点 R の電位 $V_3^{(3)}$ はそれぞれ,

$$V_1^{(3)} = k\left(\frac{q_2}{r_{12}} + \frac{q_3}{r_{13}}\right),\ V_2^{(3)} = k\left(\frac{q_3}{r_{23}} + \frac{q_1}{r_{12}}\right),\ V_3^{(3)} = k\left(\frac{q_1}{r_{13}} + \frac{q_2}{r_{23}}\right)$$

となる.点電荷 q_1, q_2 を固定し, q_3 を無限遠から点 R に移動させる仕事は $q_3 V_3^{(3)}$ であるから, 3 電荷 q_1, q_2, q_3 が全体でもつ静電エネルギー $U^{(3)}$ は,

$$\begin{aligned} U^{(3)} &= U^{(2)} + q_3 V_3^{(3)} \\ &= k\left(\frac{q_1 q_2}{r_{12}} + \frac{q_2 q_3}{r_{23}} + \frac{q_3 q_1}{r_{13}}\right) = \frac{1}{2}\left(q_1 V_1^{(3)} + q_2 V_2^{(3)} + q_3 V_3^{(3)}\right) \end{aligned} \quad (9.8)$$

と書ける.すなわち, $U^{(3)}$ は, q_1, q_2 がペアでもつエネルギー $kq_1 q_2/r_{12}$, q_2, q_3 がペアでもつエネルギー $kq_2 q_3/r_{23}$ および q_3, q_1 がペアでもつエネルギー $kq_1 q_3/r_{13}$ の和に等しいことがわかる.

例題 9.5 **3 つの点電荷の静電エネルギー** 図 9.20 のように, x–y 平面上の点 A$(a, 0)$, 点 B$(-a, 0)$ に, 質量 M の同じ 2 つの点電荷 $Q\ (> 0)$ が固定されている.いま, 点電荷 $q\ (> 0)$ を点 C$(0, \sqrt{3}a)$ から原点 O$(0, 0)$ まで移動させて固定した.続いて, 3 つの点電荷の固定を解いた.点電荷には静電気力のみが作用するとせよ.

(a) 点電荷 q を点 C から原点 O まで移動させるのに必要な仕事を求めよ.
(b) 3 つの点電荷の固定を解いて十分時間がたった後の電荷 Q の速さを求めよ.

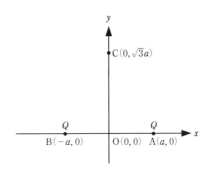

図 **9.20**

解答 3点 A, B, C は，一辺の長さ $2a$ の正三角形をなしている．

(a) 点 A と B の点電荷 Q による点 C の電位 V_C と原点 O の電位 V_O はそれぞれ，

$$V_C = 2\frac{kQ}{2a} = \frac{kQ}{a}, \qquad V_O = 2\frac{kQ}{a} = \frac{2kQ}{a}$$

求める仕事 W は，点電荷 q が原点 O と点 C でもつ位置エネルギーの差に等しいから，

$$W = q(V_O - V_C) = \frac{kQq}{a}$$

(b) 点電荷 q が原点 O にあるとき，3つの点電荷のもつ静電エネルギー U は，

$$U = \frac{kQ^2}{2a} + qV_O = \frac{kQ(Q+4q)}{2a}$$

となる．固定を解くと，2つの点電荷 Q は互いに逆向きに同じ速さで動くが，点電荷 q に作用する合力はゼロとなり動かない．その結果，固定を解く直前にもっていた全静電エネルギー U の $\frac{1}{2}$ が Q の運動エネルギーになる．十分時間がたったときの Q の速さ v は，

$$\frac{1}{2}Mv^2 = \frac{U}{2} = \frac{kQ(Q+4q)}{4a} \qquad \therefore \quad v = \sqrt{\frac{kQ(Q+4q)}{2Ma}}$$

となる． ■

10 ガウスの法則とコンデンサー

　静電場を考える上で重要な法則であるガウスの法則を考える．ガウスの法則は，電気力線を考えることにより，クーロンの法則から導かれる．これは導体系での静電場を考察する上では必須の法則であり，対称性の良い系の電場は，この法則を用いて簡単に求めることができる．また，コンデンサーを理解する上で重要な役割を果たすことになる．

10.1　電気力線とガウスの法則

(1)　電　気　力　線

　各点の電場を繋いだ曲線を**電気力線**(line of electric force)あるいは**電場線**(electric field line)という．たとえば，$\pm Q$ の 2 つの電荷の周囲の電場の様子を表すために，しばしば電気力線が描かれる．その際，電気力線の密度が，各点の電場の強さを表すように描かれる．図 10.1 において，各曲線上の点 A, B, C でのそれぞれの電場 $\boldsymbol{E}_\mathrm{A}, \boldsymbol{E}_\mathrm{B}, \boldsymbol{E}_\mathrm{C}$ は，各点での曲線の接線方向を向いており，その強さは，それぞれの点での電気力線の密度に比例する．したがって，電気力線

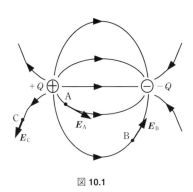

図 **10.1**

の密度が大きいところの電場は強く，電気力線の密度の小さい点の電場の強さは弱い．図 10.1 では，$|\boldsymbol{E}_\mathrm{A}| > |\boldsymbol{E}_\mathrm{B}| > |\boldsymbol{E}_\mathrm{C}|$ である．

点電荷から放出される電気力線と吸収される電気力線　「各点で，電場に垂直な単位面積あたり，電場の強さに等しい電気力線を引く」と約束する．そうすると，点電荷 $q\,(>0)$ から放出される電気力線の数は，次のように考えると求められる．

図 10.2 のように，真空中で点電荷 q を中心に半径 r の球面 S をとる．球面 S 上の電場は，球の中心から離れる向きであり，その強さ E は，真空の誘電率を ε_0 として，

$$E = \frac{1}{4\pi\varepsilon_0}\frac{q}{r^2}$$

となる．この電場は，球面 S 上のどこでも S に垂直で同じ大きさであるから，S を通して球面の外に出る電気力線の数 N は，

$$N = E \cdot 4\pi r^2 = \frac{q}{\varepsilon_0}$$

と書ける．この N の値は球面の半径 r によらない．このことは，電荷 q から放出される電気力線の数が N 本であることを示し，また，真空中で電気力線は生成・消滅，さらに枝分かれすることもないことがわかる．

$q < 0$ のとき，電気力線の向きは $q > 0$ の場合とすべて逆になるから，点電荷 q には，$|N| = |q|/\varepsilon_0$ 本の電気力線が吸収されることもわかる．

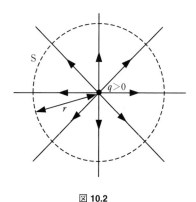

図 **10.2**

(2) ガウスの法則

多数の点電荷 $q_1, q_2, \cdots$ があったらどうであろうか．各点電荷から放出される電気力線の数は，それぞれ q_1/ε_0 本，q_2/ε_0 本，$\cdots$ となり，$q_i < 0 \ (i = 1, 2, \cdots)$ とすると，$|q_i|/\varepsilon_0$ 本の電気力線を吸収する．また，電荷が存在しない真空中では，電気力線は吸収も放出もされず，連続的につながるから，全電荷から放出される電気力線の数は，

$$\frac{q_1}{\varepsilon_0} + \frac{q_2}{\varepsilon_0} + \cdots = \frac{q_1 + q_2 + \cdots}{\varepsilon_0}$$

となる．正負の電荷が連続的に分布していても同様であるから，次の法則が成り立つ．

任意の閉曲面から放出される電気力線の数の総和 N は，閉曲面内の全電荷が Q のとき，

$$\boxed{N = \frac{Q}{\varepsilon_0}} \tag{10.1}$$

と書ける (図 10.3)．これを**ガウスの法則**(Gauss' law) という．

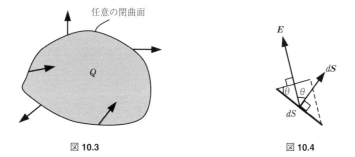

図 **10.3**　　　　　　　　　　図 **10.4**

(3) ガウスの法則の積分表現 ★

ガウスの法則を数式によって表すとどのように書けるか，示しておこう．

図 10.4 のように，微小面積 dS の微小面に斜め方向に電場 $\boldsymbol{E}$ ($|\boldsymbol{E}| = E$) がかけられているとする．また，微小面に垂直で大きさが dS に等しい微小ベクトルを $d\boldsymbol{S}$ と表すことにする．この微小面の $d\boldsymbol{S}$ (法線方向) と電場のなす角を θ とす

ると，微小面と電場に垂直な面とのなす角も θ である．したがって，この微小面を貫く電気力線の数は，

$$E \cdot dS \cos\theta = \boldsymbol{E} \cdot d\boldsymbol{S}$$

と書ける．これより，任意の閉曲面 S から放出される電気力線の総数 N は，

$$N = \int_S \boldsymbol{E} \cdot d\boldsymbol{S}$$

と書ける．ここで，$\int_S$ は，曲面 S に関する総和を表す積分記号であり，**面積分**(surface integral) とよばれるが，面積分の計算法などの詳細にはふれない．

一方，微小体積 dV の電荷密度 (単位体積あたりの電荷) を ρ とすると，この微小体積内の電荷は $\rho\,dV$ となり，閉曲面内の領域 V の電荷の総和 Q は，

$$Q = \int_V \rho\,dV$$

と書ける．ここで，$\int_V$ は領域 V に関する総和を表す積分記号であり，**体積分**(volume integral) とよばれるが，ここでも，体積分の計算法などの詳細にはふれない．

以上よりガウスの法則は，積分記号を用いて，

$$\boxed{\int_S \boldsymbol{E} \cdot d\boldsymbol{S} = \frac{1}{\varepsilon_0} \int_V \rho\,dV} \tag{10.2}$$

と表される．式 (10.2) は，**積分形式のガウスの法則**(Gauss' law of integral form) とよばれる．

10.2　ガウスの法則の導体系への適用

静電場中に置かれた導体は次の性質をもつ．この性質は**導体に電流が流れていない**ときに成り立つ性質であることに注意しよう．電流が流れているときには，このような性質は成立しない．

(a) **導体内に電場は存在しない．**　　導体内に電場 $\boldsymbol{E}$ が生じたとすると，導体内の自由に動ける電荷 (多くの場合，電子) が移動し，電場 $\boldsymbol{E}$ を打ち消す電場 $\boldsymbol{E}'$ が生じ，合成電場はゼロとなる (図 10.5)．

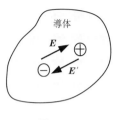

図 10.5

(b) **導体は等電位である．導体表面に生じる電場は，表面に垂直である．** 電位の勾配を与える電場が導体内でゼロであるから，導体の電位はどこでも等しい．また，導体表面に生じる電場が表面に平行な成分をもつと，表面に電位勾配が生じ，導体は等電位ではなくなる．したがって，導体表面の電場は，表面に垂直になる．

(c) **導体内に電荷は存在しない．導体に与えられた電荷や静電誘導で現れる電荷は，導体表面のみに分布する．** 導体内に電荷があると，電荷から周囲に電場ができる．これは (a) に反するから，導体内に電荷は存在しない．導体表面であれば，導体の外部に電場が生じることによって存在できる．

(1) 導体表面の電荷と電場

真空中に置かれた導体の表面の点 P での電荷密度を σ とする．図 10.6 のように，点 P を含み表面に平行な微小面積 dS を底面にもつ円柱形の閉曲面をとり，この閉曲面にガウスの法則を適用する．導体表面に垂直な電場の強さ E は，真空の誘電率 ε_0 を用いてガウスの法則より，

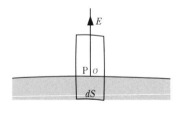

図 10.6

$$E \cdot dS = \frac{\sigma dS}{\varepsilon_0} \qquad \therefore \quad E = \frac{\sigma}{\varepsilon_0} \qquad (10.3)$$

と表される．

例題 10.1 **導体表面に作用する力** 真空中に置かれた導体の表面の点 P の電荷密度が $\sigma\,(>0)$ で与えられるとき，点 P 付近の単位面積あたりに作用する力を求めよ．

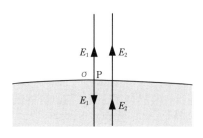

図 **10.7**

解答 点 P で表面に垂直に生じる電場 $E = \sigma/\varepsilon_0$ は，点 P の表面電荷による電場だけではなく，点 P とは異なる場所にある電荷によって生じる電場との合成電場である．なぜなら，表面電荷による電場は，導体内にも導体外にも同じ強さ E_1 の電場を逆向きにつくる (図 10.7)．ところが，導体内の電場はゼロであるから，点 P から離れたところにある電荷が強さ E_1 の電場を打ち消す電場 $E_2\,(=E_1)$ をつくるはずである．このとき，電場 E_2 は導体表面のすぐ内側とすぐ外側で等しい．こうして，導体表面外部の電場 E は，

$$E = E_1 + E_2$$

と書ける．これより，

$$E_1 = E_2 = \frac{E}{2}$$

となる．

点 P 付近の電荷には電場 E_2 から力を受けるから，求める力は導体から離れる向きで，その大きさは，

$$f = \sigma E_2 = \frac{\sigma E}{2} = \frac{\sigma^2}{2\varepsilon_0} \qquad (10.4)$$

となる． ∎

(2) 鏡 像 法

ガウスの法則と電場と電位の関係式を用いると，一般的に，空間内にいくつかの点電荷があり，それらの周囲 (境界) の電場あるいは電位を決めると，境界の内部の電位と電場は一通りに定まる ことがわかる[*1]．

平面導体と点電荷　図 10.8 のように，真空中で無限に広い導体平板から距離 a の点 A に，正の点電荷 Q をおき，無限遠の電位をゼロとする．このとき，導体平板の点 A 側の空間内の任意の点の電場と電位は，点 A の電荷 Q と，点 A の平板に関する対称点 B に置かれた点電荷 $-Q$ による電場と電位に等しい．なぜなら，導体平板の電位は無限遠の電位ゼロに等しく，点 A と点 B の電荷 $\pm Q$ による線分 AB の垂直二等分面 (導体平板の表面の位置)S の電位もゼロである．点 A から面 S に引いた垂線を AO とし，点 O を中心とした半径 ∞ の半球面を S_∞ とすると，平面 S と半球面 S_∞ 上の電位がゼロと決められたので，その内部の電位は一通りに定まるからである．電位が一通りに定まれば，電場も一通りに定まる．

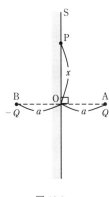

図 **10.8**

例題 10.2　平板導体表面の電荷分布と作用する力

(a) 図 10.8 のように導体平板と点電荷 Q を置いたとき，平板導体表面上の点 P に誘起される電荷の面密度を求めよ．ただし，O–P 間の距離を x とする．

[*1] 証明は省略する．

(b) 点電荷 Q に作用する力を求めよ．ただし，真空の誘電率を ε_0 とする．

解答 (a) 点 P に生じる電場は，点 A に点電荷 Q，点 B に点電荷 $-Q$ を置いたとき，点 P に生じる電場に等しい．$\angle\mathrm{PAO} = \theta$ とし，

$$\cos\theta = \frac{a}{\sqrt{a^2+x^2}}$$

を用いると，点 P の電場 E は真空の誘電率 ε_0 を用いて，

$$E = 2 \times \frac{1}{4\pi\varepsilon_0} \cdot \frac{Q}{a^2+x^2} \cos\theta = \frac{aQ}{2\pi\varepsilon_0(a^2+x^2)^{3/2}}$$

誘起される電荷は負であることに注意して，電荷密度 σ は，

$$\sigma = -\varepsilon_0 E = -\frac{aQ}{2\pi(a^2+x^2)^{3/2}}$$

(b) 導体平板の点 A 側には，点 A に Q，点 B に $-Q$ の点電荷を置いたときと同じ電場ができる．よって，点 A の点電荷 Q に導体平板表面に誘起された電荷から作用する力は，点 B の点電荷 $-Q$ から作用する力に等しい．よって，求める力の大きさ F は，

$$F = \frac{1}{4\pi\varepsilon_0} \cdot \frac{Q^2}{(2a)^2} = \frac{Q^2}{16\pi\varepsilon_0 a^2}$$

となる． ■

10.3 コンデンサー

他の物体と絶縁された導体に電荷 Q を与えれば，Q はどこへ逃げることもできず蓄えられる．そこで，その導体を**コンデンサー**(condenser あるいは capacitor) とよび，その導体の電位を V として，

$$\boxed{C = \frac{Q}{V}} \tag{10.5}$$

をコンデンサーの**電気容量**(electric capacity あるいは capacitance) という．電気容量は蓄えた電荷や導体の電位によらず，導体の形状だけで定まる．

例題 10.3 導体球コンデンサー　真空中に置かれた半径 a の導体球をコンデンサーと見たときの電気容量を求めよ．ただし，真空の誘電率を ε_0 とする．

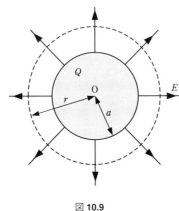

図 10.9

[解答]　導体球に電荷 Q を与えると，球の周囲には中心のまわりに球対称な電場が生じる (図 10.9)．球の中心 O から距離 r の点の電場の強さ $E(r)$ は，ガウスの法則より，

$$E(r) \cdot 4\pi r^2 = \frac{Q}{\varepsilon_0} \quad \therefore \quad E(r) = \frac{Q}{4\pi\varepsilon_0 r^2}$$

となる．これは，点電荷 Q から r 離れた点の電場の強さに等しい．これより，無限遠の電位を基準とした導体球表面 (すなわち，導体球そのもの) の電位 V は，

$$V = \int_a^\infty E(r)\,dr = \frac{Q}{4\pi\varepsilon_0} \int_a^\infty \frac{dr}{r^2} = \frac{Q}{4\pi\varepsilon_0 a}$$

よって，導体球の電気容量 C は，

$$C = \frac{Q}{V} = 4\pi\varepsilon_0 a$$

となる．　■

　2 つの導体に，同じ大きさの正と負の電荷を与える場合，その 1 対の導体をコンデンサーという．2 つの導体に $\pm Q$ $(Q > 0)$ の電荷を与えたら，それら導体間に電位差 V が生じたとする．このとき，式 (10.5) で与えられる C をコンデンサーの電気容量という．電位差のことを**電圧**(voltage) ともいう．

(1) 平行板コンデンサー

同じ形の2枚の平面導体[これを**極板**(capacitor plates) という]を向き合わせて並べたものを，**平行板コンデンサー**(parallel-plate capacitor) という．極板の面積を S，極板間隔を d とし，間隔 d は極板の大きさ(極板が長方形のとき，その一辺の長さ，極板が円形であればその直径など)に比べて十分小さいとする．このとき，極板の端での電場の乱れは無視でき，極板間に一様な電場ができると見なすことができる．

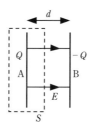

図 **10.10**

図 10.10 のように，2枚の平行な極板 A, B にそれぞれ電荷 Q と $-Q$ を与え，極板 A を含み，極板 A–B 間に A と同じ形の底面をもつ直方体形の閉曲面(図 10.10 で破線で示されている)をとり，ガウスの法則を適用する．極板間の電場の強さ E は，

$$E \cdot S = \frac{Q}{\varepsilon_0} \quad \therefore \quad E = \frac{Q}{\varepsilon_0 S}$$

極板間の電位差 V より，電気容量 C は

$$V = E \cdot d = \frac{d}{\varepsilon_0 S} Q \quad \therefore \quad \boxed{C = \frac{Q}{V} = \frac{\varepsilon_0 S}{d}}$$

となる．

例題 10.4 **極板間の引力** 面積 S の2枚の正方形の金属板(極板) A, B を平行に並べた平行板コンデンサーの極板に，それぞれ $\pm Q$ の電荷を与えたとき，極板間で引き合う力の大きさを求めよ．ただし，コンデンサーは真空中に置かれており，極板間隔は極板の一辺の長さに比べて十分小さく，真空の誘電率を ε_0 とする．

解答 図 10.11 のように，極板 A 上の電荷 Q は，左右両側に A から離れる向きに大きさ E_+ の電場を，極板 B 上の電荷 $-Q$ は，B に近づく向きに大きさ E_- の電場をつくる．このとき，$E_+ = E_-$ となり，極板の外側の電場はゼロになる．極板間の電場の強さを E とすると，

$$E = E_+ + E_- \quad \therefore \quad E_+ = E_- = \frac{E}{2}$$

となる．いま，A 上の電荷 Q は，電場 E_- から E_- の向きに大きさ $F_+ = QE_-$ の力を受け，B 上の電荷 $-Q$ は，E_+ から E_+ の向きと逆向きに大きさ $F_- = |-QE_+|$ の力を受ける．このとき，極板間引力の大きさ F は，

$$F = F_+ = F_- = \frac{1}{2}QE \tag{10.6}$$

と書けることがわかる．

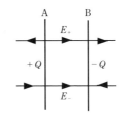

図 **10.11**

極板間の電場の強さは，$E = Q/\varepsilon_0 S$ で与えられることから，

$$F = \frac{Q^2}{2\varepsilon_0 S} \tag{10.7}$$

を得る．ここで得られた**極板間引力の大きさは，極板間隔によらない**ことに注意しよう．すなわち，極板間の電場が極板に垂直に一様にできていると見なすことができるかぎり，極板間引力は一定である． ∎

静電エネルギー 導体系の静電エネルギー (すなわち，電気的位置エネルギー) は，導体に電荷の蓄えられていない状態 (このとき，導体内には正負の電荷が詰まり，中和している) を基準 (すなわち，静電エネルギーがゼロ) にとる．

一般に，はじめ 2 つの導体 A, B に電荷は蓄えられていないとし，これらをコンデンサーと見なしたときの電気容量を C とする．導体 B から A に N 回に分けて微小電荷 $\Delta q = Q/N$ を運び，最終的に A, B に $\pm Q$ の電荷を蓄える場合を考

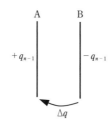

図 **10.12**

える (図 10.12). こうして蓄えられる静電エネルギー U は，電荷を運ぶのになされる仕事 W に等しい.

$(n-1)$ 回目に Δq を運んだ後に A に $q_{n-1} = (n-1)\Delta q$, B に $-q_{n-1}$ がたまっているとする. このときの A–B 間の電位差 $v_n = q_{n-1}/C$ を用いると，A, B に $\pm Q$ の電荷が蓄えられるまでになされる仕事 W は，$N \to \infty$ として，

$$W = \lim_{N \to \infty} \sum_{n=1}^{N} v_n \Delta q = \int_0^Q \frac{q}{C} dq = \frac{Q^2}{2C}$$

となる.

ここで，静電エネルギーは電気的位置エネルギーであることを思い出そう．位置エネルギーは，その状態だけで決まり，状態がどのようにして実現されたかによらない．よって，容量 C のコンデンサーに電圧 V がかかり，電荷 $Q = CV$ がたまっているとき，その電荷がどのような経過をたどってためられたとしても，蓄えられている静電エネルギー U は，

$$\boxed{U = W = \frac{Q^2}{2C} = \frac{1}{2}CV^2 = \frac{1}{2}QV} \tag{10.8}$$

と表される.

コンデンサーに電荷がたまると，極板間に電場ができる．したがって，蓄えられた静電エネルギーは，極板間に電場の形で蓄えられると考えられる．

例題 10.5 **静電エネルギーと極板間引力** 真空中に面積 S の 2 枚の正方形極板 A, B を平行に置き，それぞれ $\pm Q$ の電荷を与えた．ただし，間隔は極板の一辺の長さに比べ

て十分小さいとする.このとき,2枚の極板 A–B 間の引力を与える表式 (10.7) を,平行板コンデンサーの静電エネルギーを用いて導け.

解答 図 10.13 のように, A–B 間の距離を d とすると,電気容量は $C = \varepsilon_0 S/d$ となり,蓄えられた静電エネルギー U は,

$$U = \frac{Q^2}{2C} = \frac{Q^2 d}{2\varepsilon_0 S}$$

となる.

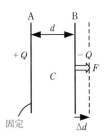

図 **10.13**

次に,極板 A を固定し,極板 B に極板間引力と同じ大きさの力 F を A から離れる向きに加えてゆっくりと極板間隔を微小距離 Δd だけ広げた.この間,力 F のする仕事 $\Delta W = F \cdot \Delta d$ は,極板間の静電エネルギーの増加 $\Delta U = (Q^2/2\varepsilon_0 S)\Delta d$ に等しい.これより,極板間引力の大きさ F の表式 (10.7) は,

$$F \cdot \Delta d = \frac{Q^2}{2\varepsilon_0 S}\Delta d \quad \therefore \quad F = \frac{Q^2}{2\varepsilon_0 S}$$

のように得られる. ∎

(2) コンデンサーの接続

いくつかのコンデンサーを接続した系を1つのコンデンサーと見なすことができるとき,そのコンデンサーの電気容量を**合成容量**(equivalent capacitance あるいは resultant capacitance) という.

10.3 コンデンサー

並列接続 図 10.14 のように，電気容量 C_1 と C_2 の 2 つのコンデンサーを**並列**に(in parallel) 接続し，合計 $\pm Q$ $(Q > 0)$ の電荷を蓄えた．コンデンサーにかかる電圧を V とするとき，

$$Q = (C_1 + C_2)V$$

となるから，2 つのコンデンサーを 1 つのコンデンサーと見なしたときの合成容量 C は，

$$\boxed{C = \frac{Q}{V} = C_1 + C_2} \tag{10.9}$$

となる．

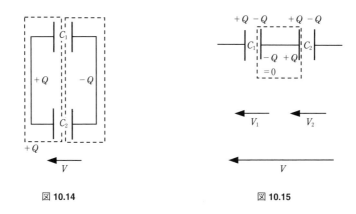

図 **10.14**　　　　　　　　図 **10.15**

直列接続 2 つのコンデンサーを直列に接続し，それぞれのコンデンサーに**同じ大きさの電荷を蓄える**とき，これら 2 つのコンデンサーの系は 1 つのコンデンサーと見なすことができ，直列接続の合成容量を求めることができる．

図 10.15 のように，電気容量 C_1 と C_2 の 2 つのコンデンサーを**直列に**(in series) 接続し，それぞれに同じ大きさ $\pm Q$ $(Q > 0)$ の電荷を蓄えると，それぞれにかかる電圧は，$V_1 = Q/C_1$, $V_2 = Q/C_2$ となるから，全体にかかる電圧 V は，

$$V = V_1 + V_2 = \frac{Q}{C_1} + \frac{Q}{C_2}$$

となる．いま，2 つのコンデンサーを 1 つのコンデンサーと見なすとき，蓄えられる電荷は $\pm Q$ であるから，直列接続の合成容量を C とすると，$V = Q/C$ と書

け. これより, C を与える関係式

$$\boxed{\frac{1}{C} = \frac{1}{C_1} + \frac{1}{C_2}} \tag{10.10}$$

の成り立つことがわかる. ここで, 2 つのコンデンサーには同じ大きさの電荷が蓄えられ, 図 10.15 の破線で囲まれた領域内の電荷の総和がゼロになることが重要である.

例題 10.6 **導体板の挿入されたコンデンサー** 図 10.16 のように, 真空中で, 間隔 d を隔てて平行に置かれた面積 S の同じ正方形の導体板 A–B 間に, 厚さ D で A, B と同じ面積 S の電荷をもたない導体板 D を, A, B に平行に, それらの間に完全に収まるように挿入する. 導体板 A, B を 1 つの平行板コンデンサーと見なすときの電気容量 C を求めよ. ただし, 導体板の間隔は, 導体板の一辺の長さに比べて十分小さく, 真空の誘電率を ε_0 とする.

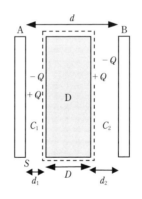

図 **10.16**

解答 導体板 A と D の間隔を d_1, D と B の間隔を d_2 とすると, A–D 間と D–B 間をそれぞれ 1 つのコンデンサーと見なすときの電気容量 C_1, C_2 は, それぞれ,

$$C_1 = \frac{\varepsilon_0 S}{d_1}, \qquad C_2 = \frac{\varepsilon_0 S}{d_2}$$

と書ける. はじめ, 導体板 D に電荷がたまっていなかったのであるから, A–D 間に $\pm Q$ ($Q > 0$) の電荷がたまると, D–B 間にも同じ $\pm Q$ の電荷がたまる. したがって, 図 10.16

の破線で囲まれた領域内の電荷の総和はゼロであり，導体板 A–B 間は，容量 C_1 と C_2 の 2 つのコンデンサーが直列につながれた状態と見なすことができる．よって，求める電気容量は，

$$\frac{1}{C} = \frac{1}{C_1} + \frac{1}{C_2} = \frac{d_1 + d_2}{\varepsilon_0 S} = \frac{d - D}{\varepsilon_0 S} \qquad \therefore \quad C = \frac{\varepsilon_0 S}{d - D}$$

となる． ∎

☞　求めた電気容量は導体板の厚さ D には依存するが，その位置，すなわち間隔 d_1, d_2 の個々の値によらない．導体板 D を挿入した平行板コンデンサーの容量は，極板 A–B 間の間隔 d が**挿入された導体板の厚さ D だけ狭くなった平行板コンデンサーの容量に等しい**．

コンデンサーの問題を解くときの便法　図 10.17 のように，導体板 A と B を平行に並べ，電気容量 C の平行板コンデンサーをつくり，A の電位を V_A，B の電位を V_B となるようにしたら，A の B 側の面に電荷 Q_A，B の A 側の面に電荷 Q_B が現れたとする．このとき，導体板 A と B のどちらの電位が高いかによらず，

$$Q_A = C(V_A - V_B), \qquad Q_B = C(V_B - V_A)$$
$$\therefore \quad Q_B = -Q_A$$

が成り立つ．これは，$V_A > V_B$ のとき，A の B 側の面には容量 C と A–B 間の電位差 $V_A - V_B$ の積で与えられる電荷が現れ，B の A 側の面にはそれと逆符号の電荷が現れることを示しているだけである．この関係式は，次の例題を考えるときなど便利である．

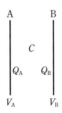

図 10.17

例題 10.7 電荷をもつ導体板の挿入　例題 10.6 で考えた導体板 A, B, D を用いて，図 10.18 のように，導体板 A, B に電圧 V をかけ，D に電荷 q を与えて A–B 間に挿入する．ここで，A–D 間の電気容量を C_1，D–B 間の電気容量を C_2 とする．

(a) 導体板 B の電位をゼロとして，導体板 D の電位 V_D，および導体板 A の D 側の面に現れる電荷 Q_A を求めよ．ただし，導体板の間隔は，導体板の一辺の長さに比べて十分小さいとする．

(b) $q = 0$ の場合の Q_A，および $Q_\mathrm{A} = 0$ となる場合の V_D を求めよ．

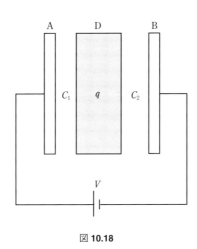

図 **10.18**

解答　(a) 導体板 B の電位がゼロのとき，導体板 A の電位は V である．D の A 側と B 側に現れる電荷の和が q に等しいことから，

$$C_1(V_\mathrm{D} - V) + C_2(V_\mathrm{D} - 0) = q \quad \therefore \quad V_\mathrm{D} = \frac{C_1 V + q}{C_1 + C_2}$$

これより，導体板 A の D 側の面に現れる電荷 Q_A は，

$$Q_\mathrm{A} = C_1(V - V_\mathrm{D}) = \frac{C_1}{C_1 + C_2}(C_2 V - q) \tag{10.11}$$

(b) 式 (10.11) において，$q = 0$ とすると，

$$Q_\mathrm{A} = \frac{C_1 C_2}{C_1 + C_2} V = CV = Q$$

となる．ここで，$C = C_1C_2/(C_1+C_2)$ は，導体板 A–B 間の合成の電気容量であるから，$q=0$ のとき，A–D 間と D–B 間に同じ電荷 Q が蓄えられるという結果を再現する．また，$Q_A = 0$ とすると，電荷 $q = C_2V$ が D の B 側の面に現れ，$V_D = q/C_2 = V$ となり，導体板 A と D は等電位になる．■

(3) CR 回路の充電と過渡現象

内部抵抗の無視できる起電力 E の電池，電気容量 C のコンデンサー，抵抗値 R の電気抵抗およびスイッチ S を用いて，図 10.19 の回路をつくる．はじめスイッチは開かれており，コンデンサーに電荷はたまっておらず，時刻 $t=0$ にスイッチを閉じる．スイッチと導線の電気抵抗は無視できる．

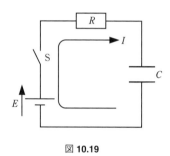

図 **10.19**

$t=0$ で，コンデンサーにたまっている電荷は $Q=0$ であり，極板間の電圧も $V=0$ であるから，抵抗に電池の起電力 E がかかる．よって，$t=0$ に抵抗に流れる電流 I_0 は，

$$I_0 = \frac{E}{R} \tag{10.12}$$

となる．その後，コンデンサーに電荷がたまり，極板間に電圧がかかるから，抵抗に流れる電流は次第に減少し，十分に時間がたつと電流は流れなくなり，コンデンサーに電荷

$$Q_0 = CE$$

が蓄えられる．コンデンサーに蓄えられる電荷 Q と抵抗に流れる電流 I の時間変化の様子は，図 10.20a, b のようになる．

キルヒホッフの法則 電気回路に関する**キルヒホッフの法則**(Kirchhoff's rules) は，次の 2 つからなる．

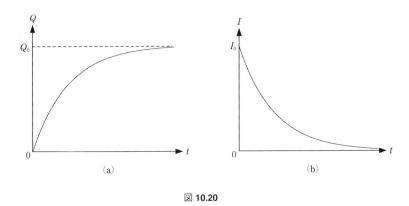

図 **10.20**

第1法則[結節点の規則(junction rule)] 回路網の任意の結節点に流れ込む電流 I の代数和(符号を付けた電流の和)はゼロである.

$$\sum I = 0$$

第2法則[回路の規則(loop rule)] 回路網の任意の閉回路に沿って1周するとき,起電力や抵抗によって生じる電位差 V の代数和はゼロである.

$$\sum V = 0$$

これは,回路網上の各点の電位が一意的に決まることを表している.

回路方程式 コンデンサーに蓄えられる電荷を Q,抵抗に流れる電流を I として図 10.19 でスイッチ S を閉じた回路にキルヒホッフの第2法則を適用する.図 10.19 において,矢印で示されている電位差は,矢印の手前を基準とした矢頭の位置の電位を表している.

電流 I の向きに回路を1周するとき,電池の起電力 E だけ電位は増加し,抵抗に電流 I が流れることにより,RI だけ電位は減少し,コンデンサーにたまっている電荷 Q により Q/C だけ電位が減少する.これより,キルヒホッフの第2法則を表す式は,

$$E - RI - \frac{Q}{C} = 0 \tag{10.13}$$

となる.式 (10.13) のように,キルヒホッフの第2法則を表す回路の式を,**回路**

方程式(circuit equation)という．この場合，キルヒホッフの第1法則を用いてつくった第2法則の式は，回路の基本的な方程式であり，力学における運動方程式に対応する．

回路方程式を解く　コンデンサーの抵抗に近い極板に単位時間あたり流れ込む電荷が I であるから，

$$I = \frac{dQ}{dt}$$

と書ける．これを式 (10.13) に代入して，Q に対する微分方程式

$$\frac{dQ}{dt} = -\frac{1}{CR}(Q - CE) \tag{10.14}$$

を得る．式 (10.14) は，両辺を $(Q - CE)$ で割って時間で積分することにより解くことができる．

$$\int \frac{1}{Q - CE} \cdot \frac{dQ}{dt} dt = -\frac{1}{CR} \int dt$$

$$\therefore \quad \log|Q - CE| = -\frac{t}{CR} + D \quad (D \text{ は積分定数})$$

ここで，はじめ $(t = 0)$ に $Q = 0$ であったから，Q は CE を超えることができず，$Q - CE < 0$ である．また，初期条件「$t = 0$ のとき，$Q = 0$」を代入して，$D = \log CE$ となる．こうして，

$$\log \frac{CE - Q}{CE} = -\frac{t}{CR}$$

$$\therefore \quad Q = CE(1 - e^{-t/CR}) = Q_0(1 - e^{-t/CR}) \tag{10.15}$$

を得る．

電流 I は，

$$I = \frac{dQ}{dt} = \frac{E}{R} e^{-t/CR} = I_0 e^{-t/CR} \tag{10.16}$$

となる．式 (10.15), (10.16) のグラフは，それぞれ図 10.20a, b のように描かれる．

エネルギー保存則　図 10.19 の回路において，スイッチ S を閉じて十分に時間がたつ間に，電池の負極側から正極側に電荷 Q_0 が移動するから，電池は Q_0 の電気的位置エネルギーの増加分だけ仕事をする．したがって，この間の電池の仕事 W は，

$$W = Q_0 E$$

図 **10.21**

となる (図 10.21). 一方，コンデンサーに蓄えられる静電エネルギー U は式 (10.8) より，
$$U = \frac{1}{2}Q_0 E$$
である．したがって，エネルギー保存則を考えれば，抵抗で失われるエネルギー J は，
$$J = W - U = \frac{1}{2}Q_0 E$$
と書ける．

例題 10.8 回路方程式からの導出

(a) 回路方程式 (10.13) から回路のエネルギー保存則を導け．
(b) 電流の表式 (10.16) を用いて，$J = \frac{1}{2}Q_0 E$ を導け．

解答 (a) 式 (10.13) を，
$$RI = E - \frac{Q}{C}$$
と書き，両辺に $I = dQ/dt$ をかけて時間に関して $t=0$ から $t=\infty$ まで積分する．t から Q への置換積分を行い，「$t=0$ のとき $Q=0$」と「$t=\infty$ のとき $Q=Q_0$」を用いると，
$$右辺 = \int_0^\infty E \frac{dQ}{dt} dt - \frac{1}{C}\int_0^\infty Q \frac{dQ}{dt} dt = E\int_0^{Q_0} dQ - \frac{1}{C}\int_0^{Q_0} Q\, dQ$$
$$= Q_0 E - \frac{Q_0^2}{2C} = W - U = \frac{1}{2}Q_0 E$$
となる．一方，左辺は，
$$J = \int_0^\infty RI^2 dt$$
となる．これより，抵抗で単位時間あたり失われるエネルギー (これをジュール熱という) が RI^2 と表され，その総和 J を用いて回路のエネルギー保存則
$$J = W - U$$

が導かれることがわかる.
(b) 式 (10.16) を用いて,

$$J = \int_0^\infty RI^2 dt = RI_0^2 \int_0^\infty e^{-(2/CR)t} dt = -\frac{1}{2}C(RI_0)^2 \left[e^{-(2/CR)t}\right]_0^\infty = \frac{1}{2}C(RI_0)^2$$

ここで, 式 (10.12) および $Q_0 = CE$ を用いて,

$$J = \frac{1}{2}CE^2 = \frac{1}{2}Q_0 E$$

を得る. ∎

例題 10.9 **ジュール熱が無視できる場合** 内部抵抗の無視できる起電力 V の電池, 極板間隔 d で電気容量 $2C$ の平行板コンデンサーおよび電気抵抗 R の抵抗体を用いて, 図 10.22 のような回路をつくった. これを状態 1 とする. 状態 1 でコンデンサーには電荷 $q_1 = 2CV$ がたまり, 抵抗体に電流は流れていない. 次に, 電池をつないだまま抵抗体に流れる電流が微小な一定値になるように, コンデンサーの極板に外力を加えてゆっくりと極板間隔を $2d$ まで広げ, コンデンサーの容量を C にした. この状態を状態 2 とする.

(a) 状態 1 から 2 へ変化させる時間を十分長くすると, 抵抗体で発生するジュール熱は無視できることを示せ.
(b) 極板を動かすのに加えた外力の仕事を求めよ.

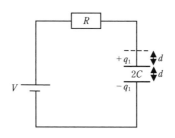

図 **10.22**

解答 (a) 状態 2 でコンデンサーには電荷 $q_2 = CV$ がたまっている. この間, 抵抗体を電池からコンデンサーの向きに移動した電荷は, $\Delta q = q_2 - q_1 = -CV$ であり, 時間 T の間, 一定の電流 I が流れたとすると,

$$I = \frac{\Delta q}{T} = -\frac{CV}{T}$$

抵抗体で発生するジュール熱の総和 Q は，$T \to \infty$ のとき，

$$Q = RI^2 \cdot T = R\frac{(CV)^2}{T^2} \cdot T = \frac{R(CV)^2}{T} \to 0$$

となり，Q は無視できることが示される．

(b) 状態が 1 から 2 まで変化するとき，コンデンサーの静電エネルギーの変化 ΔU は，

$$\Delta U = \frac{1}{2}CV^2 - \frac{1}{2} \cdot 2C \cdot V^2 = -\frac{1}{2}CV^2$$

電池のする仕事 W_E は，

$$W_\mathrm{E} = \Delta q \cdot V = -CV^2$$

抵抗で発生するジュール熱を無視して，エネルギー保存則より，外力の仕事 W は，

$$W = \Delta U - W_\mathrm{E} = \frac{1}{2}CV^2$$

となる．この場合，極板に加える外力は，極板間引力に逆らって極板間隔を広げるためにする仕事であるから，正であることに注意しよう． ∎

11 誘電体と直流回路

まず,中性原子に電場をかけたときに生じる分極という現象をもとに,誘電体の誘電分極を理解することを通して,誘電率の意味を知ろう.続いて,電流をミクロに考えてオームの法則を理解し,直流回路を考察する.

オームの法則を満たす抵抗体を線形抵抗というが,オームの法則を満たさない非線形抵抗の例として,電球のフィラメントとダイオードの性質を考える.

11.1 誘 電 体

電場をかけたとき,以下に示すような誘電分極を起こす物質を**誘電体**(dielectric substance) という.ただし一般的に,誘電体は電流を流さない**絶縁体**(insulator) として扱われることが多い.そこで,以下では特に断らない限り,誘電体は絶縁体であるとする.

(1) 誘 電 分 極

電場の中に誘電体をおくと,電場の向きと逆側の表面に負電荷が,電場の向きの側の表面に正電荷がにじみ出る.この現象は,**誘電分極**(dielectric polarization) とよばれる.図 11.1 のように,誘電体内の中性の原子に電場をかけると,原子核のまわりの電子が電場と逆向きの側に引かれ,負電荷の電子の中心と正電荷の原子核の位置がずれる.この現象を**分極**(polarization) という.このとき,原子が密に詰まっている誘電体内部では,図 11.2 のように,隣の原子から分極によって現れる正負の電荷が互いに打ち消し合ってマクロな電荷は現れない.しかし,誘電体の場の向きの側面には正の,電場と逆側の側面には負の**分極電荷**(polarization charge) が現れる.

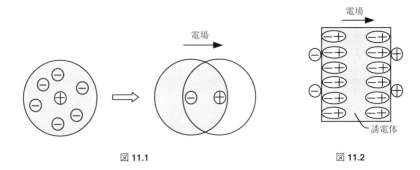

図 11.1　　　　　図 11.2

(2) 誘電体内の電場

図 11.3 のように，長方形の 2 枚の極板からなる平行板コンデンサーの間に，極板と同じ形の側面をもつ直方体の誘電体を挿入し，左右の極板にそれぞれ $+Q_0, -Q_0$ ($Q_0 > 0$) の電荷 [この電荷は，極板上や導体内を自由に移動することができ，**真電荷**(true charge) とよばれる] を与えた．そのとき，誘電体の左右の側面に，誘電分極によりそれぞれ分極電荷 $-Q, +Q$ ($Q > 0$) が現れたとする．極板間隔は十分に狭く，電場は極板および誘電体の側面に垂直に生じるとする．真空の誘電率を ε_0，極板の面積を S とすると，10.3 節で求めたように，極板と誘電体の間の真空中の電場の大きさ E_0 は，

$$E_0 = \frac{Q_0}{\varepsilon_0 S} \tag{11.1}$$

である．いま図 11.3 の破線で示される直方体の閉曲面にガウスの法則を適用しよう．誘電体内の一様な強さ E の電場は，誘電体内の側面に垂直になり，破線で示された直方体内の電荷は，真電荷 Q_0 と分極電荷 $-Q$ の和であるから，ガウスの法則は，

$$E \cdot S = \frac{Q_0 - Q}{\varepsilon_0} \tag{11.2}$$

と書ける．式 (11.2) は，誘電体の性質を分極電荷 $-Q$ で表してガウスの法則を表した式である．ここで，式 (11.2) の右辺を Q_0/ε とおくことにより誘電体の**誘電率**(permitivity) ε，および**比誘電率**(relative permitivity) $\varepsilon_\mathrm{r} = \varepsilon/\varepsilon_0$ を定義する．こうして式 (11.1), (11.2) を用いて，

$$E = \frac{Q_0}{\varepsilon S} = \frac{Q_0}{\varepsilon_\mathrm{r} \varepsilon_0 S} \qquad \therefore \quad \boxed{E = \frac{E_0}{\varepsilon_\mathrm{r}}} \tag{11.3}$$

を得る.

誘電率 ε および比誘電率 ε_r は,分極電荷のかわりに誘電体の性質を表す物理量である.

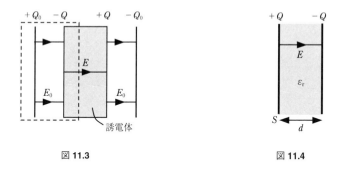

図 11.3   図 11.4

(3) 誘電体の挿入されたコンデンサーの電気容量

極板面積 S,極板間隔 d の平行板コンデンサーに $\pm Q$ の電荷を蓄える.ただし,極板間隔は狭く,極板間に,極板に垂直に一様な電場ができるとする.極板間が真空のとき,このコンデンサーの電気容量 C_0 は,真空の誘電率を ε_0 として,

$$C_0 = \frac{\varepsilon_0 S}{d}$$

である.いま,電荷 $\pm Q$ を蓄えた上の平行板コンデンサーの極板間を,比誘電率 ε_r (誘電率 $\varepsilon = \varepsilon_r \varepsilon_0$) の誘電体で満たす (図 11.4).このとき,極板間電圧 V は,極板間の一様な電場すなわち誘電体内の一様な強さ E の電場を用いて,

$$V = Ed = \frac{Qd}{\varepsilon S}$$

となる.よって,このコンデンサーの電気容量 C は,

$$C = \frac{Q}{V} = \frac{\varepsilon S}{d} = \frac{\varepsilon_r \varepsilon_0 S}{d} \qquad \therefore \quad \boxed{C = \varepsilon_r C_0} \tag{11.4}$$

となる.

例題 11.1　コンデンサーに挿入される誘電体　一辺の長さ l の正方形の金属板2枚を間隔 d だけ離して水平で平行に並べた平行板コンデンサーの2枚の極板(金属板)に，内部抵抗の無視できる起電力 V の電池を接続する．図 11.5 のように，このコンデンサーの極板間に，極板と同じ形で厚さ d，比誘電率 ε_r の誘電体をコンデンサーの極板の右端から距離 x まで挿入する．極板間隔は十分狭く，極板間に生じる電場は，つねに極板に垂直にできると考えてよい．真空の誘電率を ε_0 とする．

(a) 上述のように誘電体の挿入されたコンデンサーの電気容量を求めよ．
(b) コンデンサーを電池に接続したまま誘電体の挿入距離を x から $x+\Delta x$ まで微小距離 Δx だけ増やすときのエネルギー保存則を用いて，極板間に挿入されたコンデンサーにはたらく，極板に平行な電気力の大きさと向きを求めよ．

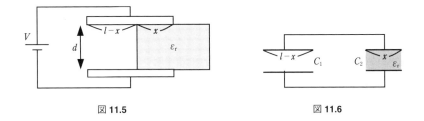

図 11.5　　　　　　　図 11.6

解答　(a) 題意より，極板間の電場が極板に垂直にできるとして，図 11.6 のように，このコンデンサーを，誘電体の挿入されていない部分と挿入された部分の2つに分割する．そうすると，もとのコンデンサーを，誘電体の挿入されていない容量 C_1 のコンデンサーと，極板間が誘電体で満たされた容量 C_2 のコンデンサーが導線で並列に結ばれたコンデンサーと見なすことができる．容量 C_1 と C_2 はそれぞれ，

$$C_1 = \frac{\varepsilon_0 l(l-x)}{d}, \qquad C_2 = \frac{\varepsilon_r \varepsilon_0 l x}{d}$$

と書けるから，求めるコンデンサーの電気容量 $C(x)$ は，

$$C(x) = C_1 + C_2 = \frac{\varepsilon_0 l^2}{d}\left[1 + (\varepsilon_r - 1)\frac{x}{l}\right]$$

(b) 誘電体の挿入距離が Δx だけ増加すると，容量は，

$$\Delta C = C(x + \Delta x) - C(x) = \frac{(\varepsilon_r - 1)\varepsilon_0 l}{d}\Delta x$$

だけ増加する．このとき，コンデンサーにたまる電荷は，

$$\Delta Q = \Delta C \cdot V = \frac{(\varepsilon_r - 1)\varepsilon_0 l V}{d}\Delta x$$

だけ増加し，この電荷 ΔQ が電池の負極から正極に移動するとき，電池は $\Delta W = \Delta Q \cdot V$ の仕事をする．その仕事の一部が，コンデンサーの静電エネルギーの増加と誘電体を引き込む静電気力の仕事に使われる．いま，電圧 V のかけられたコンデンサーの静電エネルギーは，

$$\Delta U = \frac{1}{2}C(x+\Delta x)V^2 - \frac{1}{2}C(x)V^2 = \frac{1}{2}\Delta C \cdot V^2 = \frac{(\varepsilon_r - 1)\varepsilon_0 l V^2}{2d}\Delta x$$

だけ増加する．一方，誘電体を引き込む向きを正として，誘電体に作用する静電気力を f とすると，静電気力の仕事は $f \cdot \Delta x$ と書けるから，系のエネルギー保存則は，

$$\Delta W = \Delta U + f \cdot \Delta x \qquad \therefore \quad \frac{(\varepsilon_r - 1)\varepsilon_0 l V^2}{d}\Delta x = \frac{(\varepsilon_r - 1)\varepsilon_0 l V^2}{2d}\Delta x + f \cdot \Delta x$$

これより，静電気力 f は，

$$f = \frac{(\varepsilon_r - 1)\varepsilon_0 l V^2}{2d}$$

となる．$f > 0$ であるから，誘電体に作用する静電気力は「引き込む向き」であり，その大きさは上式で与えられる． ∎

11.2 電流とオームの法則

(1) 電　流

導体内に，電荷 q をもつ荷電粒子が単位体積あたり n 個あり，これらの荷電粒子が同じ速さ v で同じ向きに動いているとする．図 11.7 のように，円柱状導体

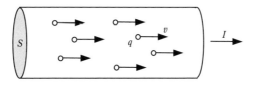

図 11.7

の断面積を S とすると，断面積 S，長さ v の円柱内の電荷が，単位時間に1つの断面を通過するから，この導体に流れる電流 I は，

$$I = |q|nSv \tag{11.5}$$

と表される．

電流は導体内の電場の向きに流れる．電荷には，$q>0$ のとき電場と同じ向きに力がはたらき，$q<0$ のとき電場と逆向きに力がはたらくから，

$q>0$ のとき，　電荷は電流と同じ向きに移動し，
$q<0$ のとき，　電荷は電流と逆向きに移動する．

(2) オームの法則

導体 A に電圧 V をかけたとき，電流 I が流れたとする．このとき，

$$\boxed{R = \frac{V}{I}} \tag{11.6}$$

を，A の**電気抵抗**(electric resistance) といい，オームという単位 (記号 Ω) で表す．この抵抗値 R は電圧 V や電流 I によって変化することもあれば，変化しないこともある．R が V や I で変化しないとき，**導体 A はオームの法則を満たす**といい，そのときの R を**オーム抵抗**(ohmic resistance) あるいは**線形抵抗**(linear resistance) という．他方，R が V や I によって変化するとき，**導体 A はオームの法則を満たさない**といい，そのときの R を**非オーム抵抗**(non-ohmic resistance) あるいは**非線形抵抗**(nonlinear resistance) という．

一様な導体の電気抵抗 R は，その長さに比例し，断面積 S に反比例する．そこで，比例定数を ρ とおくと，R は，

$$R = \rho \frac{l}{S} \tag{11.7}$$

と表される．このとき，ρ は導体の物質の種類や温度によって決まる量であり，**電気抵抗率**(electric resistivity) という．

実験によれば，多くの導体の抵抗率は，温度とともに温度の1次関数的に増加する．したがって，0°C での導体の抵抗率を ρ_0 とすると，t [°C] での抵抗率 ρ は，

$$\rho = \rho_0(1 + \alpha t) \qquad (\alpha > 0) \tag{11.8}$$

と表される. このときの α を抵抗率の温度係数という.

(3) 電　力

電流による単位時間あたりの仕事を**電力**(electric power) といい, ワットとよばれる単位 (記号 W) で表される. 図 11.8 のように, 電位が V だけ高いところから低いところに電流 I が流れると, 単位時間あたり VI の電気的位置エネルギーを失う. すなわち, これだけの電力が消費される.

抵抗に電流が流れるとき, 抵抗の両端の電位差を V として, 電流は単位時間に,

$$P = VI = RI^2 \tag{11.9}$$

の電力を消費する. このとき, 消費されたエネルギーは, 熱となって周囲に拡散する.

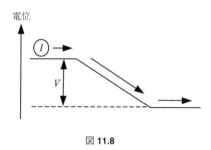

図 **11.8**

(4) 電流に関するミクロな考察

オームの法則　導体に電圧をかけると導体内に電場が生じる. 導体内の自由電子 (荷電粒子は正電荷をもっていても負電荷をもっていてもよいが, ここでは, 通常の金属を念頭において負電荷 $-e$ をもつ自由電子とする) は, 外部からかけた電圧による静電気力だけを受けると, 電場と逆向きに等加速度運動をする. しかし, 自由電子は導体内のイオンとの衝突などのため, 実際には等加速度運動をすることはできない. そこで, 自由電子は速さに比例する抵抗力を受けて運動するという簡単なモデルで電気伝導という現象を考えてみよう.

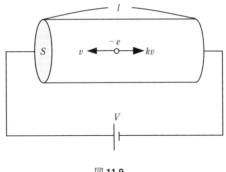

図 11.9

図 11.9 のように，断面積 S，長さ l の導体棒に電圧 V をかける．単位体積あたり n 個の自由電子が速度 v で運動しているとき，イオンなどから電子の受ける抵抗力を $-kv$ (k は比例定数) とする．このとき，運動方程式は，電子の質量を m，加速度を $a = dv/dt$ として，

$$m\frac{dv}{dt} = e\frac{V}{l} - kv \tag{11.10}$$

となる．v が小さいとき加速度 a は大きく，速度 v の増加率は大きいが，v が増加すると a は小さくなり，v の増加率は小さくなり，十分時間がたつと，a は 0 となり，v は終端速度

$$v_0 = \frac{eV}{kl} = \frac{eV}{ml}\tau \tag{11.11}$$

になる．ここで，$m/k = \tau$ とおいた．

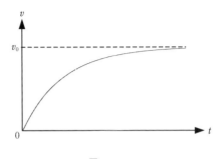

図 11.10

運動方程式 (11.10) は，変数分離型微分方程式とよばれ [4.1 節の (2) 参照]，電子の速度 v を時間 t の関数として，

$$v = v_0(1 - e^{-t/\tau}) \tag{11.12}$$

と求めることができる．式 (11.12) のグラフは図 11.10 に示される．また，式 (11.12) より，τ は速度が終端速度 v_0 の $(1-1/e)$ 倍になるまでの時間を表し，**緩和時間**(relaxation time) とよばれる．

導体内のすべての自由電子が終端速度 v_0 で電流と逆向きに動いていると仮定し，式 (11.11) を式 (11.5) の v に代入すると ($|q|=e$)，この導体棒に流れる電流 I は，

$$I = enSv_0 = \frac{e^2 nS\tau}{ml}V$$

となり，導体の電気抵抗 R は，

$$R = \frac{V}{I} = \frac{m}{e^2 n\tau} \cdot \frac{l}{S}$$

と求められる．また，これを式 (11.7) と比較して，この導体の抵抗率 ρ は，

$$\rho = \frac{m}{e^2 n\tau} \tag{11.13}$$

と表される．これより，物質の抵抗率は自由電子の数密度 n と緩和時間 τ に反比例し，これらが一定である限り，抵抗値は一定であり，オームの法則の成り立つことがわかる．

自由電子の速さ 導体内の自由電子は，熱運動により動き回っている．気体と導体内の自由電子が熱平衡にあれば，その運動エネルギーは気体分子のもつ運動エネルギーに等しいと考えられる．絶対温度 T のとき，電子の熱運動による2乗平均速度を $\sqrt{\overline{u^2}}$，ボルツマン定数を k とすると，

$$\frac{1}{2}m\overline{u^2} = \frac{3}{2}kT$$

と書ける．ここで，$m = 9.1 \times 10^{-31}$kg, $k = 1.38 \times 10^{-23}$J/K, $T = 300$ K とすると，

$$\sqrt{\overline{u^2}} = \sqrt{\frac{3kT}{m}} \simeq 1.2 \times 10^5 \text{m/s}$$

となり，熱運動の自由電子の速さは非常に速いことがわかる．この計算は古典論によるものであるが，量子論を考慮すると，さらに速くなることが知られている．

次に，電流が流れているとき，電流と逆向きに進む電子の平均の速さ $\bar{v}$ を求めてみよう．

直径 $0.1\,\mathrm{mm}$ 程度 (断面積 $S = 1 \times 10^{-8}\mathrm{m}^2$) の銅線に $1\,\mathrm{A}$ の電流が流れている場合を考えよう．銅原子 1 個が 1 個の自由電子を出すとすると，銅原子 1 モルの質量を $M = 64 \times 10^{-3}\mathrm{kg}$，銅線の質量密度を $\rho = 8.9 \times 10^3\mathrm{kg/m}^3$，アボガドロ数を $N_\mathrm{A} = 6.0 \times 10^{23}$ として，単位体積中の自由電子の数 n は，N_A を銅原子 1 モルの体積 M/ρ で割って，

$$n = \frac{N_\mathrm{A}}{M}\rho = 8.3 \times 10^{28}\mathrm{m}^{-3}$$

となる．また，$e = 1.6 \times 10^{-19}\mathrm{C}$ として，

$$\bar{v} = \frac{I}{enS} \simeq 7.5 \times 10^{-3}\mathrm{m/s}$$

を得る．これより，

$$\bar{v} \ll \sqrt{\overline{u^2}}$$

となり，電流と逆向きに進む電子の速さ $\bar{v}$ は非常に遅いことがわかる．

電気抵抗の温度依存性 11.2 節の (2) で述べたように，多くの導体の電気抵抗は，温度が上昇すると増加する．これは，温度が上昇すると導体内のイオンの振動が激しくなり，自由電子が電場と逆向きに移動しにくくなるためと説明される．

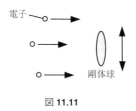

図 **11.11**

図 11.11 のように，イオンを剛体球と見なし，小球で表した電子が次々に飛んでくるというモデルを考えてみよう．剛体球が静止している場合と振動している場合で，小球が剛体球に衝突する確率は異なるであろうか．小球の衝突確率が増大すれば電子は散乱されやすくなり，抵抗は増大するであろう．しかし，剛体球の振動が激しくなっても小球の散乱確率に大きな違いはないであろう．そうなると，温度上昇による電気抵抗の増大を説明することができない．

この説明は古典論によるものであり，古典論では抵抗の温度依存性を説明できない．

量子論による説明 量子論で考えると，電子は粒子であると同時に波動性をもつ．電場と逆向きに進む電子を波動と考える量子論では，イオンが規則正しく並んでいると，電子の波動はほとんど散乱されない．イオンの規則性が破れると，波動は散乱され抵抗が増大する．そのため量子論では，導体の温度が上昇してイオン振動が激しくなるとイオンの配列が不規則になり，抵抗は増大することが示される．

実際，導体に不純物を混ぜると，イオンの不規則性が増大するため，導体の電気抵抗は増大する．さらに不純物を増加させて不規則性を増すと，ついには電流が流れなくなり，導体は絶縁体に転移することがわかっている．

11.3 直流回路

(1) 電池の起電力と端子電圧

静電気力以外の原因で電荷を動かそうとする作用を**起電力**(electromotive force) という．電池の起電力は，電流が流れていないときの電池の両端の電位差で与えられる．起電力 E の電池の負極側から正極側に電流 I が流れているとき，電池の端子電圧 V は，

$$V = E - rI \tag{11.14}$$

となる (図 11.12)．

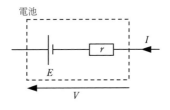

図 **11.12**

(2) 抵 抗 の 接 続

直列接続 図 11.13 のように，抵抗値 R_1 と R_2 の抵抗を直列に接続し，両端に電圧 V をかける．このとき，2 つの抵抗に電流 I が流れたとすると，

$$V = R_1 I + R_2 I = (R_1 + R_2) I$$

が成り立つ．ここで，**合成抵抗**(equivalent resistance あるいは resultant resistance) R は，$R = V/I$ で定義されるから，

$$R = R_1 + R_2 \tag{11.15}$$

となる．

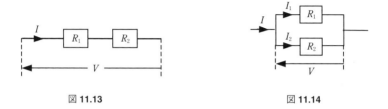

図 **11.13**　　　　　　　　　　　図 **11.14**

並列接続 一方，図 11.14 のように，抵抗値 R_1 と R_2 の抵抗を並列に接続し，両端に電圧 V をかけたら，R_1 に電流 I_1，R_2 に電流 I_2 が流れたとすると，

$$V = R_1 I_1 = R_2 I_2$$

が成り立つ．これより合成抵抗 R は，$V = RI$ として，全電流が $I = I_1 + I_2$ となることから，

$$\frac{V}{R} = \frac{V}{R_1} + \frac{V}{R_2} \quad \therefore \quad \frac{1}{R} = \frac{1}{R_1} + \frac{1}{R_2} \tag{11.16}$$

となる．

例題 11.2 **ホイートストン・ブリッジ回路**　4 つの抵抗値 R_1, R_2, R_3, R_4 の抵抗を，電池 E，検流計 G とともに図 11.15 のように接続したとき，G に電流が流れない条件を求めよ．この回路を**ホイートストン・ブリッジ回路**(Wheatstone bridge circuit) という．

【解答】 検流計 G に電流が流れないとき，G の両端の電位差はゼロである．したがって，抵抗 R_1, R_2 に流れる電流をそれぞれ I_1, I_2 とすると，

$$R_1 I_1 = R_2 I_2, \quad R_3 I_1 = R_4 I_2$$

これより，

$$\frac{R_1}{R_3} = \frac{R_2}{R_4} \quad \therefore \quad R_1 R_4 = R_2 R_3$$

となる． ■

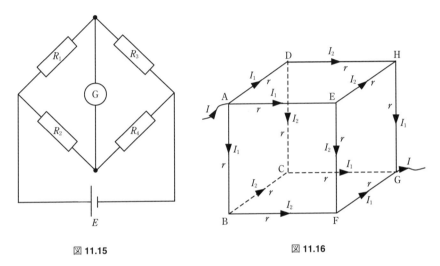

図 11.15

図 11.16

【例題 11.3】 **立体回路** 図 11.16 のように，同じ抵抗値 r，同じ長さの 12 本の抵抗棒を用いて立方体をつくるとき，互いに反対側の頂点 A–G 間の合成の電気抵抗 R を求めよ．

【解答】 頂点 A と G に導線をつなぎ A–G 間に電圧 V をかけたら，A から電流 I が流れ込み，G から I が流れ出したとする．A–E 間の導線に流れる電流は，回路の対称性より $I_1 = I/3$ であり，E–F 間の導線に流れる電流は，$I_2 = I_1/2 = I/6$ となる．このとき，A–G 間の電圧 V は，

$$V = r(I_1 + I_2 + I_1) = \frac{5}{6} rI \quad \therefore \quad R = \frac{V}{I} = \frac{5}{6} r$$

となる． ■

(3) 非線形抵抗

温度とともに抵抗率が上昇する導体　導体に電流を流すと熱(これをジュール熱という)が発生し,導体の温度が上昇する.導体の温度が上昇すると,導体内のイオンの振動が激しくなり,自由電子などの電荷の移動を妨げるため,緩和時間 τ が小さくなり,導体の電気抵抗率 ρ が増大する [式 (11.13) 参照].これが,11.2 節の (2) で述べた抵抗率の温度変化の原因である [さらに詳しくは,11.2 節の (4) 参照].この傾向は,ニクロム線や電球のフィラメントなど,抵抗の大きな導体で顕著に現れる.

導体にかける電圧 V とともに電流 I がどのように変化するかを示す曲線を,**電流–電圧特性曲線**(current–voltage characteristic curve) という.

図 11.17 は,ある電球の電流–電圧特性曲線である.この電球に $V = 20\,\mathrm{V}$ の電圧をかけると $I = 0.4\,\mathrm{A}$ の電流が流れるから,このときの電球の電気抵抗 R は,$R = 20/0.4 = 50\,\Omega$ であるが,$V = 80\,\mathrm{V}$ の電圧をかけると $I = 0.8\,\mathrm{A}$ の電流が流れるから,抵抗 R は $R = 80/0.8 = 100\,\Omega$ となる.ただし,特性曲線で示されている電球に流れる電流値は,ある電圧をかけて十分に時間がたち,フィラメントの温度が一定値になったときの値であり,スイッチをつないだ直後は,フィラメントの温度は室温に等しい.したがって,そのときのフィラメントの抵抗値は,電圧が十分小さいときの抵抗値,すなわち特性曲線の原点での接線の傾きの逆数に等しいことに注意しよう.

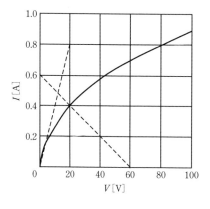

図 11.17

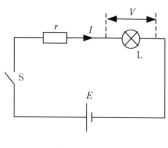

図 11.18

例題 11.4 **電球を含む回路** 内部抵抗の無視できる起電力 $E = 60\,\text{V}$ の電池，抵抗値 $r = 100\,\Omega$ の抵抗と，図 11.17 の電流–電圧特性曲線を有する電球 L，およびスイッチ S を用いて，図 11.18 の回路をつくった．特性曲線の原点での接線は，$V = 20\,\text{V}, I = 0.80\,\text{A}$ の点を通る．スイッチ S を入れた直後と，十分に時間がたった後の電球 L での消費電力をそれぞれ求めよ．

解答 スイッチ S を入れた直後のフィラメントの抵抗値 R_0 は，特性曲線の原点での接線の傾きの逆数であるから，

$$R_0 = \frac{20}{0.80} = 25\,\Omega$$

である．このとき電球 L に流れる電流 I_0 は，

$$I_0 = \frac{E}{r + R_0} = 0.48\,\text{A}$$

よって，S を入れた直後の電球の消費電力 P_0 は，

$$P_0 = R_0 I_0^2 \simeq 5.8\,\text{W}$$

S を接続してから十分に時間がたったとき，電球にかかる電圧を V，流れる電流を I とすると，回路方程式は，

$$60 = 100I + V$$

この式のグラフを図 11.17 に書きこみ，グラフの交点より，

$$V = 20\,\text{V}, \qquad I = 0.4\,\text{A}$$

これより，十分時間がたったときの電球の消費電力 P は，

$$P = VI = 8.0\,\text{W}$$

となる．　　　　　　　　　　　　　　　　　　　　　　　　　　　　　　　■

半導体　上で述べた電球のフィラメントやニクロム線では，温度が上昇しても自由電子数密度 n はほとんど変化しない．したがって，温度が上昇すると，イオンの不規則性が増して抵抗が増大する．それに対し，温度が上昇すると，自由電子や後に述べる**正孔**(positive hole) といった**キャリア**(carrier) の数密度 n が急激に増大し，電気抵抗率 ρ が減少する**半導体**(semiconductor) とよばれる物質がある．

典型的な半導体は，Si (シリコン)，Ge (ゲルマニウム) などの 14 族の元素からなり，図 11.19 のような構造をしている．14 族の元素は最外殻の軌道に 4 個の価

11 誘電体と直流回路

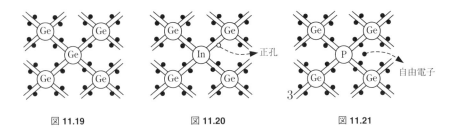

図 11.19　　　　　図 11.20　　　　　図 11.21

電子(valence electron) をもち，周囲の 4 個の元素と 1 個ずつ電子を出し合ってペアをつくる**共有結合**(covalent bond) で結びついている．ここでは，構造を平面的に描いたが，実際には正四面体構造をなしている．

　共有結合は電子の結びつきが弱く，少し高い電圧をかけたり，温度が上昇したりするとすぐに壊され，自由電子と電子の抜けた孔である正孔が生まれる．正孔は正電荷をもつ粒子のようにふるまう．このような半導体を**真性半導体**(intrinsic semiconductor) という．しかし，真性半導体は電気抵抗が大きく，あまり電流を流さない．そこで，もう少し電流を流すように，真性半導体の中に 3 個の価電子をもつ 13 族や 5 個の価電子をもつ 15 族の元素をわずかに混ぜる．図 11.20 のように 13 族の元素を混ぜると，共有結合をつくる電子が 1 個不足して正孔ができる．このような物質に電場をかけると，正孔がキャリアとなり動いて電荷を運ぶ．このような半導体を，正電荷の正孔がキャリアとなる半導体であるから，**P 型半導体**(P-type semiconductor) という．一方，図 11.21 のように 15 族の元素を混ぜると，共有結合をする電子が 1 個余り，これが自由電子となりキャリアとして電荷を運ぶ．このような半導体を，負電荷をもつ自由電子がキャリアとなる半導体であるから，**N 型半導体**(N-type semiconductor) という．

　P 型半導体と N 型半導体を接合したもの [これを **pn 接合**(pn junction) という] を**ダイオード**(diode) という．ダイオードは，一方向にしか電流を流さないという**整流**(rectification) 作用がある．このとき，電流の流れる方向を**順方向**とよ

図 11.22

び，図 11.22 のように表される．ダイオードは半導体でできているため，電圧や温度を高くすると，キャリアの濃度が高まり，電気抵抗は減少する．

ダイオードは 2 つの電極をもつ素子であるが，3 つの電極をもつ**トランジスタ**(transistor) という**増幅器**(amplifier) をつくることができる．

例題 11.5 増幅器 3 つの電極 a, b, c をもつトランジスタ，入力端子 1, 2 に，一定の出力電圧 $2V_0$ の電源 E，$2V_0$ より十分大きな一定の起電力の電源 F および抵抗値 R_1, R_2 の抵抗を用いて，図 11.23 のような回路をつくる．電源 E, F の内部抵抗は無視できる．電極 a, b にかかる電圧 $V_{ab} = V_b - V_a$ と a から流れ出す電流 I の間の電流-電圧曲線は，図 11.24 で与えられる．ここで，$V_{ab} > V_0$ のとき，V_{ab} は，

$$V_{ab} = V_0 + rI$$

と表される．また，電流 I は，端子 b からトランジスタに流れ込む電流 I_1 により，$I = kI_1$ ($k > 1$) と書けるとする．

入力端子 1–2 間に微弱電圧 $V_{in} \sin \omega t$ (端子 2 に対する 1 の電位) を加えたとき，端子 3–4 間に現れる出力電圧 (端子 4 に対する 3 の電位) を，

$$V_2 + V_{out} \sin \omega t$$

と表す．増幅率 V_{out}/V_{in} を求めよ．

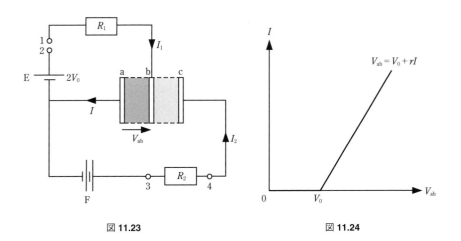

図 **11.23**　　　　　　　　図 **11.24**

162　11　誘電体と直流回路

解答　抵抗 R_2 に流れる電流を I_2 とすると,

$$I_1 + I_2 = I$$

閉回路 $E \to R_1 \to b \to a \to E$ の回路方程式は,

$$2V_0 + V_{\text{in}} \sin \omega t = R_1 I_1 + V_{\text{ab}}$$

これらに $I = kI_1$, $V_{\text{ab}} = V_0 + rI$ を用いて I, I_1, V_{ab} を消去すると,

$$R_2 I_2 = \frac{(k-1)R_2}{kr + R_1}(V_0 + V_{\text{in}} \sin \omega t)$$

これを $V_2 + V_{\text{out}} \sin \omega t$ に等しいとおいて,

$$\frac{V_{\text{out}}}{V_{\text{in}}} = \frac{(k-1)R_2}{kr + R_1}$$

となる．　■

12 電流と磁場

　身近な磁石でつくられる磁場は，電磁気学ではローレンツ力によって定義される．その際，力学で使われたベクトルの外積 (ベクトル積) という数学が使われる．そのような磁場は電流によって生じる．電流による磁場を与える法則には，ビオ–サバールの法則とアンペールの法則がある．

　ビオ–サバールの法則は計算に便利なものであり，アンペールの法則は物理的概念の理解に適している．両者は，時間的に変化しない静的な場合，同じ結果を与えることが知られている．

12.1 磁場の導入

(1) 磁石の磁場

　磁石には，N 極と S 極があり，N 極どうし，S 極どうしは退け合い，N 極と S 極の間には引力が作用する．それらの磁極間にはたらく力は，正負の電荷間にはたらく力に似ている．また，図 12.1 のように，磁石の N 極から S 極に向けて，その周囲には磁場ができる．そこで，電荷の場合と同じように，N 極には正の**磁荷**(magnetic charge) が，S 極には負の磁荷があると考えるかもしれない．しかし，磁石を中央で 2 つに分けると，分けられた両方に N 極と S 極が現れる (図 12.2)．磁石の分け方をどのように変えても，分けられた双方に N 極と S 極が現れてしま

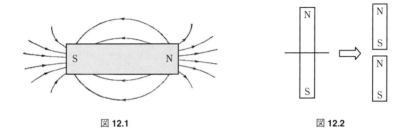

図 12.1　　　　　　　　　　　図 12.2

う．これは，N 極だけ，あるいは S 極だけが単独で存在することはできないことを示しているのであろう．実際，これまで，N 極だけ，S 極だけの**単磁極**(monopole) は見つかっていない．このことから，電荷に作用する力を用いた電場の定義と同様に，磁荷に作用する力から磁場を定義することは，永久磁石に作用する力を議論するときには便利であるが，物理現象として適切ではないと考えられる．そこで，速度をもつ電荷に作用する力から磁場を定義することにしよう[*1]．

(2) ローレンツ力と磁場の定義

図 12.3 のように，電荷 q が**磁束密度**(magnetic flux density) B の**磁場**(magnetic field) と角 θ ($0 \leq \theta \leq \pi$) をなす向きに速さ v で運動すると，v の向きからから B の向きに角 θ だけ回る右ねじの進む向きに，大きさ

$$f = qvB\sin\theta \tag{12.1}$$

の力がはたらく．この力を**ローレンツ力**(Lorentz force) とよぶ．ローレンツ力は，ベクトルを用いて表すのが便利である．その際，2.3 節で説明した**ベクトルの外積**(outer product of vector) あるいは**ベクトル積**(vector product) とよばれるベクトルどうしのかけ算が用いられる．

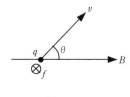

図 **12.3**

磁場の定義とローレンツ力の性質　電荷 q の速度ベクトルを $\boldsymbol{v}$，磁束密度のベクトルを $\boldsymbol{B}$ とすると，q に磁場から作用するローレンツ力 $\boldsymbol{f}$ は，

$$\boxed{\boldsymbol{f} = q\boldsymbol{v} \times \boldsymbol{B}} \tag{12.2}$$

[*1] 現在の日本の高校物理では，磁荷を用いて磁場 H を定義し，真空中では，H に真空の透磁率 μ_0 をかけた量を磁束密度 $B = \mu_0 H$ と定義しているが，ここでは世界の主流の考えに従って，動いている電荷に作用する力を用いて磁場を定義する方法を用いる．

と書ける．ここで f は v と B に垂直であることに注意しよう．さらに電場 E の定義式 (9.2) と一緒にして，速度 v で運動する電荷 q に作用する電磁気力 f は，

$$f = q(E + v \times B) \tag{12.3}$$

と表される．

一般に，式 (12.3) によって，電場 E と磁場としての B (磁束密度) を定義する．すなわち，電荷に作用する力のもとになる空間 [これを**場**(field) という] として，電場と磁場を定義する．したがって，式 (12.3) は電磁気の基本法則ではなく，電場と磁場の定義式である．

例題 12.1　磁場中での荷電粒子の運動　磁束密度の大きさ B の一様な磁場中に，磁場に垂直に電荷 q，質量 m の荷電粒子が速さ v で飛び込むと，荷電粒子は速さ v の等速円運動をする．このときの円軌道の半径と円運動の周期を求めよ．

解答　図 12.4 のように，磁場の向きに z 軸正方向 (紙面表から裏の向き) をとり，荷電粒子が x 軸正方向に速さ v で飛び込むとする．このとき，荷電粒子には $-y$ 方向に大きさ qvB のローレンツ力が作用する．ローレンツ力は粒子の速度に垂直であるから，粒子の速さ v に変化はなく，その向きだけが変わる．こうして，荷電粒子は速さ v の等速円運動をする．その半径 r は，粒子の円運動の式より，

$$m\frac{v^2}{r} = qvB \quad \therefore \quad r = \frac{mv}{qB}$$

周期 T は，一定の速さ v で円軌道を 1 周する時間であるから，

$$T = \frac{2\pi r}{v} = \frac{2\pi m}{qB}$$

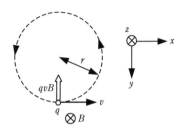

図 **12.4**

円軌道の半径 r は入射粒子の速さ v に比例するが，円運動の周期 T は，粒子の速さによらないことに注意しよう． ■

荷電粒子に磁場から作用する力　図 12.5 のように，磁束密度の大きさ B の磁場と角 θ の向きに，電荷 q の荷電粒子が速さ v で飛び込むと，粒子には磁場と垂直な向きに大きさ $q(v\sin\theta)B$ の力がはたらく．すなわち，粒子には，粒子の磁場に垂直な速度成分 $v_\perp = v\sin\theta$ に大きさ $qv_\perp B$ の力が磁場と垂直方向に作用し，磁場に平行な方向に力ははたらかない．したがって，荷電粒子を磁場に垂直な平面に射影した点は，速さ $v_\perp$ で等速円運動し，その円の中心は磁場の方向に一定の速さ $v_\parallel = v\cos\theta$ で等速運動をする．その結果，荷電粒子は，磁場に沿ったらせん軌道を描いて運動する (図 12.6)．

図 12.5　　　　　　　　　　　図 12.6

例題 12.2　**磁場に斜めに飛び込む荷電粒子**　x 軸正方向に磁束密度の大きさ B の一様な磁場がかけられている．原点 O に質量 m，電荷 q の荷電粒子が x-y 平面内で x 軸と角 θ をなす向きに速さ v で打ち込まれた．この粒子が再度 x 軸上に戻る点の x 座標を求めよ．

解答　y-z 平面に射影した粒子の点は，x 軸に垂直な速度成分の大きさ $v\sin\theta$ で等速円運動をするので，粒子が x 軸上に戻るまでの時間は円運動の 1 周期に等しく，$T = 2\pi m/qB$ となる．この間，粒子は x 軸に沿って，

$$x = v_\parallel T = \frac{2\pi m v \cos\theta}{qB}$$

だけ進む． ■

例題 12.3　**電磁場中の荷電粒子の運動**　図 12.7 のように，y 軸正方向に強さ E の電場をかけ，それと同時に z 軸正方向 (図の紙面表から裏の向き) に磁束密度の大きさ B

の磁場をかける．原点 O に質量 m, 電荷 q ($q > 0$) の荷電粒子を静かに置く．その後，荷電粒子はどのような運動をするか定めよ．ただし，重力は無視する．このとき，観測者の静止している座標系を S 系とよぶことにする．

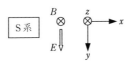

図 **12.7**

解答 y 軸正方向に電場 E, z 軸正方向に磁束密度 B の磁場がかけられているとき，速度 $\boldsymbol{v}_0 = (v_0, 0, 0)$ で運動する荷電粒子には，電場と磁場から力

$$\boldsymbol{f}_0 = (0, q(E - v_0 B), 0)$$

が作用する．したがって，$v_0 = E/B$ (> 0) のとき，この粒子にはたらく合力はゼロであり，力はつり合う．このとき，粒子は速さ v_0 で x 軸正方向に等速直線運動をする．

また，磁束密度 B の磁場のみが z 軸正方向にかけられているとき，速度 $\boldsymbol{v} = (v_x, v_y, 0)$ で運動する荷電粒子に作用するローレンツ力 $\boldsymbol{F}$ は，

$$\boldsymbol{F} = (qv_y B, -qv_x B, 0)$$

と書ける．

もとの S 系に対して速さ $v_0 = E/B$ で x 軸正方向に等速直線運動している座標系を S′ とする．座標系 S で荷電粒子の速度が $\boldsymbol{v} = (v_x, v_y, 0)$ のとき，座標系 S′ での速度は，

$$(v'_x, v'_y, 0) = (v_x - v_0, v_y, 0)$$

S 系で荷電粒子に電磁場からはたらく力 $\boldsymbol{f}$ は，

$$\boldsymbol{f} = (qv_y B, q(E - v_x B), 0)$$

この力を S′ 系で見ると，

$$\boldsymbol{f}' = (qv'_y B, q(E - (v'_x + v_0)B, 0) = (qv'_y B, -qv'_x B, 0)$$

となり，$\boldsymbol{f}'$ の表式から電場 E は消える．これをローレンツ力 $\boldsymbol{F}$ の表式と比較すれば，S′ 系で荷電粒子には，磁束密度 B の磁場からローレンツ力だけが作用することがわかる．

粒子の初速度は座標系 S で 0 であるから，座標系 S' では $(-v_0, 0, 0)$ となり，粒子は S' 系で図 12.8 のように，点 $(0, r, 0)$ を中心に速さ v_0 の等速円運動をする．その半径 r は，円運動の式より，

$$m\frac{v_0^2}{r} = qv_0 B \qquad \therefore \quad r = \frac{mv_0}{qB}$$

この運動をもとの S 系でみると，円軌道の中心は速さ v_0 で x 軸正方向に動き，荷電粒子はその中心のまわりに反時計回りに速さ v_0 で等速円運動をし，軌道は図 12.9 のようなサイクロイド曲線を描く． ■

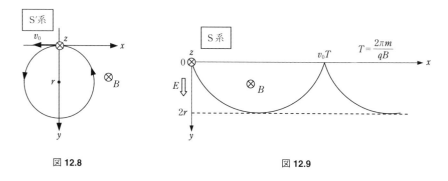

図 12.8　　　　　　　　　　図 12.9

例題 12.4　電流密度　一様な重力場中に，単位体積あたり n 個の電子と n 個の 1 価の正イオンからなる電離した気体がある．そこに，磁束密度 B の磁場を水平方向にかけると，磁場に平行で水平方向に電流が流れる．そのときの平均の電流密度（電流に垂直な単位面積あたりに流れる平均の電流）を求めよ．ただし，重力加速度の大きさを g，電子の質量を m，イオンの質量を M とする．このとき，$M \gg m$ であることを考慮し，電流へのほとんどの寄与は，イオンであるか，電子であるか，答えよ．

解答　図 12.10 のように，鉛直下方に y 軸，水平方向に x 軸と z 軸をとり，z 軸正方向に磁束密度 B の磁場をかけるとする．例題 12.3 の電場からはたらく力 qE のかわりに重力が作用すると考えればよい．例題 12.3 と同様に，イオンと電子は，初速度がゼロであれば x 軸に沿ったサイクロイド曲線を描く．1 価の正イオンと電子の回転中心の速度 v_i, v_e は，それぞれ y 軸方向（鉛直方向）の力のつり合いより，

$$Mg - ev_i B = 0, \qquad mg + ev_e B = 0 \qquad \therefore \quad v_i = \frac{Mg}{eB}, \quad v_e = -\frac{mg}{eB}$$

となる．イオンあるいは電子の x 方向の平均速度がそれぞれ v_i, v_e であるから，それぞれの平均電流密度 j_i, j_e は，

$$j_{\mathrm{i}} = nev_{\mathrm{i}} = \frac{nMg}{B}, \qquad j_{\mathrm{e}} = n(-e)v_{\mathrm{e}} = \frac{nmg}{B}$$

これより，電流へのほとんどの寄与は"イオン"であることがわかる． ∎

図 12.10　イオンの場合　　　　　　　図 12.11

(3) 電流に磁場から作用する力

実験によると，図 12.11 のように，磁束密度 B の磁場中で磁場と角 θ をなす導線に強さ I の電流が流れているとき，長さ l の電流には大きさ

$$F = IBl\sin\theta \tag{12.4}$$

の力がはたらく．その力の向きは，図 12.11 の紙面表から裏の向きである．この力のベクトル $\boldsymbol{F}$ は，電流のベクトル $\boldsymbol{I}$ と磁束密度のベクトル $\boldsymbol{B}$ を用いて，

$$\boxed{\boldsymbol{F} = \boldsymbol{I} \times \boldsymbol{B}l} \tag{12.5}$$

と書ける．

例題 12.5　電流に作用する力とローレンツ力　電荷が移動することによって電流が流れることを考慮すると，式 (12.5) で表される力は，ローレンツ力 (12.2) から導かれることを示せ．

解答　断面積 S，長さ l の導線に大きさ I の電流が流れているとする．導線内を自由に動くことのできる電荷 q の数密度 (単位体積中の電荷の数) を n，電荷が電流の向きに移動する速さを v とすると，電流の大きさ I と導線内の電荷の数 N は，

$$I = qnSv, \qquad N = nSl$$

と書ける．

図 12.12 のように,導線と角 θ の向きに磁束密度 B の磁場がかけられている場合,導線内の N 個の電荷に作用する力は,紙面表から裏の向き,すなわち電流 I に作用する力の向きに一致し,その合力の大きさ Nf は,ローレンツ力の大きさ (12.1) を用いて,

$$Nf = nSl \cdot qvB\sin\theta = qnSv \cdot Bl\sin\theta = IBl\sin\theta$$

となり,式 (12.4) で与えられる電流にはたらく力の大きさ F に一致する.こうして,式 (12.5) で表される力 $\boldsymbol{F}$ は式 (12.2) で与えられるローレンツ力 $\boldsymbol{f}$ から導かれる. ∎

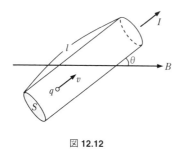

図 **12.12**

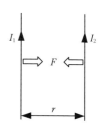

図 **12.13** 同じ向きの電流間に作用する力

直線電流間に作用する力 図 12.13 のように,真空中で距離 r だけ離れた十分長い 2 本の平行導線に,強さ I_1 と I_2 の電流が流れている場合を考える.実験によれば,電流間に作用する力は,2 つの電流が同じ向きのとき引力で,逆向きのとき斥力となり,その強さは電流 I_1 と I_2 の積に比例し,距離 r に反比例することがわかる.そこで,その比例定数を $\mu_0/2\pi$ とおいて,**真空の透磁率**(permeability of vacuum)[**磁気定数**(magnetic constant) ともいう] μ_0 を定義する.そうすると,無限に長い直線電流間に作用する力の強さ F は長さ l あたり,

$$F = \frac{\mu_0 I_1 I_2 l}{2\pi r} \tag{12.6}$$

と表される.

電流の定義 真空中で 1 m 離れた 2 本の直線導線に同じ強さの電流を流すとき,それぞれの導線の 1 m あたりにはたらく力の強さが 2×10^{-7} N となる電流を 1 A と定義する.この定義を式 (12.6) に用いると,

$$\mu_0 = 4\pi \times 10^{-7} \mathrm{N/A^2}$$

と定められる.

(4) ホール効果

11.3 節の (3) で説明したように，半導体には，正電荷をもつ正孔がキャリアとなって電流を流す P 型半導体と，負電荷をもつ自由電子がキャリアとなって電流を流す N 型半導体がある．ただし，現在では，いろいろな物質を混ぜ合わせることにより，多種多様な半導体がつくられている．そのような場合，作成した半導体が P 型か N 型かを判定する簡便な方法として，**ホール効果**(Hall effect) の実験がある．この実験を行うと，P 型か N 型かを判定できるだけでなく，そのキャリアの数密度まですぐに求めることができ，たいへん便利である．

例題 12.6 ホール効果の原理　図 12.14 のように，各辺の長さが a, b, c の直方体の P 型半導体試料 (キャリアが正孔) の y 方向に電圧をかけて電流 I を流す．それと同時に z 方向に磁束密度 B の磁場をかけた．このとき，x 軸正方向の側面 α と負方向の側面 β のどちらの電位が高くなるか．また，この試料が N 型半導体 (キャリアが電子) であったとすると，どちらの電位が高くなるか．

いま，側面 α と側面 β の間の電位差を測定したら V であった．このことから，この試料のキャリアの数密度 (単位体積あたりのキャリアの数) を求めよ．ただし，正孔の電荷を e (電子の電荷は $-e$) とする．

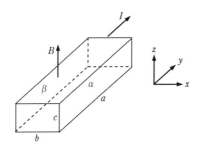

図 **12.14**

解答　正孔が電流の方向に移動する平均の速さを v とすると，電流 I は，

$$I = enbcv \tag{12.7}$$

と書ける．正孔は，磁場からローレンツ力を $+x$ 方向に受けるため，側面 α に正電荷がたまり，側面 α の電位が高くなる．もし，この試料が N 型半導体であるならば，電子は

$-y$ 方向に移動し,磁場からローレンツ力を $+x$ 方向に受けるため,側面 α に負電荷がたまり,側面 β の電位が高くなる.

側面 α と β の間に電位差 V が生じるとき,x 方向に大きさ $E = V/b$ の電場ができ,キャリアには,磁場から受ける $+x$ 方向の大きさ evB のローレンツ力と,電場から受ける $-x$ 方向の大きさ $eE = eV/b$ の力が作用してつり合う.よって,

$$evB = \frac{eV}{b} \qquad \therefore \quad V = vBb \tag{12.8}$$

式 (12.7) と式 (12.8) から v を消去して,

$$n = \frac{BI}{ecV}$$

を得る.c は試料の大きさであり,B はかける磁場の強さであるからはじめからわかっている.そこで,回路に流れる電流 I と側面間の電位差 V を測定すれば,定数 e を用いて数密度 n が求められる. ∎

12.2 電流のつくる磁場

12.1 節で,電荷が電場をつくるように,磁場をつくる「単磁極 (正または負の単独の磁荷) は存在しないと考えられる」と述べたが,それでは,磁場はどのようにしてつくられるのであろうか.実験によれば,電流が流れるとその周囲に磁場ができることがわかる.まず,どのような電流が流れるとどのような磁場ができるのか,確認しておこう.

(1) いろいろな電流のつくる磁場

直線電流による磁場　式 (12.6) に式 (12.5) を適用すると,直線電流のつくる磁場の表式を得ることができる.電流 I_2 の位置に,図 12.13 の紙面表から裏の向きに磁束密度の強さ B の磁場ができるとすると,長さ l の I_2 に作用する I_1 に向かう向きの力の強さは $F = I_2 Bl$ となる.このことから,真空中で強さ I の直線電流から距離 r だけ離れた点に生じる磁束密度の大きさ B を与える表式は,

$$\boxed{B = \frac{\mu_0 I}{2\pi r}} \tag{12.9}$$

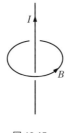

図 **12.15**

と書ける．このときの磁束密度 B の向きは，図 12.15 のように，電流 I の向きに進む右ねじの回る向き [**右ねじの規則**(rule of right-handed screw)] となる．

円電流の中心に生じる磁場　図 12.16 のように，半径 a の円形導線に強さ I の電流が流れると，円の中心には，電流の向きに回る右ねじの進む向き (紙面裏から表の向き) に，強さ

$$B = \frac{\mu_0 I}{2a} \tag{12.10}$$

の磁場ができる．

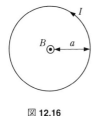

図 **12.16**

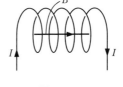

図 **12.17**

ソレノイド内に生じる磁場　図 12.17 のように，円筒状に多数回巻いたコイルを，**ソレノイド**(solenoid) という．内部が真空の十分に長いソレノイドに強さ I の電流を流すとき，その内部に生じる磁束密度の大きさ B は，その軸に沿った単位長さあたりの巻き数を n として，

$$B = \mu_0 n I \tag{12.11}$$

で与えられる．磁場は，ソレノイドの断面内で一様である．

(2) ビオ–サバールの法則 ★

上に述べた直線電流，円電流，ソレノイドの磁場は，実験結果と見なされる．しかし，いろいろな実験結果を与えるだけでは，別の形状の電流を流したときに生じる磁場を予想することはできない．そこで，ビオ (J. B. Biot) とサバール (F. Savart) は，いろいろな実験結果をもとに，それらを統一的に理解することのできる次の法則を見いだした．

図 12.18 のように，任意の形状の定常電流 I が流れている．電流上の任意の点 Q で電流に沿った微小なベクトルを $d\bm{s}$ とするとき，微小区間を流れる電流 $Id\bm{s}$ が，Q から $\bm{r}$ ($|\bm{r}| = r$) の点 P につくる微小磁場 $d\bm{B}$ は，

$$d\bm{B} = \frac{\mu_0}{4\pi}\frac{Id\bm{s} \times \bm{r}}{r^3} \tag{12.12}$$

で与えられる．これを，ビオ–サバールの法則 (Biot–Svart law) という．$Id\bm{s}$ から $\bm{r}$ へ反時計回りの角を θ とすると，$d\bm{B}$ の大きさ dB は，

$$dB = \frac{\mu_0 I \sin\theta}{4\pi r^2}ds \tag{12.13}$$

となる．

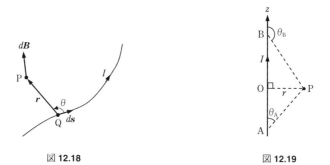

図 12.18 図 12.19

例題 12.7 **直線電流のつくる磁場** 図 12.19 のように，z 軸上の線分 AB 上を点 A ($z = z_A$) から B ($z = z_B$) に向かって流れる強さ I の電流が点 P につくる磁束密度の大きさ B_{AB} を求めよ．ただし，点 P から線分 AB に引いた垂線 PO の長さを r とし，線

分 AP と BP が，点 O を原点とする z 軸の正方向となす角をそれぞれ θ_A, θ_B とする．この結果から，無限に長い強さ I の直線電流から距離 r の点に生じる磁束密度の大きさ B が式 (12.9) で与えられることを示せ．

解答 線分 AB 上に任意の点 Q (座標 z) をとり，線分 QP の長さを R，線分 QP が z 軸正方向となす角を θ とする．点 Q から z 軸に沿った微小区間 dz を流れる電流が点 P に，図 12.20 の紙面の表から裏の向きにつくる微小磁場の強さ dB は，

$$dB = \frac{\mu_0 I \sin\theta}{4\pi R^2} dz$$

と書ける．ここで，

$$\sin\theta = \frac{r}{R}, \quad z = -\frac{r}{\tan\theta} \quad \Rightarrow \quad \frac{dz}{d\theta} = \frac{r}{\sin^2\theta}$$

となることより z から θ への置換積分を実行して，点 P の磁束密度の大きさ B_{AB} は，

$$B_{AB} = \int_{z_A}^{z_B} \frac{\mu_0 I \sin\theta}{4\pi R^2} dz = \frac{\mu_0 I}{4\pi r} \int_{\theta_A}^{\theta_B} \sin\theta \, d\theta = \frac{\mu_0 I}{4\pi r}(\cos\theta_A - \cos\theta_B) \quad (12.14)$$

いま，$z_A \to -\infty$ $(\theta_A \to 0)$，$z_B \to \infty$ $(\theta_B \to \pi)$ として，無限に長い直線電流から距離 r 離れた点に生じる磁束密度の大きさ B は，式 (12.9) で与えられることがわかる．■

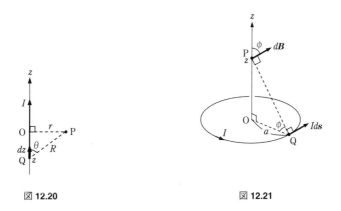

図 12.20　　　　　図 12.21

例題 12.8 円電流のつくる磁場　図 12.21 のように，半径 a の円形導線に強さ I の電流が流れているとき，中心軸上の点 P に生じる磁束密度の大きさ B とその向きを求めよ．ただし，円形導線の中心 O を原点に，中心軸に沿って電流の向きにまわる右ねじの進む向きに z 軸をとり，点 P の座標を z とする．

解答 円形導線上の任意の点を Q とし，∠PQO $= \phi$ とする．点 Q から円形導線に沿った微小区間 ds を流れる電流が点 P につくる微小な磁束密度 $d\boldsymbol{B}$ は，図 12.21 のように，一定の角 ϕ をなすから，点 P に生じる z 軸に垂直な磁場成分は互いに打ち消し合い，点 P の磁場は z 軸正方向を向く．よって，点 P に生じる磁束密度の大きさ B は，P–Q 間の距離は点 Q の位置によらず一定であることに注意して，

$$B = \frac{\mu_0 I}{4\pi} \oint_C \frac{\cos\phi}{a^2 + z^2} ds = \frac{\mu_0 I}{4\pi} \frac{a}{(a^2 + z^2)^{3/2}} \oint_C ds = \frac{\mu_0 I a^2}{2(a^2 + z^2)^{3/2}} \quad (12.15)$$

ここで $\oint_C$ は円形導線 C に沿った 1 周の積分を表し，$\oint_C ds = 2\pi a$ であることを用いた．上式で $z = 0$ とおくと円形導線の中心 O の磁束密度の大きさ (12.10) が導かれる．■

例題 12.9 **ソレノイド内部の磁場** 半径 a で，中心軸に沿った単位長さあたりの巻数が n のソレノイドの中心軸上に生じる磁束密度を求めよう．図 12.22 のように，中心軸に沿って電流 I の流れる向きに回る右ねじの進む向きに z 軸をとり，ソレノイドの下端の導線上の点を A $(z = z_A)$，上端の導線上の点を B $(z = z_B)$ として，原点 O $(z = 0)$ の磁束密度を求めよ．ただし，線分 OA, OB が z 軸となす角をそれぞれ θ_A, θ_B とおき，磁束密度の大きさ B を，θ_A, θ_B などを用いて表せ．

解答 z と $z + dz$ 間を流れる円電流 $nI\,dz$ が点 O につくる磁束密度は，z 軸正方向を向き，その大きさ dB は，式 (12.15) より，

$$dB = \frac{\mu_0 a^2}{2} \cdot \frac{nI\,dz}{(a^2 + z^2)^{3/2}}$$

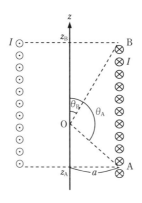

図 **12.22**

ここで，$z = a/\tan\theta$ とおいて，

$$\frac{dz}{d\theta} = -\frac{a}{\sin^2\theta}, \qquad \sin^2\theta = \frac{a^2}{a^2 + z^2}$$

を用いると，点 O の磁束密度の大きさ B は，

$$B = \frac{\mu_0 nI}{2}\int_{z_A}^{z_B}\frac{a^2}{(a^2+z^2)^{3/2}}dz = -\frac{\mu_0 nI}{2}\int_{\theta_A}^{\theta_B}\sin\theta\,d\theta$$
$$= \frac{\mu_0 nI}{2}(\cos\theta_B - \cos\theta_A)$$

また，その向きは "z 軸正方向" である．

ソレノイドが十分に長いとき，$\theta_A \to \pi$, $\theta_B \to 0$ として式 (12.11) を得る．この計算は "ソレノイドの中心軸上の磁場" を求めているだけである．ただし，ソレノイド内にその軸に平行に同じ長さ，同じ巻数で断面の微小なソレノイドを隣接させて多数配置し，各ソレノイドに同じ向きに同じ強さの電流を流せば，微小ソレノイドの隣接した辺に流れる電流は互いに打ち消し合い，もとのソレノイドに流れる電流だけが残る．微小ソレノイドの中心軸上の磁場はすべて式 (12.11) で与えられるから，もとのソレノイド内の磁場は中心軸上に限らず断面内のどこでも一様であり，式 (12.11) で与えられる．

十分長いソレノイドの端の中心軸上の磁束密度 B_1 は，$\theta_A = \pi/2$, $\theta_B \to 0$ として，

$$B_1 = \frac{1}{2}\mu_0 nI \tag{12.16}$$

となる．すなわち，十分長いソレノイドの端の磁場は内部の磁場の $\frac{1}{2}$ となる．　■

(3) アンペールの法則 ★

直線電流のつくる磁場の式 (12.9) は，

$$B \cdot 2\pi r = \mu_0 I \tag{12.17}$$

と書くことができる．式 (12.17) の左辺は (磁束密度)×(磁場に沿った円周経路の長さ) を表しており，右辺は経路内で囲まれた面を貫いて流れる電流を表している．そこで，図 12.23 のように，電流 I を囲む任意の閉曲線 C を考えて，C 上の任意の点 P の磁束密度を $\boldsymbol{B}$ ($|\boldsymbol{B}| = B$)，紙面上の電流の位置を点 O とする．点 P から C 上を，電流 I の向きに進む右ねじの回る向きの微小ベクトルを $\overrightarrow{PP'} = d\boldsymbol{l}$ ($|d\boldsymbol{l}| = dl$) とし，$\angle POP' = d\phi$ とおく．磁束密度 $\boldsymbol{B}$ は，点 O を中心とした半径 OP $= r$ の円の接線方向を向いており，$\boldsymbol{B}$ と $d\boldsymbol{l}$ のなす角を θ とすると，

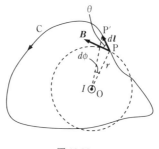

図 **12.23**

$$\boldsymbol{B} \cdot d\boldsymbol{l} = B \cdot dl \cos\theta = B \cdot r\, d\phi = \frac{\mu_0 I}{2\pi r} \cdot r\, d\phi = \frac{\mu_0 I}{2\pi} d\phi$$

となる．上式の，閉曲線 C の 1 周の和を求めて，

$$\oint_C \boldsymbol{B} \cdot d\boldsymbol{l} = \frac{\mu_0 I}{2\pi} \oint_C d\phi = \mu_0 I \tag{12.18}$$

を得る．ここで，$\oint_C d\phi = 2\pi$ となることを用いた．式 (12.18) の左辺の積分は，**線積分**(line integral) とよばれるが，その詳細な計算法などにはふれない．

ここまでは，閉曲線 C で囲まれた曲面 S を 1 本の直線電流が貫く場合であったが，曲面 S を貫く電流 I の形状が直線ではなく任意の形をしていても式 (12.18) は成り立つ[*2]．また，C を貫く電流が連続的に分布していれば，式 (12.18) の右辺の電流 I をそれらの電流の総和 I_0 で置き換えればよい．すなわち，曲面のある点の近傍の微小面積 dS を貫いて流れる電流密度 (曲面の単位面積あたり貫く電流) を $\boldsymbol{j}$ ($|\boldsymbol{j}| = j$)，微小曲面に垂直で大きさが dS に等しいベクトルを $d\boldsymbol{S}$ とすると，この微小曲面を貫く電流は $\boldsymbol{j} \cdot d\boldsymbol{S}$ と表されるから，曲面 S を貫く電流の総和は $I_0 = \int_S \boldsymbol{j} \cdot \boldsymbol{S}$ と書ける[*3]．こうして，一般的に (12.18) は次のように表される．

$$\boxed{\oint_C \boldsymbol{B} \cdot d\boldsymbol{l} = \mu_0 \int_S \boldsymbol{j} \cdot d\boldsymbol{S}} \tag{12.19}$$

式 (12.19) は積分形式の**アンペールの法則**(Ampère's law) とよばれ，15 章で述べるようにマクスウェル–アンペールの法則に一般化される電磁気学の基本法則の 1 つであり，また対称性のよい系の考察などで役立つ重要な法則である．

[*2] ここで証明は省略する．
[*3] 10.1 節の (3) を参照．

例題 12.10 ソレノイド内外の磁場
単位長さあたり n 回巻いた十分に長いソレノイドに強さ I の電流を流したとき，ソレノイド内外の磁場を求めよう．

図 12.24 のように，ソレノイドの中心軸を含む断面をとり，$\overline{BC} = \overline{DA} = l$ で辺 AB, CD の長さが十分に長い長方形の閉回路に，アンペールの法則 (12.19) を適用することにより，ソレノイド内部と外部の磁束密度を求めよ．

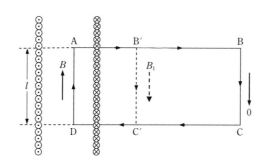

図 **12.24**

解答 ソレノイドは十分に長いので，軸に沿った有限な距離の平行移動ではその対称性に変化はない．したがって磁場はソレノイドの中心軸に平行にできるはずである．よって辺 AD 上の磁束密度は中心軸に平行でどこでも等しい．その磁束密度を B とする．辺 AB, CD は中心軸に垂直であるから，磁束密度のベクトルと回路に沿った変位のベクトルは直交し，その内積はゼロである．また辺 BC はソレノイドから十分遠く離れているから，そこでの磁場をゼロとする*⁴．そうすると式 (12.19) の左辺は $B \cdot l$ に等しい．

一方，長方形の閉回路を貫く導線の数は nl であるから電流の総和は nlI である．こうしてアンペールの法則 (12.19) より，

$$Bl = \mu_0 nlI \quad \therefore \quad B = \mu_0 nI \tag{12.11}$$

いま，辺 AD の位置は，ソレノイド内であればどこにとっても計算は同じであるから，ソレノイド内の磁束密度は，どこでも $\mu_0 nI$ で与えられることがわかる．

次に，長方形の辺 BC をソレノイドの外部ではあるが，ソレノイドに近い B'C' にとってみよう．B'C' での磁束密度は，対称性よりソレノイドの軸に平行であり，どこでも同じ値である．その値を B_1 として，閉回路 AB'C'D に式 (12.19) を適用すると，

$$B \cdot l + B_1 l = \mu_0 nlI$$

---
*⁴ ソレノイドが十分長いので，十分遠方でも磁場はゼロではないと考えることもできるが，ここでは，辺 BC をソレノイドの長さより十分遠方にとることにして 0 とおく．

ここで，式 (12.11) を用いれば，$B_1 = 0$ となる．B′C′ はソレノイドの外部ならばどこにとっても同じだから，ソレノイド外部の磁場はどこでも 0 であることがわかる． ■

12.3 磁 性 体

磁化 鉄でつくられた釘に磁石を近づけると釘は磁石に引き付けられる．これは，釘が磁石の磁場によって**磁化**(magnetization) されて 1 つの磁石になるためである．磁化のされ方は，物質によって大きく異なる．鉄やニッケル，コバルトなどは磁場によって強く磁化される物質であり，このような物質を**強磁性体**(ferromagnetic material) という．また，アルミニウムやマンガンなどの多くの物質では，強磁性体と同様に磁化されるが，磁化の程度は弱い．このような物質を**常磁性体**(paramagnetic material) という．さらに，水や銅，炭素などは，磁石を近づけると強磁性体あるいは常磁性体とは逆向きに弱く磁化され，磁石との間に斥力がはたらく．このような物質を**反磁性体**(diamagnetic material) という．

透磁率と磁場の強さ 物質中では，磁場を表す量として磁束密度 B 以外に，**磁場の強さ**(strength of magnetic field) H を用いると便利である．H は B から磁化による項を除いた量であり，関係式

$$B = \mu H \tag{12.20}$$

で与えられ，μ を**透磁率**(permeability) という．真空中では，真空の透磁率 μ_0 を用いて，

$$B = \mu_0 H \tag{12.21}$$

と書ける．さらに，

$$\mu_r = \frac{\mu}{\mu_0} \tag{12.22}$$

で定義される μ_r を**比透磁率**(relative permeability) という．

　強磁性体の比透磁率は 10^4 程度以上の大きな値になるが，それ以外の物質の比透磁率はほとんど 1 に等しく，常磁性体ではわずかに 1 より大きく，反磁性体ではわずかに 1 より小さい．

13 電磁誘導と回路

前章までは，時間的に変化しない場合の電磁気学を考えてきたが，ここからは時間的に変動する系を考える．閉回路を貫く磁束が時間的に変化すると，回路には誘導起電力が生じる．回路に固定された座標系で見ると，回路に電場が発生し，その電場によって誘導起電力が生じると考えることができる．

また，電磁誘導と相対論の関係をしらべる．さらに本章では，電磁誘導に起因するコイルの自己誘導，相互誘導についても考える．

13.1 電磁誘導

コイルに対して磁石を近づけたり遠ざけたりすると，コイルに起電力が生じて電流が流れる．逆に，磁石を固定してコイルを近づけたり遠ざけたりしても，コイルに起電力が生じて電流が流れ，それらの強さは磁石とコイルの相対的な運動で決まる．

このような現象を**電磁誘導**(electromagnetic induction)，電磁誘導によって生じる起電力を**誘導起電力**(induced electromotive force)，流れる電流を**誘導電流**(induced electric current)という．

ここでは，

$$\text{誘導起電力の大きさ} = \begin{pmatrix} \text{静電気力以外の力が単位} \\ \text{電荷あたりにする仕事量} \end{pmatrix} \quad (13.1)$$

として議論を進めておくことにする[*1].

[*1] 一般的に起電力は，閉回路を考えたときの電場の周回積分として定義されるが，ここでは，議論を単純化して見やすくするために，閉回路を持ち出さずにこのように定義しておく．

(1) 電磁誘導の法則

面積 S の平面に垂直に，磁束密度の大きさ B の一様な磁場がかかっているとき，$\varPhi = BS$ を**磁束**(magnetic flux) という．

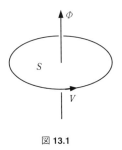

図 **13.1**

図 13.1 のように，1 回巻のコイルを貫く磁束 $\varPhi$ が時間的に変化するとき，コイルには，誘導起電力 V が生じる．このとき，起電力 V は磁束の向きに進む右ねじの回る向きを正の向きとして，

$$V = -\frac{d\varPhi}{dt} \tag{13.2}$$

で与えられる．式 (13.2) の右辺に付けられている負号は，コイルに生じた誘導起電力の向きに流れる電流のつくる磁場が，磁束の変化を妨げる向きであることを示している．誘導起電力が式 (13.2) で与えられる法則を**電磁誘導の法則**(law of electromagnetic induction) といい，電磁気学の基本法則の 1 つと見なされている．

(2) 誘 導 電 場

コイルを貫く磁束が変化してコイルに誘導起電力が生じるとき，コイル内の正電荷には，起電力の向きに力がはたらく．このとき，コイルと内部の正電荷は観測者に対して静止しており，磁場からローレンツ力ははたらかない．したがって，この力を及ぼすのは電場以外にはない．この電場を**誘導電場**(induced electric field) とよぶ．誘導電場の向きは，誘導起電力と同じ向きである．その大きさは，単位電荷が単位長さだけ誘導電場の向きに移動したときの仕事量で与えられる．

半径 r の円形コイル上に正電荷 q があり, 誘導起電力 V によって力を受けてコイルを1周するとき, 電荷 q は qV の仕事をされる. いま, コイル内のどこでも, 誘導電場の大きさ E が一定で, 同じ大きさの力を電荷 q が受けるとすると, E は,

$$qV = qE \cdot 2\pi r \quad \therefore \quad E = \frac{V}{2\pi r}$$

と表される. 9章で考えた静電場を誘導電場と区別して, 特に, **クーロン電場**(Coulomb electric field) とよぶこともある. 静電場に対しては電位を定義することができるが, 誘導電場に対しては電位を定義することはできない.

上の誘導電場は, コイルがなくても任意の閉回路について成り立つ. すなわち, 任意の閉回路 C を貫く磁束の変化率が $d\Phi/dt$ のとき, C には磁束の向きに進む右ねじの回る向きに, $V = -d\Phi/dt$ の誘導起電力が生じ, 誘導起電力の向きに誘導電場 E が発生する (図 13.2).

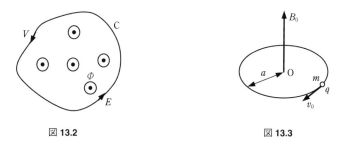

図 **13.2** 　　　　　　　　図 **13.3**

例題 13.1　**ベータトロン**　図 13.3 のように, 一様な磁束密度 B_0 の磁場に垂直に, 質量 m, 正電荷 q の荷電粒子を速さ v_0 で飛び込ませて点 O を中心に半径 a の等速円運動をさせた. その後, 磁束密度を増加させたが, その割合を中心 O 付近で大きく, 粒子の軌道上で小さくしたところ, 粒子は半径 a の円運動を続けながら次第にその速さを増していった. このとき, 半径 a の円軌道内の平均の磁束密度の増加率と, 軌道上の磁束密度の増加率の間にどのような関係が成り立つか求めよ. ただし, 円軌道上での誘導電場の大きさはどこでも等しいとする. このようにして荷電粒子を加速させる装置を**ベータトロン**(betatron) という.

解答　半径 a の円軌道内の磁束の増加率を $d\Phi/dt$ とすると, 円軌道上に荷電粒子の運動方向に誘導電場が生じる. 題意より, その大きさ E はどこでも等しいから,

$$E = \frac{1}{2\pi a}\frac{d\Phi}{dt}$$

となる．いま，円軌道内の平均の磁束密度を $\bar{B}$ とすると，$\bar{B} = \Phi/\pi a^2$ となるから，

$$E = \frac{a}{2}\frac{d\bar{B}}{dt}$$

荷電粒子の円軌道に沿った方向の運動方程式は，

$$m\frac{dv}{dt} = qE = \frac{aq}{2}\frac{d\bar{B}}{dt} \tag{13.3}$$

となる．
　一方，荷電粒子の円運動の式 (中心方向の円運動の運動方程式) は，円軌道上の磁束密度の大きさを B とすると，

$$m\frac{v^2}{a} = qvB \qquad \therefore \quad mv = aqB$$

この式の両辺を t で微分して，

$$m\frac{dv}{dt} = aq\frac{dB}{dt} \tag{13.4}$$

　式 (13.3) と式 (13.4) を比較して，

$$\frac{d\bar{B}}{dt} = 2\frac{dB}{dt}$$

すなわち，"円軌道内の平均の磁束密度の増加率は，軌道上の増加率の 2 倍" である．∎

(3) 積分形式の電磁誘導の法則 ★

　任意の閉回路 C に生じる誘導起電力 V は，電場を経路に沿って積分して得られる．図 13.4 のように，C 上の任意の点 P に生じる誘導電場を $\boldsymbol{E}$，点 P から起電力の向きに進む微小ベクトルを $d\boldsymbol{l}$ とすると，$\boldsymbol{E} \cdot d\boldsymbol{l}$ は C 上を微小変位 $d\boldsymbol{l}$ だけ

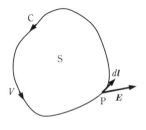

図 **13.4**

進む間の電場 $\boldsymbol{E}$ のする仕事を表すから，C の 1 周に生じる起電力 V は，12.2 節の (3) で述べた線積分を用いて，

$$V = \oint_{\mathrm{C}} \boldsymbol{E} \cdot d\boldsymbol{l}$$

と表される．

一方，閉回路で囲まれた曲面 S を貫く磁束 $\varPhi$ は，S 上の微小曲面 dS を貫く微小磁束 $\boldsymbol{B} \cdot d\boldsymbol{S}$ ($\boldsymbol{B}$ は微小曲面上の磁束密度，$d\boldsymbol{S}$ は微小曲面の法線方向の大きさ dS のベクトル) の S に関する和，すなわち S に関する面積分

$$\varPhi = \int_{\mathrm{S}} \boldsymbol{B} \cdot d\boldsymbol{S}$$

で与えられる．これより，**積分形式の電磁誘導の法則**(law of electromagnetic induction of integral form) は，

$$\oint_{\mathrm{C}} \boldsymbol{E} \cdot d\boldsymbol{l} = -\int_{\mathrm{S}} \frac{\partial \boldsymbol{B}}{\partial t} \cdot d\boldsymbol{S} \tag{13.5}$$

と書ける．ここで，閉回路 C は動かない (すなわち，曲面 S は一定である) とし，$\boldsymbol{B}$ が空間座標と時間座標の関数であることを考慮して，時間微分を積分の中に入れ，常微分 d/dt を偏微分 $\partial/\partial t$ に書き直した[*2]．

13.2 ローレンツ力と誘導起電力

上の電磁誘導と似ている現象に，電荷に磁場からはたらくローレンツ力によって生じる誘導起電力がある．ここでは，そのような誘導起電力と，電場と磁場について考えてみよう．

導体棒に生じる誘導起電力　図 13.5 のように，長さ l の導体棒 AB を，紙面表から裏の向きの一様な磁束密度の大きさ B の磁場に垂直に置き，棒の向きを一定に保ちながら磁場と棒の両方に垂直な方向に一定の速さ v で動かす．導体棒の中には多くの自由電子があり，それに磁場からローレンツ力がはたらく．しかしここ

[*2] 時間に関する偏微分は，空間座標を定数とみなして時間で微分することを表す演算子である．

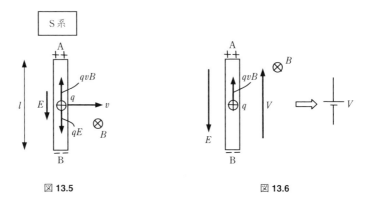

図 **13.5**　　　　　　　図 **13.6**

では，符号を簡単化して議論の本質を見えやすくするために，導体棒の中に，自由に動ける多くの正電荷 q があり，全体が中性に保たれていると考えて，このときの誘導起電力を求める．ここで，観測者が静止している座標系をS系とし，以下，S系で考える．

導体棒 AB とともに動く正の単位電荷には，B→A の向きに大きさ vB のローレンツ力が作用する．その結果，単位電荷が B から A まで距離 l だけ動くときローレンツ力は vBl の仕事をする．これより，式 (13.1) に従って導体棒 AB に生じる誘導起電力の大きさは vBl となる．その結果，端 A には正電荷が，端 B には負電荷がたまり，A から B の向きに静電場が発生し，棒中の電荷に作用する力はすぐにつり合う．そのときの静電場の大きさ E は，力のつり合いより，

$$E = vB$$

と求まり，A–B 間の電位差 V は，

$$V = El = vBl$$

となる．こうして，誘導起電力の大きさ vBl は，A–B 間の電位差 V に等しいことがわかる．

ローレンツ力は，このような電位差を与える誘導起電力を引き起こす．誘導起電力の大きさ $V = vBl$ は，"単位時間あたり導体棒の切る磁束"に等しい．

誘導起電力の向き　この場合の誘導起電力はローレンツ力によって生じるのであるから，その向き B→A は，導体棒とともに動く"正電荷に作用するローレンツ

力の向き"である．起電力の向きは，電位の低い端 B から高い端 A の向きであり，誘導起電力 V は起電力 V の電池で置き換えて考えることができる (図 13.6)．導体棒の中には A→B の向きに静電場 E が生じ，その向きは起電力とは逆向きである．

誘導起電力の求め方 図 13.7 のように，紙面表から裏の向きの一様な磁束密度の大きさ B の磁場の中に，紙面と平行に，抵抗体 R で結ばれた間隔 l の 2 本の導体レール PQ, P'Q' を水平に置き，その上に導体棒 AB を置く．AB がレールと垂直な姿勢を保ちながら右向きに一定の速さ v で動くように外力を加える．導体棒とレールの間に摩擦はなく，抵抗体以外の電気抵抗は無視できる．このとき，導体棒には一定の電流 I が起電力の向き B→A に流れる．

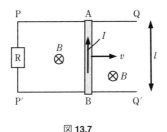

図 **13.7**

このとき回路には，上で求めたように，導体棒内の電荷に磁場からはたらくローレンツ力によって大きさ $V = vBl$ の誘導起電力が生じると考えることができる．この起電力の大きさは，単位時間あたり導体棒が切る磁束に等しく，その分，回路を貫く磁束は増加する．よって，回路に時計回り (P→A→B→P'→P の向き) に生じる誘導起電力 V' は，回路を紙面表から裏の向きに貫く磁束を Φ とすると，

$$V' = -\frac{d\Phi}{dt} = -vBl$$

と表される．これは，反時計回りに生じる誘導起電力の大きさが $V = vBl$ に，すなわち導体棒にローレンツ力によって生じる誘導起電力の大きさに等しいことを示している．

このように，ローレンツ力によって生じる誘導起電力も回路を貫く磁束 Φ を用いて $V' = -d\Phi/dt$ より求めることができる．

一般に，磁場の時間的な変化と導体棒の運動の両方がある場合，回路を貫く磁束を Φ とすると，閉回路に生じる誘導起電力 V は，磁束の向きに進む右ねじの

回る向きを正として，
$$V = -\frac{d\Phi}{dt} \tag{13.2}$$
で与えられる．

ローレンツ力の役割　上で説明したように，磁場中を動く導体棒に生じる誘導起電力はローレンツ力によって引き起こされるが，ローレンツ力は仕事をしない．しかし，電流を流すことによってローレンツ力は力学的エネルギーを電気的エネルギーに変換する役割をする．

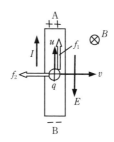

図 **13.8**

先に考えたように，導体棒の中に自由に動ける多くの正電荷 q があるとする．図 13.8 のように，q は導体棒とともに棒に垂直な向きに速さ v で動くだけでなく電流 I の向きにも動いており，その速さを u とする．導体棒に垂直な向きの速度成分 v にはたらくローレンツ力は，B→A の向きに大きさ $f_1 = qvB$，棒に平行な速度成分 u にはたらくローレンツ力は，レールと平行左向きに大きさ $f_2 = quB$ となる．ここで，導体棒が一定の速さで動いているので，f_2 とつり合わせるように導体棒に右向きに加える外力の大きさ F は，
$$F = f_2 = quB$$
したがって，外力のする仕事率 P_0 は，
$$P_0 = F \cdot v = quvB$$
となる．

また，ローレンツ力の大きさ f_1, f_2 の各成分のする仕事率はそれぞれ，
$$P_1 = f_1 \cdot u = quvB, \qquad P_2 = -f_2 \cdot v = -quvB$$

となり，ローレンツ力のする仕事率は総体として，

$$P_1 + P_2 = 0$$

である．

一方，導体棒中にはA→Bの向きに静電場 $E = vB$ が生じているから，正電荷 q は単位時間あたり，

$$P_3 = q(Eu) = quvB$$

だけの電気的位置エネルギーを獲得する．

こうして，この場合のローレンツ力の役割は次のようなものであることがわかる．

「ローレンツ力自身は，総体として仕事をしないが，外力のする力学的仕事を導体内の電荷の電気的エネルギーの増加に変換する役割を果たしている」

例題 13.2 **2本レール上の導体棒の運動** 図 13.9 のように，水平面上に置かれた間隔 d の2本の平行な導体レール AB, A′B′ が固定され，その上に質量 m の導体棒 CD が置かれている．また，2本レールの左端には，内部抵抗の無視できる起電力の大きさ E の電池と，抵抗値 R の抵抗体がつながれ，鉛直下向き (紙面表から裏の向き) に磁束密度の大きさ B の一様な磁場がかけられている．導体棒 CD は2本レール AB, A′B′ と垂直をなしたまま，レール上を摩擦なしに動くことができ，レールと導体棒の間の摩擦，および抵抗体以外の部分で電気抵抗は無視できる．

はじめ，導体棒をレール上で静止させて時刻 $t = 0$ に静かに放したところ，導体棒はレール上を右向きに動き出した．時刻 t における導体棒の速度 v を求めてその v–t グラフ描き，十分に長い時間たったときの速度 v_∞ を求めよ．

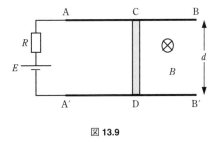

図 **13.9**

解答 導体棒 CD が水平右向きに速さ v で動いているとき，導体棒には D→C の向きに大きさ vBd の誘導起電力が生じる．導体棒を C→D の向きに流れる電流の強さを I

とすると，回路方程式は，
$$E - vBd = RI$$
と書ける．また，導体棒 CD には水平右向きに大きさ IBd の力がはたらくから，CD の運動方程式は，
$$m\frac{dv}{dt} = IBd$$
これら 2 式から I を消去して，$k = (Bd)^2/mR, v_1 = E/Bd$ とおくと，
$$\frac{dv}{dt} = k(v_1 - v)$$
を得る．ここで，この式の両辺を $(v_1 - v)$ で割って t に関して積分し，初期条件「$t=0$ のとき，$v=0$」を用いると，
$$v = v_1(1 - e^{-kt}), \qquad k = \frac{(Bd)^2}{mR}, \qquad v_1 = \frac{E}{Bd}$$
となる．このグラフは，図 13.10 で与えられる．また，$t \to \infty$ のとき，$v \to v_1$ となるから，
$$v_\infty = v_1 = \frac{E}{Bd}$$
である． ∎

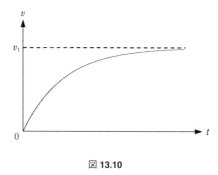

図 **13.10**

例題 13.3 非一様磁場中のコイルの運動 1　S 系で図 13.11 のように，z 軸に沿って置かれた直線導線に $+z$ 方向の一定電流 I が流れている．この状態で，導線は帯電していない．いま，一辺の長さ a の正方形コイル ABCD を x 軸上を x 軸正方向へ一定の速さ v で動かす．面 ABCD はつねに x-z 平面内にあり，コイルの辺 AD はつねに x 軸上にあるとする．コイルの電気抵抗を R とすると，点 A が座標 $x = x_0 \,(>0)$ の点を通過する瞬間にコイルに流れる電流 i を求めよ．

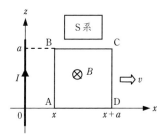

図 **13.11**

解答 ここでは S 系で考察する．

直線電流 I により x 軸上の点 $(x',0,0)$ には，y 軸正方向に強さ

$$B = \frac{\mu_0 I}{2\pi x'}$$

の磁場ができる．よって，正方形コイルを貫く磁束 Φ は，

$$\Phi = \int_x^{x+a} B \cdot a \, dx' = \frac{\mu_0 a I}{2\pi} \int_x^{x+a} \frac{dx'}{x'}$$

と書ける．このとき，コイルに A→B→C→D→A の向きに生じる誘導起電力 $V(x)$ は，

$$V(x) = -\frac{d\Phi}{dt} = -\frac{dx}{dt} \cdot \frac{d\Phi}{dx} = -\frac{\mu_0 a I}{2\pi} \cdot v \cdot \frac{d}{dx} \int_x^{x+a} \frac{dx'}{x'}$$

ここで，b を定数として連続関数に $f(x)$ 対して成り立つ関係式

$$f(x) = \frac{d}{dx} \int_b^x f(x') \, dx'$$

を用いると，

$$V(x) = -av \cdot \frac{\mu_0 I}{2\pi} \left(\frac{1}{x+a} - \frac{1}{x} \right) \tag{13.6}$$

となる．この式の右辺第 1 項は，辺 CD を単位時間あたりに横切ってコイル内に入る磁束，すなわち辺 CD にローレンツ力により D→C の向きに生じる誘導起電力を表し，右辺第 2 項は，辺 AB を横切ってコイルから出る磁束，すなわち辺 AB にローレンツ力により A→B の向きに生じる誘導起電力を表している．したがって S 系では，誘導起電力 (13.6) は，辺 AB と辺 CD にローレンツ力により生じた誘導起電力の，コイル 1 周の和と考えられる．

点 A が $x = x_0$ を通過するとき，A→B→C→D→A の向きに流れる電流 i は，

$$i = \frac{V(x_0)}{R} = \frac{\mu_0 I v}{2\pi R} \cdot \frac{a^2}{x_0(x_0+a)}$$

となる． ∎

13.3 電場と相対論

(1) 座標変換で生じる電場

S 系の一様な磁場中において，導体棒を磁場に垂直に動かす現象を，導体棒とともに動く観測者 (座標系 S′) で考えてみよう (図 13.12)．S′ 系では導体棒中の正電荷は静止しているため，正電荷にローレンツ力は作用しない．しかし，正電荷には B→A の向きに大きさ qvB の力がはたらき，端 A に正電荷が端 B に負電荷がたまることに変わりはないであろう．そうすると，S′ 系ではもとの S 系では生じていなかった電場，すなわち大きさ qvB の力を及ぼす大きさ $E = vB$ の電場が B→A の向きに生じているはずである[*3]．

この電場 E の向きは S 系での誘導起電力と同じ B→A の向きであり，E により導体棒に誘導起電力 $V = vBl$ が生じているように見える．しかし，上で考えた正電荷に，B→A の向きにはたらく力は，電荷が導体棒の内部にあるかどうかによらずはたらくはずであるから，B→A の向きの電場は導体棒内に限らず，磁場が一様であれば，S′ 系で一様に生じる "静電場" である．この静電場内に導体棒が置かれた結果，棒内の電荷が移動し，端 A に正電荷，端 B に負電荷が現れ，導体内に同じ大きさ E の静電場 E' が A→B の向きに生じて，導体内の電場はゼロとなる．これは，一様な静電場中に導体棒を置いたとき，棒の両端に正負の電荷が現れ，棒中の電場は消えて棒が等電位になる静電誘導の現象と同じである．

次に図 13.7 のように，コの字型導線の上に導体棒が載せられて，S 系で見て導体棒が右向きに速さ v で動いている場合をとり，導体棒とともに動く S′ 系で考える (図 13.13)．

[*3] 証明は省くが，厳密には電磁場のローレンツ変換により，大きさ $E = \gamma(v)vB$ [$\gamma(v) = 1/\sqrt{1-v^2/c^2}$，$c$ は真空中の光速] の電場が生じる．ここで，$v \ll c$ とすると，$\gamma(v) \approx 1$ となり，$E = vB$ を得る．

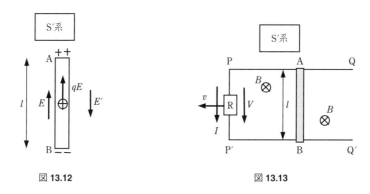

図 13.12　　　　　　　　　図 13.13

　S′系では，導体棒 AB に起電力は生じておらず，P′BAP は等電位である．しかし，抵抗体 R を含む PP′ 部分が左向きに速さ v で動いているため，P→P′ の向きに，ローレンツ力にもとづかれた誘導起電力 $V = vBl$ が生じる．
　このとき，抵抗体に電流 I が流れて，その電圧降下は起電力の大きさに等しい．したがって，この回路の方程式は，

$$vBl = RI$$

となる．

(2) 電場の起源

　(1) で考えたように，S 系で一様磁場が生じているとき，S 系から S′系への座標変換で生じる電場はどのような起源をもつ電場なのであろうか．この電場は，電磁気力が電場 $\boldsymbol{E}$ と磁場 $\boldsymbol{B}$ により式 (12.3) で定義されることによる．このことを，S 系での磁場の源として電流を考えることによりしらべてみよう．

S 系　S 系での一様な静磁場は，十分に広い平面導体板に一様な平面電流が流れることにより生じているとする．図 13.14 のように，慣性系 S で見て，$-x$ 方向に z 軸方向の単位長さあたり強さ I の電流 [これを**電流線密度**(linear density of current) とよぶ] が流れ，導体板は電気的に中性であるとする．導体板には，単位面積あたりの電荷 [これを**電荷面密度**(surface density of charge) とよぶ] $\rho_+ = \rho_0$ の正電荷が一様に分布し，電荷面密度 $\rho_- = -\rho_0$ の負電荷 (自由電子) が $+x$ 方向へ速さ v で等速直線運動をしているとする．このとき，正電荷と負電荷の合計の

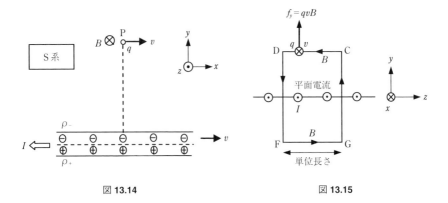

図 13.14　　　　　　　　図 13.15

電荷密度はゼロであり，導体板は帯電していない．したがって，導体板の両側に電場は生じていない．

　導体板から有限な距離だけ離れた点 P を，導体板中の負電荷と同じ速さ v で動いている正の点電荷 q にはたらく電磁気力を考える．導体板を $-x$ 方向に流れる電流面密度の強さは $I = \rho_0 v$ である．ここで，図 13.15 のように，z 方向に単位長さをもつ長方形のループ (y 方向の長さは任意) CDFG をとり，これにアンペールの法則 (12.19) を適用する．導体板は十分に広いので，板の上側には $-z$ 方向に，下側には $+z$ 方向に，同じ強さ B の磁場が板と平行に一様にできる．長方形の辺 DF, GC は磁場と垂直になることに注意すると，

$$2B = \mu_0 I \quad \therefore \quad B = \frac{\mu_0}{2} \rho_0 v$$

となる．したがって，電荷 q には $+y$ 方向にローレンツ力

$$f_y = qvB = \frac{\mu_0}{2} \rho_0 q v^2$$

が作用する．いま，点 P に電場は生じていない．よって，電荷 q にはたらく電磁気力は，上で述べた磁場からはたらくローレンツ力だけである．

S′系　次に図 13.16 のように，S 系に対して $+x$ 方向に速さ v で等速直線運動をしている座標系 S′ から見る．S′ 系では導体板中の電子は静止し，正電荷が速さ v で $-x$ 方向へ動いている．したがって，$-x$ 方向に電流が流れ，点 P には紙面表から裏の向きに磁場が生じる．しかし，電荷 q は静止し，磁場からローレンツ力

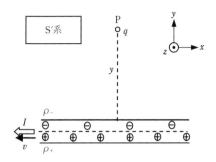

図 **13.16**

は作用しない．よって以下で示すように，S′系では導体板の上側に $+y$ 方向の電場が生じ，電荷 q はこの電場から力を受けているはずである．

相対論と電場 第 III 部の現代物理学入門で学ぶように，特殊相対性理論によれば，速さで v 動いている物体の運動方向の長さは，$1/\gamma(v) = \sqrt{1-v^2/c^2}$ 倍に短くなる．これを，**ローレンツ収縮**(Lorentz contraction) という．このとき，物体の運動に垂直な方向の長さは変化しない．

正電荷について考える．S 系で静止していた正電荷は，S′系では速さ v で $-x$ 方向に動いているから，正電荷間の距離は $1/\gamma(v)$ 倍に短くなる．そうすると，正電荷面密度の大きさは $\gamma(v)$ 倍に増加する．また，S 系では動いていた電子が S′系では静止しているから電子間の距離は $\gamma(v) = 1/\sqrt{1-v^2/c^2}$ 倍に長くなり，負電荷面密度の大きさは $1/\gamma(v)$ 倍に小さくなる．それゆえ正電荷と負電荷 (電子) のそれぞれの電荷面密度 ρ_+ と ρ_- はそれぞれ，

$$\rho_+ = \gamma(v)\rho_0, \qquad \rho_- = -\frac{\rho_0}{\gamma(v)}$$

となる．これより，S′系で導線は電荷面密度 $\rho = \rho_+ + \rho_- > 0$ で正に帯電し，導体板の上下に電場をつくる．ガウスの法則より，点 P に生じる y 方向の電場 E'_y は，

$$\begin{aligned}
E'_y &= \frac{\rho}{2\varepsilon_0} = \frac{\rho_0[\gamma(v) - 1/\gamma(v)]}{2\varepsilon_0} = \gamma(v)\frac{\rho_0\{1 - 1/[\gamma(v)]^2\}}{2\varepsilon_0} \\
&= \gamma(v)\frac{v^2}{c^2}\frac{\rho_0}{2\varepsilon_0} = \gamma(v)\frac{\mu_0}{2}\rho_0 v^2
\end{aligned} \tag{13.7}$$

と書ける．ここで，真空中の光速 c は $c^2 = 1/\varepsilon_0\mu_0$ で与えられる[*4]ことを用いた．式 (13.7) で，速さ v が光速 c に比べて十分小さいとして $\gamma(v) \approx 1$ とすると，qE'_y は S 系でのローレンツ力 f_y を与える．こうして，一様な磁場に対する座標変換で生じる電場は，ローレンツ収縮によって生まれた"電荷を起源とする静電場"であることがわかる[*5]．

(3) 力 の 変 換

相対論を用いると，厳密には S 系で作用するローレンツ力 $f_y = qvB$ と S′ 系で生じる電場による力 $f'_y = qE'_y$ の間には，因子 $\gamma(v)$ だけの違いがある．実際，

$$f'_y = \gamma(v) f_y \tag{13.8}$$

となる．式 (13.8) は，S′ 系の S 系に対する速度に垂直方向の力成分の一般的な変換式である．なお，速度に平行な方向の力成分は変化しないことが知られている．

例題 13.4 非一様磁場中のコイルの運動 2 例題 13.3 で考えた運動方向に非一様な磁場中をコイルが速さ v ($\ll c$) で x 軸正方向に運動する場合，コイルの点 A の座標が $(x, 0, 0)$ の瞬間，コイルに生じる誘導起電力 $V(x)$ を，コイルとともに速さ v で動く座標系 S′(図 13.17) で考えて求めよ．

解答 S′ 系でコイルとともに動く電荷は静止しているから磁場からローレンツ力ははたらかない．したがって，辺 AB，CD には，それぞれ A→B，D→C の向きに電場 $E'_{\mathrm{AB}} = vB_{\mathrm{AB}}$，$E'_{\mathrm{DC}} = vB_{\mathrm{DC}}$[*6]が生じているはずであるが，その強さは等しくなく，$E'_{\mathrm{AB}} > E'_{\mathrm{DC}}$ である．ここで，

$$B_{\mathrm{AB}} = \frac{\mu_0 I}{2\pi x}, \qquad B_{\mathrm{DC}} = \frac{\mu_0 I}{2\pi(x+a)}$$

[*4] 15 章で学ぶ．
[*5] 以上の電場の起源の議論では，説明を簡略化するために，電流の流れている導体板中を移動する電子の速度と同じ速度で移動する S′ 系を考えた．しかし，S′ 系の S 系に対する速度 v が，電流の流れている導体板中を移動する電子の速度 v' と異なっていても，議論はまったく同様に成り立つ．すなわち，S 系から S′ 系への座標変換による粒子間の距離の伸び縮みの割合は $\gamma(v)$ 倍と $1/\gamma(v)$ 倍であり，導体板の帯電は上とまったく同じである．実際，電流が流れているときの電流方向の電子の速度 v' は非常に小さく，通常，導体棒などが移動する速度は，v' より十分大きい．
[*6] $v \ll c$ より $\gamma(v) \approx 1$ とする．

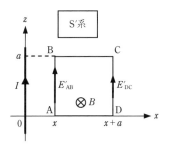

図 **13.17**

である．このとき，磁場の源である直線電流はコイルの速度 v の向きと垂直であるからローレンツ収縮による電荷密度の変化は起きておらず，直線導線は S′ 系で帯電しない．そこで，この電場は，磁場発生源の電荷を起源とする電場とみなすことができず，13.1 節で考えたものと同様の誘導電場と見なされる．コイル 1 周で生じる誘導起電力は，

$$V(x) = (E'_{\text{AB}} - E'_{\text{DC}})a = v(B_{\text{AB}} - B_{\text{DC}})a$$
$$= -av \cdot \frac{\mu_0 I}{2\pi}\left(\frac{1}{x+a} - \frac{1}{x}\right)$$

となる．この結果は，例題 13.3 と一致する． ∎

例題 13.5 **コイルと棒磁石の相対運動** 図 13.18 のように，十分に長い棒磁石を N 極を上にして固定し，1 周の長さ l の円形 1 巻コイルを上から下向きに一定の速度 v ($|\boldsymbol{v}| = v \ll c$) で棒磁石に近づける．このとき，コイルに生じる誘導起電力 V を，棒磁石に固定した S 系で考える場合と，コイルとともに動く S′ 系で考える場合の両方で求めよ．

解答 S 系では，コイル中の正電荷は速度 $\boldsymbol{v}$ で下方に運動し，磁場 $\boldsymbol{B} = (B_\parallel, B_\perp)$ ($B_\parallel$ は $\boldsymbol{B}$ のコイルに平行で外向きの成分，$B_\perp$ は $\boldsymbol{B}$ のコイルに垂直で上向きの成分) が図 13.19 に示す方向にかかっている．正電荷 q にはたらくローレンツ力の大きさ $|\boldsymbol{f}|$ は，

$$|\boldsymbol{f}| = q|\boldsymbol{v} \times \boldsymbol{B}| = qvB_\parallel$$

ここで，$B_\parallel$ の大きさは，棒磁石の中心軸，すなわちコイルの中心軸のまわりの対称性より，コイル上の任意の点で等しい．

上向き ($\boldsymbol{B}$ の向き) に進む右ねじの回る向きを正とすると，コイル 1 周に生じる誘導起電力 V は，式 (13.1) より，

$$V = -vB_\parallel l \tag{13.9}$$

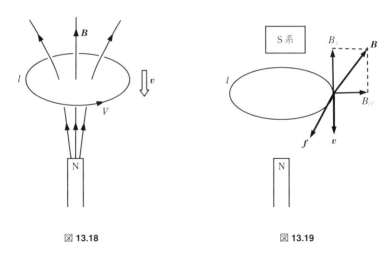

図 13.18　　　　　　　　　図 13.19

となる.

次に，コイルとともに運動している座標系 S′ で考える．このとき，コイルとコイル内の電荷は静止しており，電荷に磁場からローレンツ力は作用しないが，コイルには上向きに進む右ねじの回る向きと逆向きに，大きさ $vB_\parallel$ の誘導電場[*7]が発生し，式 (13.9) で与えられる誘導起電力が生じる.

誘導起電力の大きさ $vB_\parallel l$ は，コイルを上向きに貫く磁束 Φ の単位時間あたりの増加量に等しく，

$$V = -\frac{d\Phi}{dt} = -vB_\parallel l$$

と表される.　　　　　　　　　　　　　　　　　　　　　　　　　　■

13.4　自己誘導と相互誘導

(1)　自己誘導と相互誘導

自己誘導　コイルに流れる電流が変化すると，コイルを貫く磁束が変化し，電磁誘導の法則に従って，コイルに誘導起電力が生じる．そこで，図 13.20 のように，

[*7] たとえば，棒磁石による磁場を，棒に巻かれた導線に流れる電流によるものとしてみよう．この電流の向きは速度 v に垂直であるから，非一様磁場の発生源の電流が流れる導線の電荷密度は変化しない．よって，このときの電場は，磁場発生源の電荷を起源としたものとみなすことができず，13.1 節で考えたものと同様の誘導電場と見なされる．なお，$v \ll c$ として，$\gamma(v) \approx 1$ とする．

13.4 自己誘導と相互誘導

電流 I の向きの起電力 V_s は電流の変化率 dI/dt に比例するとして,その比例定数を $-L$ とおき,V_s を,

$$V_s = -L \frac{dI}{dt} \tag{13.10}$$

と書く.このときの L をコイルの**自己インダクタンス**(self-inductance) という.L に負号が付くのは,起電力の向きが電流の変化を妨げる向きであることを示している.このような現象を**自己誘導**(self-induction) といい,このとき生じる起電力を**自己誘導起電力**(self-induced electromotive force) という.L は,コイルに流れる電流や生じる起電力によらず,コイルの形状で決まる定数である.

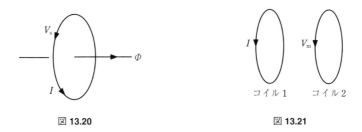

図 **13.20** 図 **13.21**

相互誘導 図 13.21 のように,2 つのコイル 1, 2 があり,コイル 1 に電流 I が流れてコイル 2 を貫く磁束が変化してコイル 2 に誘導起電力 V_m が生じるとき,

$$V_m = -M \frac{dI}{dt} \tag{13.11}$$

と書いて,**相互インダクタンス**(mutual inductance) M を定義する.このような現象を**相互誘導**(mutual induction),このとき生じる起電力を**相互誘導起電力**(mutual-induced electromotive force) という.

例題 13.6 **ソレノイドの自己インダクタンス** 真空中に置かれた断面積 S,長さ l (コイルの断面の半径に比べて十分に長い),単位長さあたり n 回巻いたソレノイドの自己インダクタンスを求めよ.真空の透磁率を μ_0 とする.

解答 十分に長いソレノイドに電流 I を流すとき,内部の磁束密度の大きさは $B = \mu_0 n I$ であるから,ソレノイドを貫く磁束 Φ は,

$$\Phi = BS = \mu_0 n S I$$

電流 I を変化させると，電流の向きにソレノイドの 1 巻きあたり $-d\Phi/dt$ の誘導起電力が生じるから，nl 回巻きのソレノイド全体に電流の向きに生じる誘導起電力 V は，

$$V = -nl\frac{d\Phi}{dt} = -\mu_0 n^2 lS \frac{dI}{dt}$$

これを式 (13.10) と比較して，このソレノイドの自己インダクタンス L は，

$$L = \mu_0 n^2 lS$$

となる． ∎

例題 13.7 **相互インダクタンス** 断面積 S_1，単位長さあたりの巻数 n_1，長さ L の大きなソレノイド 1 の中に，同じ中心軸をもつ断面積 S_2 $(< S_1)$，単位長さあたりの巻数 n_2 で，同じ長さ L のソレノイド 2 が置かれている．図 13.22 には，共通の中心軸を通る平面による断面図が示されている．そこには，それぞれのソレノイドに電流 I_1 と I_2 を流した場合の電流の向きが示されている．ソレノイド 1 から 2 への相互インダクタンス M_{21} と，ソレノイド 2 から 1 への相互インダクタンス M_{12} をそれぞれ求め，$M_{21} = M_{12}$ が成り立つこと [これを**相反定理**(reciprocity theorem) という] を示せ．ただし，ソレノイドの長さ L は，ソレノイドの断面の半径に比べて十分に長く，ソレノイドの途中での磁束の漏れは無視できるとし，真空の誘電率を μ_0 とする．

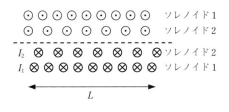

図 **13.22**

[解答] ソレノイド 1 に電流 I_1 を流し，ソレノイド 2 には電流を流さないとき，ソレノイド 1 の内部には，強さ $B_1 = \mu_0 n_1 I_1$ の磁束密度ができ，ソレノイド 2 を貫く磁束は $\Phi_2 = B_1 S_2 = \mu_0 n_1 S_2 I_1$ となる．したがって，ソレノイド 2 に生じる誘導起電力 V_2 は，

$$V_2 = -n_2 L \frac{d\Phi_2}{dt} = -\mu_0 n_1 n_2 S_2 L \frac{dI_1}{dt}$$

と書ける．これを式 (13.11) と比較して，ソレノイド 1 から 2 への相互インダクタンス M_{21} は，

$$M_{21} = \mu_0 n_1 n_2 S_2 L$$

次に，ソレノイド 2 に電流 I_2 を流し，ソレノイド 1 に電流を流さないとき，ソレノイド 2 の内部には，強さ $B_2 = \mu_0 n_2 I_2$ の磁束密度ができるが，ソレノイド 2 の外側の磁束密度はゼロと見なされるから，ソレノイド 1 を貫く磁束は $\Phi_1 = B_2 S_2 = \mu_0 n_2 S_2 I_2$ となる．したがって，ソレノイド 1 に生じる誘導起電力 V_1 は，

$$V_1 = -n_1 L \frac{d\Phi_1}{dt} = -\mu_0 n_1 n_2 S_2 L \frac{dI_2}{dt}$$

と書ける．これよりソレノイド 2 から 1 への相互インダクタンス M_{12} は，

$$M_{12} = \mu_0 n_1 n_2 S_2 L$$

となり，$M_{21} = M_{12}$ となり，相反定理の成り立つことを確認できる． ∎

コイルに蓄えられるエネルギー　コイルに電流が流れると，コイル内に磁場ができ，磁場の形でエネルギーが蓄えられる．図 13.23 のように，自己インダクタンス L のコイルに流れる電流が i から $i + di$ に変化したとすると，コイルには電流と逆向きに $L(di/dt)$ の誘導起電力が発生する．コイルに電流 i が流れているとき，時間 dt の間にコイル中を電荷 $i\,dt$ が電位が $L(di/dt)$ だけ高いところから低いところへ移動する．その結果，電荷は時間 dt の間に $L(di/dt)i\,dt = Li\,di$ の電気的位置エネルギーを失う．この失う位置エネルギーが磁場のエネルギーとしてコイルに蓄えられる．したがって，電流 i が 0 から I まで増加する間にコイルに蓄えられるエネルギーは，

$$\boxed{U_L = \int_0^I Li\,di = \frac{1}{2}LI^2} \tag{13.12}$$

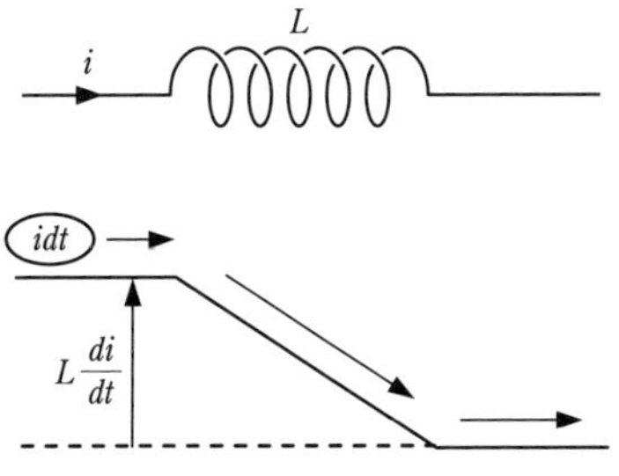

図 **13.23**

となる.こうして,電流 I が流れているとき,コイルには式 (13.12) で表されるエネルギーが蓄えられていることがわかる.コイルに流れる電流が減少するとき,電流は電位の低いところから高いところに流れ,電荷の電気的位置エネルギーは増加する.そのエネルギーはコイル内に蓄えられていたエネルギーから供給され,コイルのエネルギーは減少する.このときコイル内の磁場も弱くなる.

(2) コイルに流れる電流と磁束

巻数 N_1 のコイル 1 と巻数 N_2 のコイル 2 があり,コイル 1 には電流 i_1 がコイル 2 には電流 i_2 が流れている.このとき,コイル 1 に生じる誘導起電力 V_1 は,コイル 1 の自己誘導起電力とコイル 2 からの相互誘導起電力の和であり,コイル 2 に生じる起電力 V_2 は,コイル 1 からの相互誘導起電力とコイル 2 の自己誘導起電力の和である.したがって,コイル 1, 2 を貫く磁束をそれぞれ Φ_1, Φ_2,自己インダクタンスをそれぞれ L_1, L_2,コイル 2 から 1 への相互インダクタンスを M_{12},コイル 1 から 2 への相互インダクタンスを M_{21} とすると,V_1, V_2 はそれぞれ,

$$V_1 = -N_1 \frac{d\Phi_1}{dt} = -L_1 \frac{di_1}{dt} - M_{12} \frac{di_2}{dt}$$
$$V_2 = -N_2 \frac{d\Phi_2}{dt} = -M_{21} \frac{di_1}{dt} - L_2 \frac{di_2}{dt}$$
(13.13)

と書ける.これらの式の両辺を t で積分し,コイル 1, 2 を流れる電流をそれぞれ I_1, I_2 とすると,磁束 Φ_1, Φ_2 の間に,

$$N_1 \Phi_1 = L_1 I_1 + M_{12} I_2$$
$$N_2 \Phi_2 = M_{21} I_1 + L_2 I_2$$
(13.14)

の関係式が成り立つ.このとき,ソレノイドのようなコイル構造をしていなくても,一般的に,相反定理

$$M_{12} = M_{21}$$

が成り立つ[*8].

[*8] 証明は省略する.

例題 13.8 環状鉄心に巻かれた2つのコイル ★
図 13.24 のように,透磁率 μ,断面積 S,平均の長さ l の環状鉄心に,巻数 N_1 のコイル 1 と巻数 N_2 のコイル 2 が巻いてある.鉄心内部の磁束は,鉄心の側面から外部に漏れることはないとする.ただし,鉄心は細く,鉄心内の磁束密度はどこでも同じ強さと見なせるものとする.一様な透磁率 μ の物質内を通る閉曲線に対しては,式 (12.19) の右辺の μ_0 を μ に置き換えるだけでアンペールの法則を用いることができる[*9].

(a) コイル 1 と 2 の自己インダクタンス L_1, L_2,相互インダクタンス M_{12}, M_{21} を求め,それらの間に成り立つ関係を求めよ.
(b) 2つのコイルをつなぎ,同じ向きに電流を流す場合,これらを 1 つのコイルと見たときの自己インダクタンス L_+ を求めよ.
(c) 2つのコイルをつなぎ,逆向きに電流を流す場合,これらを 1 つのコイルと見たときの自己インダクタンス L_- を求めよ.

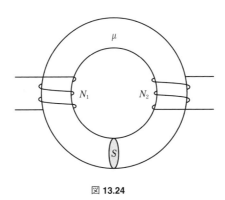

図 **13.24**

解答 (a) まず,コイル 1 に電流 I_1 が流れ,コイル 2 に電流が流れていない ($I_2 = 0$) とする.

鉄心内の磁束密度の大きさを B として,鉄心内部を鉄心に沿って 1 周する閉曲線 C (C で囲まれた曲面を S とする) にアンペールの法則を適用する.$\oint_C \boldsymbol{B} \cdot d\boldsymbol{l} = B \cdot l$ と $\int_S \boldsymbol{j} \cdot d\boldsymbol{S} = N_1 I_1$ より,

$$Bl = \mu N_1 I_1 \qquad \therefore \quad B = \frac{\mu N_1 I_1}{l}$$

[*9] 物質内での一般的なアンペールの法則は,本書では扱わない.

これより，コイル 1 と 2 を貫く磁束 Φ_1, Φ_2 は，
$$\Phi_1 = \Phi_2 = BS = \frac{\mu N_1 S}{l} I_1$$
となるから，式 (13.14) より，
$$N_1 \Phi_1 = L_1 I_1 \qquad \therefore \quad L_1 = \frac{\mu N_1^2 S}{l}$$
$$N_2 \Phi_2 = M_{21} I_1 \qquad \therefore \quad M_{21} = \frac{\mu N_1 N_2 S}{l}$$

次に，コイル 1 に電流が流れず ($I_1 = 0$)，コイル 2 に電流 I_2 が流れているとする．鉄心内の磁束密度の大きさを B' とすると，$B' = \mu N_2 I_2 / l$ となるから，
$$\Phi_1 = \Phi_2 = B'S = \frac{\mu N_2 S}{l} I_2$$
式 (13.14) より，
$$N_1 \Phi_1 = M_{12} I_2 \qquad \therefore \quad M_{12} = \frac{\mu N_1 N_2 S}{l} = \mu_{21}$$
$$N_2 \Phi_2 = L_2 I_2 \qquad \therefore \quad L_2 = \frac{\mu N_2^2 S}{l}$$
これらより，$M_{21} = M_{12} = M$ とおくと，関係式
$$L_1 L_2 = M^2$$
が成り立つ．

(b) 合成コイルを貫く磁束を Φ_+，流れる電流を I とすると，鉄心内の磁束密度は，$B_+ = \mu(N_1 + N_2)I/l$ であるから，
$$(N_1 + N_2)\Phi_+ = (N_1 + N_2)B_+ S = \frac{\mu(N_1 + N_2)^2 S}{l} I$$
$$= \left(\frac{\mu N_1^2 S}{l} + \frac{\mu N_2^2 S}{l} + 2\frac{\mu N_1 N_2 S}{l} \right) I = (L_1 + L_2 + 2M)I$$
となる．この値を $L_+ I$ に等しいとおいて，
$$L_+ = L_1 + L_2 + 2M$$

(c) 鉄心内の磁束密度は，$B_- = \mu(N_1 - N_2)I/l$ であるから，(b) と同様にして，
$$L_- = L_1 + L_2 - 2M$$
となる． ∎

14 交流と電気振動

回路の一方向に流れずに振動する電流を交流という．まず電磁誘導による交流の発生を考え，コイルやコンデンサーなどを含む交流回路をしらべる．RLC 直列交流回路，交流のベクトル表現についても学習する．

次に，コイルとコンデンサーによる電気振動回路を取り上げる．この回路は，キルヒホッフの第 2 法則の式 (回路方程式) を書いてみるとわかるように，回路の単振動である．

14.1 交　　流

(1) 交 流 の 発 生

一様な磁場中でコイルを一定の角速度で回転させると，コイルの両端に交流電圧が発生する．

図 14.1 のように，一様な磁束密度の大きさ B の磁場中を，面積 S の 1 巻きの長方形コイル CDEF が，手前から見て反時計回りに一定の角速度 ω で回転している．時刻 $t=0$ において，辺 CD を図の下側にして長方形の面が磁場と垂直に

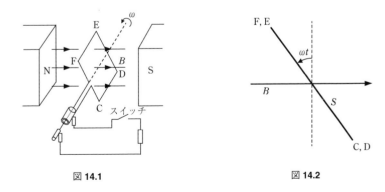

図 14.1　　　　　　　　　図 14.2

— 205 —

なっていたとする．そうすると，時刻 t においてコイル貫く磁束 Φ は，

$$\Phi = BS\cos\omega t \tag{14.1}$$

と変化する (図 14.2)．この現象は，磁場は時間的に変化せず，コイルが回転運動しているものであるが，電磁誘導はまったく相対的なものであったことを思い出すと，コイルは静止し，コイルを貫く磁場が式 (14.1) で与えられるように変化すると考えても同じである．したがって，コイルに磁場の正の向きに進む右ねじの回る向き，すなわち C→ D→ E→ F の向きに生じる誘導起電力 v は，電磁誘導の法則の式 (13.2) より，

$$\begin{aligned} v &= -\frac{d\Phi}{dt} = BS\omega\sin\omega t \\ &= v_0 \sin\omega t \end{aligned} \tag{14.2}$$

で与えられる．ここで，$v_0 = BS\omega$ とおいた．式 (14.2) は，次のように考えて導くこともできる．コイルに生じる誘導起電力の大きさは，辺 CD と辺 EF が単位時間に切る磁束に等しく，その向きは，辺 CD, EF 中の正電荷に作用するローレンツ力の向きである (次の例題 14.1 参照).

例題 14.1 **コイルに生じる誘導起電力** 図 14.1 のようにコイルが回転するとき，辺 CD に生じる誘導起電力を求めて式 (14.2) を導け．

解答 辺 CD, EF の長さを $2a$，辺 DE, FC の長さを $2b$ とすると，辺 CD と EF は速さ $b\omega$ で等速円運動をしているから，辺 CD が単位時間に切る磁束は，$B \cdot 2a \cdot b\omega \sin\omega t$

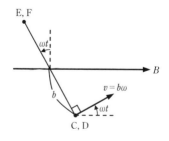

図 **14.3**

である (図 14.3). また，辺 CD とともに運動している正電荷に作用するローレンツ力の向きは，C→D の向きとなる．したがって，辺 CD に生じる誘導起電力は C→D の向きに，

$$V_{\text{CD}} = \frac{1}{2}BS\omega \sin\omega t$$

となる．辺 EF にも同様の起電力が E→F の向きに生じるから，長方形コイル CDEF に生じる誘導起電力は，式 (14.2) で与えられる． ∎

(2) 実効値と各素子に流れる交流

交流電源の電圧が，振幅を v_0，角振動数を ω として式 (14.2) で与えられるとし，そのとき回路に流れる電流が，振幅を i_0，初期位相を ϕ として，

$$i = i_0 \sin(\omega t + \phi) \tag{14.3}$$

で与えられるとする．

実効値　交流の電圧や電流は時間 t の正弦関数で与えられるため，1 周期 T にわたって平均すると，

$$\bar{v} \equiv \frac{1}{T}\int_0^T v\,dt = 0, \qquad \bar{i} \equiv \frac{1}{T}\int_0^T i\,dt = 0$$

となる．これでは，どの程度の強さの交流電圧あるいは交流電流なのかがわからない．そこで，2 乗平均したものの平方根を**実効値**(effective value) とよび，大きさの目安とする．

式 (14.2) で与えられる交流電圧の実効値 $V = \sqrt{\overline{v^2}}$ は，

$$\overline{v^2} = \frac{1}{T}\int_0^T v^2 dt = \frac{v_0^2}{T}\int_0^T \sin^2\omega t\,dt = \frac{v_0^2}{T}\int_0^T \frac{1-\cos 2\omega t}{2}dt = \frac{1}{2}v_0^2$$

より，$V = v_0/\sqrt{2}$ となる．ここで，$\int_0^T \cos 2\omega t\,dt = 0$ を用いた．

式 (14.3) で与えられる電流に対しても同様であり，交流電圧と交流電流の実効値 V, I は，それぞれの振幅 v_0, i_0 を用いて，次のように与えられる．

$$\boxed{V = \frac{v_0}{\sqrt{2}}, \qquad I = \frac{i_0}{\sqrt{2}}} \tag{14.4}$$

抵抗に流れる交流 図 14.4 のように，抵抗 R に交流電圧 $v = v_0 \sin \omega t$ がかかり，交流電流 i が流れる場合，$v = Ri$ より，

$$i = \frac{v}{R} = \frac{v_0}{R} \sin \omega t$$

となり，電圧と電流の間に位相差は生じない．このとき，抵抗で消費される電力 p は，単位時間あたり抵抗を流れる電流により，電荷が失う電気的位置エネルギーであるから，

$$p = vi = \frac{v_0^2}{R} \sin^2 \omega t$$

となる．1 周期にわたる平均の消費電力 P は，

$$P = \frac{v_0^2}{R} \overline{\sin^2 \omega t} = \frac{v_0^2}{2R}$$

となり，実効値を用いて表すと，

$$P = VI = RI^2 = \frac{V^2}{R}$$

と書ける．

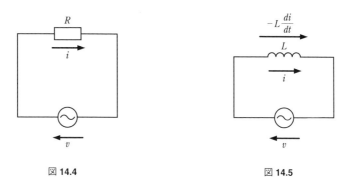

図 14.4　　　　　図 14.5

コイルに流れる交流 図 14.5 のように，自己インダクタンス L のコイルに，交流電圧 $v = v_0 \sin \omega t$ がかかったときに流れる電流 i を考える．このとき，回路を時計回りに流れる電流を正とする．

電流の正の向きと同じ向きにコイルに生じる誘導起電力は，$-L(di/dt)$ と書けるから，回路方程式は，

$$v - L\frac{di}{dt} = 0 \qquad \therefore \quad \frac{di}{dt} = \frac{v_0}{L} \sin \omega t$$

となる.この式の両辺を t で積分する.積分定数を D として,

$$i = -\frac{v_0}{\omega L}\cos\omega t + D$$

となる.ここで,十分に時間がたったときを考えると,電流は $i=0$ を中心に振動するはずであるから[*1],$D=0$ とおくことができ,電流の表式

$$i = -i_0\cos\omega t = i_0\sin\left(\omega t - \frac{\pi}{2}\right), \qquad i_0 = \frac{v_0}{\omega L} \tag{14.5}$$

を得る.式 (14.5) を電圧の式 (14.2) と比べると,位相が $\pi/2$ だけ遅れている [式 (14.5) の位相の式で,$\pi/2$ の前の負符号が「遅れる」ことを示している] ことがわかる.これは,「コイルには自己誘導があるため,電圧がかかると少しずつ電流が流れるようになるため」である.また,電圧と電流の振幅の比 v_0/i_0 は,実効値の比 V/I に等しく,その比の値は,

$$\boxed{X_{\mathrm{L}} = \frac{V}{I} = \frac{v_0}{i_0} = \omega L} \tag{14.6}$$

となる.このときの X_{L} を**誘導リアクタンス**(inductive reactance) という.

コイルでの消費電力 p は,

$$p = vi = -v_0 i_0 \sin\omega t\cos\omega t = -\frac{1}{2}v_0 i_0 \sin 2\omega t$$

となり,平均の消費電力 P は,

$$P = -\frac{1}{2}v_0 i_0 \overline{\sin 2\omega t} = 0$$

である.すなわち,コイルに蓄えられるエネルギーは,回路に戻ることができ,**コイルでは平均としてエネルギーは消費されない**.

コンデンサーに流れる交流 図 14.6 のように,電気容量 C のコンデンサーに,交流電圧 $v = v_0\sin\omega t$ がかかったとき流れる電流 i (時計回りに流れる電流を正) を求めよう.コンデンサーに蓄えられる電荷を q とすると,回路方程式は,

---

[*1] 厳密には回路にわずかに電気抵抗があると考えて回路方程式を立て,それを解いて $t\to\infty$ でのふるまいをしらべればわかる.このとき回路方程式は 1 階の微分方程式となり解くことができる.その解で $R\to 0$ とすればここで示す式が導かれる.ここではそのような数学的な計算は行わない.

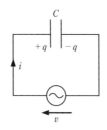

図 **14.6**

$$v - \frac{q}{C} = 0 \qquad \therefore \quad q = Cv = Cv_0 \sin\omega t$$

となり,流れる電流 i は,

$$i = \frac{dq}{dt} = \omega C v_0 \cos\omega t = i_0 \sin\left(\omega t + \frac{\pi}{2}\right) \tag{14.7}$$

と書ける.これより,コンデンサーに流れる電流の位相は,電圧より $\pi/2$ 進むことがわかる.これは,「コンデンサーに電流が流れて電荷がたまって電圧がかかるためである」.

また,$i_0 = \omega C v_0$ より,

$$\boxed{X_C = \frac{V}{I} = \frac{v_0}{i_0} = \frac{1}{\omega C}} \tag{14.8}$$

を**容量リアクタンス**(capacitive reactance) という.

コンデンサーでの消費電力 p は,

$$p = vi = v_0 i_0 \sin\omega t \cos\omega t = \frac{1}{2} v_0 i_0 \sin 2\omega t$$

となり,その平均値 P は,

$$P = \frac{1}{2} v_0 i_0 \,\overline{\sin 2\omega t} = 0$$

となる.すなわち,コンデンサーに蓄えられるエネルギーも,回路に戻ることができ,**コンデンサーでは平均としてエネルギーは消費されない**.

(3) RLC 直列交流回路

図 14.7 のように，抵抗値 R の抵抗体，自己インダクタンス L のコイル，電気容量 C のコンデンサー，および角振動数 ω の交流電源を直列につないだ回路を考える．回路を接続してから十分に時間がたったとき，回路に時計回り流れる電流を $i = i_0 \sin \omega t$ として，この直列回路にかかる電圧 v を求めよう[*2]．

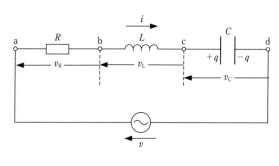

図 **14.7**

抵抗にかかる電圧 (点 b に対する点 a の電位) v_R は，

$$v_R = Ri = R i_0 \sin \omega t$$

コイルにかかる電圧 (点 c に対する点 b の電位) v_L は，

$$v_L = L \frac{di}{dt} = \omega L i_0 \cos \omega t$$

コンデンサーにかかる電圧 v_C は，コンデンサーにたまる電荷を $q = C v_C$ とすると，

$$i = \frac{dq}{dt} = C \frac{dv_C}{dt}, \qquad i = i_0 \sin \omega t$$

となるから，

$$\frac{dv_C}{dt} = \frac{i_0}{C} \sin \omega t \qquad \therefore \quad v_C = -\frac{i_0}{\omega C} \cos \omega t$$

となる[*3]．これより，直列回路にかかる電圧 (点 d に対する点 a の電位) v は，

[*2] 直列回路では，時刻 t の瞬間，抵抗，コイル，コンデンサーに同位相の電流 $i = i_0 \sin \omega t$ が流れることに注意しよう．

[*3] コンデンサーにかかる電圧 v_C は，電流 $i = i_0 \sin \omega t$ より位相が $\pi/2$ 遅れ，容量リアクタンスが $1/\omega C$ であることから，$v_C = (i_0/\omega C) \sin(\omega t - \pi/2) = -(i_0/\omega C) \cos \omega t$ と求めてもよい．コイルにかかる電圧も同様である．

$$v = v_R + v_L + v_C = i_0 \left[R \sin\omega t + \left(\omega L - \frac{1}{\omega C}\right) \cos\omega t \right]$$
$$= i_0 \sqrt{R^2 + \left(\omega L - \frac{1}{\omega C}\right)^2} \sin(\omega t + \phi) \qquad \left(-\frac{\pi}{2} \le \phi \le \frac{\pi}{2}\right)$$

と書ける．ここで，電圧と電流の位相差 ϕ は，

$$\boxed{\tan\phi = \frac{\omega L - \dfrac{1}{\omega C}}{R}} \qquad (14.9)$$

で与えられる．

電圧の振幅

$$v_0 = i_0 \sqrt{R^2 + \left(\omega L - \frac{1}{\omega C}\right)^2}$$

と電流の振幅 i_0 の比

$$\boxed{Z = \frac{v_0}{i_0} = \sqrt{R^2 + \left(\omega L - \frac{1}{\omega C}\right)^2}} \qquad (14.10)$$

をインピーダンス(impedance)という．位相差の式 (14.9) とインピーダンスの式 (14.10) は，抵抗がない場合 $R=0$，コイルがない場合 $\omega L = 0$，コンデンサーがない場合 $1/\omega C = 0$ として，抵抗，コイル，コンデンサーの一部が直列につながれたいろいろな回路に用いることができる．ただし，式 (14.9) で $R \to 0$ の場合，$\omega L > 1/\omega C$ のとき $\phi \to \pi/2$, $\omega L < 1/\omega C$ のとき $\phi \to -\pi/2$ とすればよい．

(4) 交流のベクトル表現

RLC 直列交流回路を，実効値を用いて考えてみよう．抵抗，コイル，コンデンサーにかかる電圧の実効値をそれぞれ V_R, V_L, V_C，電流の実効値を I とすると，

$$V_R = RI, \qquad V_L = \omega L I, \qquad V_C = \frac{1}{\omega C} I \qquad (14.11)$$

となる．そのとき，図 14.8 の RLC 直列回路にかかる電圧の実効値 V は，V_R, V_L, V_C の和ではない．抵抗，コイル，コンデンサーにかかる電圧の位相が異なるからで

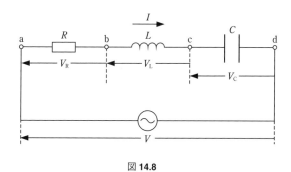

図 **14.8**

ある. そこで, 実効値に位相差を考慮して交流回路を考えるには, 大きさがそれぞれの実効値に等しく, 偏角が位相を表すベクトルを用いるのが便利である.

直列回路では, 電流はどこでも同位相で流れるから, 図 14.9 のように, 電流を表すベクトル $\boldsymbol{I}$ ($|\boldsymbol{I}| = I$) を水平右向きにとろう. 抵抗にかかる電圧 v_R と電流 i は同位相であるから, 抵抗にかかる電圧を表すベクトル $\boldsymbol{V}_R$ ($|\boldsymbol{V}_R| = V_R$) は $\boldsymbol{I}$ と平行である. コイルにかかる電圧 v_L は電流 i より位相が $\pi/2$ 進んでいるから, コイルにかかる電圧を表すベクトル $\boldsymbol{V}_L$ ($|\boldsymbol{V}_L| = V_L$) は, $\boldsymbol{I}$ より正の向き (反時計回り) に $\pi/2$ だけ回転させ, 上向きにとる. コンデンサーにかかる電圧 v_C は, 電流 i より位相が $\pi/2$ 遅れているから, コンデンサーにかかる電圧を表すベクトル $\boldsymbol{V}_C$ ($|\boldsymbol{V}_C| = V_C$) は, $\boldsymbol{I}$ より負の向き (時計回り) に $\pi/2$ だけ回転させ, 下向きにとる. そのとき, 直列回路にかかる電圧を表すベクトル $\boldsymbol{V}$ は,

$$\boldsymbol{V} = \boldsymbol{V}_R + \boldsymbol{V}_L + \boldsymbol{V}_C$$

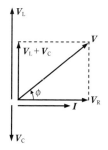

図 **14.9**

となり，その大きさである回路にかかる電圧の実効値 V は式 (14.11) を用いて，

$$V = \sqrt{V_R^2 + (V_L - V_C)^2} = I\sqrt{R^2 + \left(\omega L - \frac{1}{\omega C}\right)^2}$$

と書ける．ここで，$V = IZ$ とおいて，インピーダンス Z の表式 (14.10) を得る．

位相差 ϕ は，ベクトル $\boldsymbol{V}$ と $\boldsymbol{I}$ のなす角であり，$\tan\phi = (V_L - V_C)/V_R$ より式 (14.9) を得る．

最後に，交流回路の消費電力を考える．コイルとコンデンサーでは平均として電力は消費されないので，RLC 直列回路での平均の消費電力 P は，

$$P = RI^2 = V_R I = (V\cos\phi)I = VI\cos\phi$$

となる．ここで，$\cos\phi$ を**力率**(power factor) という．

例題 14.2 **並列共振回路** 図 14.10 のように，自己インダクタンス L のコイルと電気容量 C のコンデンサーを並列につなぎ，それに抵抗値 R の抵抗体と内部抵抗の無視できる交流電源を直列につないだ回路を考える．この回路を接続してから十分に時間がたったとき，点 b に対する点 a の電位が $v_0 \sin\omega t$ で与えられるとする．抵抗体に流れる電流がゼロになる角振動数 ω を求め，そのときの交流電源の起電力 v を求めよ．

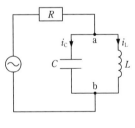

図 **14.10**

解答 コイルおよびコンデンサーに流れる電流 i_L, i_C は，

$$i_L = \frac{v_0}{\omega L}\sin\left(\omega t - \frac{\pi}{2}\right) = -\frac{v_0}{\omega L}\cos\omega t$$
$$i_C = \frac{v_0}{1/\omega C}\sin\left(\omega t + \frac{\pi}{2}\right) = \omega C v_0 \cos\omega t$$

となるから，抵抗体を流れる電流 i_R は，

$$i_R = i_L + i_C = \left(\omega C - \frac{1}{\omega L}\right) v_0 \cos \omega t$$

である．したがって，$i_R \equiv 0$ となる条件は，振幅が 0 になることであり，

$$\omega C - \frac{1}{\omega L} = 0 \qquad \therefore \quad \omega = \frac{1}{\sqrt{LC}}$$

このとき，抵抗体にかかる電圧は $v_R = 0$ であるから，交流電源の起電力 v は，

$$v = v_0 \sin \omega t$$

である． ∎

(5) 変　圧　器

相互誘導を利用して交流電圧を変化させる装置を**変圧器**(transformer) という．

図 14.11 のように，太さがどこでも同じ長方形をなした鉄心に，内部抵抗の無視できる起電力 v_1 の交流電源を接続した N_1 回巻きの 1 次コイルと，負荷 Z (抵抗，コイル，コンデンサーなどからなる) を接続した N_2 回巻きの 2 次コイルを巻く．鉄心内の磁束 Φ は外にもれないとする．1 次コイル側の回路での回路方程式および 2 次コイルでの誘導起電力 v_2 はそれぞれ，

$$v_1 - N_1 \frac{d\Phi}{dt} = 0, \qquad v_2 = -N_2 \frac{d\Phi}{dt}$$

と書ける．1 次コイル側電源電圧 v_1 の実効値を V_1，2 次コイルでの起電力の実効値を V_2 とすると，上式より，$v_1/v_2 = -N_1/N_2$ となるから，

$$\boxed{\frac{V_1}{V_2} = \frac{N_1}{N_2}} \tag{14.12}$$

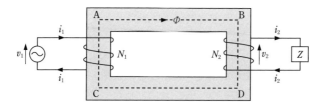

図 **14.11**

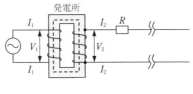

図 14.12

が成り立つ.

変圧器でのエネルギー保存則と送電線での電力輸送　図 14.11 の 1 次コイルに流れる電流の実効値を I_1, 2 次コイルに流れる電流を I_2 とすると，変圧器でのエネルギー損失がなければ，

$$V_1 I_1 = V_2 I_2$$

が成り立つ．そこで，図 14.12 のように，発電所での電力の実効値を $P = V_1 I_1 = V_2 I_2$, 送電線の電気抵抗を R とすると送電線での消費電力の実効値は $P_R = R I_2^2$ であるから，

$$\frac{P_R}{P} = \frac{R I_2^2}{V_2 I_2} = \frac{R V_2 I_2}{V_2^2} = \frac{RP}{V_2^2}$$

となる．これより，発電所の変圧器の 2 次コイルに発生する電圧 V_2 をできるだけ大きくして送電した方が，送電線でのエネルギー損失の割合を小さくすることができることがわかる．

14.2　電気振動

　起電力 V の直流電源，極板 A, B からなる電気容量 C のコンデンサー，自己インダクタンス L のコイル，抵抗体 R, スイッチ S_1, S_2 を用いて図 14.13 のような回路をつくる．抵抗体以外の電気抵抗は無視できるとする．まず，スイッチ S_2 を開いたまま S_1 を閉じて，コンデンサーに電荷 $Q = CV$ を蓄える．次に，S_1 を開き，時刻 $t = 0$ に S_2 を閉じると，図 14.14 に示すような振動電流が回路に流れる．このような回路に流れる電流の振動を**電気振動**(electric oscillation) という．
　この現象は，回路方程式をつくることによりしらべることができる．

14.2 電気振動　217

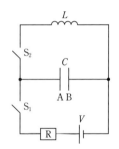

図 **14.13**

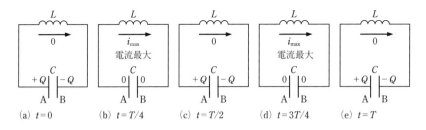

(a) $t=0$　(b) $t=T/4$　(c) $t=T/2$　(d) $t=3T/4$　(e) $t=T$

図 **14.14**

回路方程式　図 14.15 のように，任意の時刻 $t>0$ において，コンデンサーの極板 A に電荷 $-q$，極板 B に q がたまっており，コイルに電流 i が右向きに流れているとする．このとき回路方程式は，

$$\frac{q}{C} = -L\frac{di}{dt}$$

であり，電流 i が流れると電荷 q が増加するので $i = dq/dt$ が成り立つ．よって，

$$L\frac{di}{dt} = -\frac{1}{C}q \quad \Leftrightarrow \quad L\frac{d^2q}{dt^2} = -\frac{1}{C}q \tag{14.13}$$

となる．この微分方程式は，質量 m の質点に，$x=0$ からの変位に比例する復元力 $-kx$ (k は定数) が作用するとき，質点の単振動を表す運動方程式

$$m\frac{dv}{dt} = -kx \quad \Leftrightarrow \quad m\frac{d^2x}{dt^2} = -kx$$

と同形である．このとき，各物理量の間の対応関係は，

$$q \leftrightarrow x, \quad i = \frac{dq}{dt} \leftrightarrow v = \frac{dx}{dt}, \quad L \leftrightarrow m, \quad \frac{1}{C} \leftrightarrow k$$

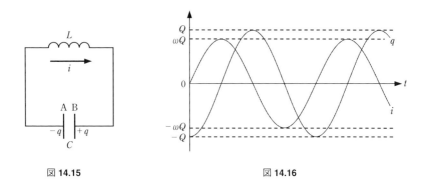

図 14.15 図 14.16

となる.これより,式 (14.13) を満たす電荷 q は $q=0$ を中心に単振動をし,その角振動数 ω と周期 T は,

$$\omega = \frac{1}{\sqrt{LC}}, \qquad T = \frac{2\pi}{\omega} = 2\pi\sqrt{LC} \tag{14.14}$$

である.

図 14.13 に戻って考えよう.

時刻 $t=0$ に S_2 を閉じた瞬間,コンデンサーの極板 A には電荷 Q がたまっており,それまでコイルに電流は流れていなかったので,$i=0$ である.このことから,回路方程式の初期条件は「$t=0$ のとき,$q=-Q, i=dq/dt=0$」と書ける.これより,式 (14.13) の解,すなわち時刻 t における電荷 q と電流 i は,

$$q = -Q\cos\omega t, \qquad i = \frac{dq}{dt} = \omega Q \sin\omega t$$

となる (図 14.16).こうして,回路には図 14.14 に示されたような振動電流が流れることがわかる.

エネルギー保存則 電気抵抗がなく,コンデンサーとコイルだけで電気振動が生じているとき,エネルギーは失われずエネルギー保存則が成り立つ.この関係は,回路方程式を積分することにより導かれる.これは,単振動のエネルギー保存則を導くときと同様である.

式 (14.13) の両辺に $i=dq/dt$ をかけて t で積分する.

$$\int Li\frac{di}{dt}dt = -\int \frac{q}{C}\frac{dq}{dt}dt \quad \Rightarrow \quad \frac{1}{2}Li^2 + \frac{q^2}{2C} = E \quad (\text{一定値})$$

すなわち，コイルの磁気エネルギーとコンデンサーの静電エネルギーの和は一定に保たれ，エネルギーはコイルとコンデンサーの間で行き来する．したがって，時刻 $t=0$ において，コンデンサーに電荷 Q がたまり，コイルに電流が流れていない．その後，コイルに最大電流 i_max が流れるとき，コンデンサーの電荷はゼロとなるから，電流 i_max はエネルギー保存則より，

$$\frac{1}{2}Li_\text{max}^2 = \frac{Q^2}{2C} \quad \therefore \quad i_\text{max} = \frac{Q}{\sqrt{LC}}$$

と，簡単に求めることができる．

例題 14.3 **振動回路** 電気容量 C_1, C_2 の 2 つのコンデンサー 1, 2 と自己インダクタンス L のコイル，スイッチ S を用いて図 14.17 のような回路をつくる．はじめコンデンサー 1 に電荷 Q を与え，コンデンサー 2 に電荷は与えられていない．また，スイッチ S は開かれてコイルに電流は流れていない．この状態で時刻 $t=0$ にスイッチ S を閉じた．その後，回路に流れる振動電流の周期 T と，時刻 t にコイルに流れる電流 i（図の矢印の向きを正とする）を求めよ．

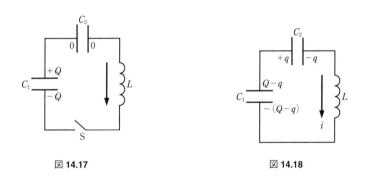

図 14.17　　　　　　　　図 14.18

解答 時刻 t に，コンデンサー 2 の左側の極板にたまる電荷を q，図 14.18 のようにコイルを下向きに流れる電流を i とすると，回路方程式は，

$$\frac{Q-q}{C_1} = \frac{q}{C_2} + L\frac{di}{dt} \quad \Rightarrow \quad L\frac{di}{dt} = \frac{1}{C_0}\left(\frac{C_0}{C_1}Q - q\right)$$

$$\frac{1}{C_0} = \frac{1}{C_1} + \frac{1}{C_2}$$

と書ける．これより，コンデンサーの電荷 q は，

$$q_0 = \frac{C_0}{C_1}Q = \frac{C_2}{C_1+C_2}Q$$

を中心に，角振動数

$$\omega = \frac{1}{\sqrt{LC_0}} = \sqrt{\frac{C_1+C_2}{LC_1C_2}}$$

の電気振動をする．これより，振動の周期 T は，

$$T = \frac{2\pi}{\omega} = 2\pi\sqrt{LC_0} = 2\pi\sqrt{\frac{LC_1C_2}{C_1+C_2}}$$

ここで，回路の電気振動の角振動数 ω と周期 T は，2 つのコンデンサーを直列接続したときの合成容量 C_0 を用いて与えられることに注意しよう．

初期条件「$t=0$ のとき，$q=0, i=dq/dt=0$」より，$q = q_0(1-\cos\omega t)$ となるから，

$$i = \frac{dq}{dt} = \omega q_0 \sin\omega t = Q\sqrt{\frac{C_2}{LC_1(C_1+C_2)}}\sin\left(\sqrt{\frac{C_1+C_2}{LC_1C_2}}t\right)$$

である． ∎

15 電磁波の発生★

まず,マクスウェルに従ってアンペールの法則を一般化し,変位電流を導入してマクスウェル–アンペールの法則を導き,積分形で表現する.その際,電荷保存則に積分形のガウスの法則を用いる.マクスウェル–アンペールの法則は,電場が時間的に変動すると磁場が生じることを表している.一方,電磁誘導の法則は,磁場が時間的に変動すると電場が生じることを示している.

こうして,電気振動回路で時間的に変動する電場をつくると,電場と磁場が次々に生じて伝わる電磁波が発生することがわかる.本章では,簡単な平面波としての電磁波の伝播を説明する.

15.1 マクスウェル–アンペールの法則

12.2 節の (3) で,積分形式のアンペールの法則を学んだが,この法則は,さらに一般化されるべきであることをマクスウェル (J. C. Maxwell) が指摘した.

図 15.1 のように,真空中に置かれたコンデンサーとコイルの電気振動回路において,ある瞬間,コンデンサーの極板 A に電荷 Q がたまり,A から電流 I が流れ出しているとしよう.極板 A の上側の導線の周囲の閉曲線 C_0 と C_0 で囲まれ,導線によって貫かれた曲面 S を考え,ここにアンペールの法則を適用する.真空の透磁率を μ_0 として磁束密度 B を用いると,アンペールの法則 (12.19) は,

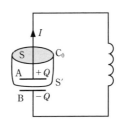

図 15.1

$$\int_{C_0} \boldsymbol{B} \cdot d\boldsymbol{l} = \mu_0 I \tag{15.1}$$

となる．ここで，閉曲線 C_0 では囲まれているが，導線では貫かれず，コンデンサーの極板 A–B 間を通る曲面 S′ をとると，S′ を貫く電流はゼロである．この場合，アンペールの法則は，

$$\int_{C_0} \boldsymbol{B} \cdot d\boldsymbol{l} = 0$$

となってしまい，式 (15.1) に一致しない．

電荷保存則と変位電流　電荷は保存するので，曲面 S と S′ で囲まれた領域 V に電流 I が流れ出すと，その分だけ電荷は減少するから，

$$I + \frac{dQ}{dt} = 0 \tag{15.2}$$

が成り立つ．

　ガウスの法則より，極板 A 上の電荷 Q は，領域 V から外へ出る電気力線の総数に真空の誘電率 ε_0 をかけた量に等しいから，電場の面積分を用いて [10.1 節の (3) 参照]，

$$Q = \varepsilon_0 \int_S \boldsymbol{E} \cdot d\boldsymbol{S} + \varepsilon_0 \int_{S'} \boldsymbol{E} \cdot d\boldsymbol{S} \tag{15.3}$$

と書ける．ここで，$d\boldsymbol{S}$ は領域 V から外向きのベクトルであることに注意しよう．そこで，面 S′ について内向きのベクトル $d\boldsymbol{S}' = -d\boldsymbol{S}$ を用いて式 (15.3) を式 (15.2) に代入すると，

$$I + \varepsilon_0 \int_S \frac{\partial \boldsymbol{E}}{\partial t} \cdot d\boldsymbol{S} = \varepsilon_0 \int_{S'} \frac{\partial \boldsymbol{E}}{\partial t} \cdot d\boldsymbol{S}' \tag{15.4}$$

となる．いま，$\varepsilon_0 \int_S (\partial \boldsymbol{E}/\partial t) \cdot d\boldsymbol{S}$ を仮想電流と考えて真電流 I と仮想電流の和を全電流とすると，式 (15.4) は領域 V に入る全電流と V から出る全電流は等しいことを示している．こうして，仮想電流を加えた全電流を用いてアンペールの法則を書けば，アンペールの法則は面 S のとり方によらず成り立つ．このような仮想電流を加えた

$$\boxed{\int_{C_0} \boldsymbol{B} \cdot d\boldsymbol{l} = \mu_0 \left(I + \varepsilon_0 \int_S \frac{\partial \boldsymbol{E}}{\partial t} \cdot d\boldsymbol{S} \right)} \tag{15.5}$$

を，マクスウェル–アンペールの法則(Maxwell–Ampère's law) という．このときの仮想電流はマクスウェルによって導入されたもので，**変位電流**(displacement current) とよばれる．変位電流は電場の時間変化率によって与えられ，式 (15.5) は，電場が時間的に変動すると，それは電流と同じ役割をし，その周囲に磁場を伴うことを示している．

15.2 平　面　波

　積分形式の電磁誘導の法則 (13.5) とマクスウェル–アンペールの法則 (15.5) を用いて，平面波の式を導こう．

　図 15.2 のように，コンデンサーに電荷がたまり，導線に電流が流れている状態を考えて，そこに電磁誘導の法則とマクスウェル–アンペールの法則を適用しよう．導線に沿って上向きに x 軸，手前の向きに y 軸，右向きに z 軸をとる．このとき，極板間には $+x$ 方向に電場ができ，電場の強さが強くなっているので，極板間には変位電流が $+x$ 方向に流れていると考えられる．このとき，マクスウェル–アンペールの法則により y 方向に磁場が生じる．この磁場も時間的に変化するため，電磁誘導の法則により x 方向に電場が生じる．こうして電場と磁場が発生し，電場と磁場の波となって z 方向に伝わる．この状況を，式 (13.4) と式 (15.5) を用いて定量的にしらべてみよう．

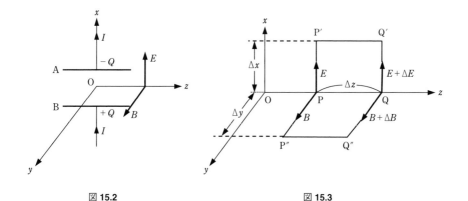

図 **15.2**　　　　　　　　　　　図 **15.3**

ここでは簡単のため，+z 方向に伝わる平面波としての**電磁波**(electromagnetic wave) を考察する．そこで，ある時刻で見たとき，電場も磁場も z 方向には変化しているが，x, y 方向には一様であるとする．図 15.3 のように，z 軸上に底辺をもち x–z 平面上に微小な長方形 PQQ′P′，y–z 平面上に PP″Q″Q をとり，$\overline{\mathrm{PP'}} = \Delta x$，$\overline{\mathrm{PP''}} = \Delta y$，$\overline{\mathrm{PQ}} = \Delta z$ とする．

まず，点 P の +x 方向の電場を E，点 Q の +x 方向の電場を $E + \Delta E$ として経路 P → Q → Q′ → P′ → P に積分形の電磁誘導の法則 (13.5) を適用する．電場は x 方向を向き z 軸に垂直と考えているので，経路 P → Q と Q′ → P′ での線積分は 0 (なぜなら，内積 $\boldsymbol{E} \cdot d\boldsymbol{l} = 0$) であることに注意すると，式 (13.5) は，

$$(E + \Delta E)\Delta x - E\Delta x = -\frac{\partial B}{\partial t}\Delta x \Delta z$$

となる．ここで，両辺を $\Delta x \Delta z$ で割り，$\Delta z \to 0$ として，

$$\frac{\Delta E}{\Delta z} = -\frac{\partial B}{\partial t} \quad \Rightarrow \quad \frac{\partial E}{\partial z} = -\frac{\partial B}{\partial t} \tag{15.6}$$

を得る．この式は，磁場が時間的に変化するとき，空間的に変動する電場を伴うことを示している．

こうして生じた電場 E は時間的に変化する．そこで次に，経路 P → P″ → Q″ → Q → P に積分形のマクスウェル–アンペールの法則を適用する．いま真電流は $I = 0$ である．磁場は y 方向を向いているとして，点 P での磁束密度を B，点 Q での磁束密度を $B + \Delta B$ とすると，式 (15.5) は，

$$B\Delta y - (B + \Delta B)\Delta y = \mu_0 \varepsilon_0 \frac{\partial E}{\partial t}\Delta y \Delta z$$

となる．ここで，両辺を $\Delta y \Delta z$ で割り，$\Delta z \to 0$ として，

$$\frac{\partial B}{\partial z} = -\varepsilon_0 \mu_0 \frac{\partial E}{\partial t} \tag{15.7}$$

を得る．この式は，電場が時間的に変化するとき，空間的に変動する磁場を伴うことを示している．

15.3 電　磁　波

最後に電磁波を考えるために，波動方程式とよばれる微分方程式ついて説明しておこう．

(1) 波動方程式

時刻 $t=0$ における波形が $y=f(x)$ で表され，速さ v で x 軸正方向に伝わる波を考えよう．時刻 t において，波形は x 方向に距離 vt だけ動くから，時刻 t における波形の式は，$t=0$ の式を x 方向に vt だけ平行移動した式，つまり $y=f(x-vt)$ で表される．一方，時刻 $t=0$ における波形が $y=f(x)$ で表される波が，速さ v で x 軸負方向に伝わるとき，時刻 t における波形の式は，$y=f(x+vt)$ で表される．

一般に，x 軸正方向と負方向に同じ速さで伝わる異なる波形の波が同時に存在するとき，位置 x で時刻 t における波形は，重ね合せの原理より，

$$y = f(x-vt) + g(x+vt) \tag{15.8}$$

と書ける．ここで，$s_+ = x-vt, s_- = x+vt$ とおき，$df/ds_+ = f', dg/ds_- = g'$ と書くことにすると，合成関数の微分を用いて，

$$\frac{\partial f}{\partial x} = f', \quad \frac{\partial^2 f}{\partial x^2} = f'', \quad \frac{\partial f}{\partial t} = -vf', \quad \frac{\partial^2 f}{\partial t^2} = v^2 f''$$

$$\frac{\partial g}{\partial x} = g', \quad \frac{\partial^2 g}{\partial x^2} = g'', \quad \frac{\partial g}{\partial t} = vg', \quad \frac{\partial^2 g}{\partial t^2} = v^2 g''$$

となるから，式 (15.8) を x と t で 2 回ずつ偏微分すると，

$$\frac{\partial^2 y}{\partial t^2} = v^2 \frac{\partial^2 y}{\partial x^2} \tag{15.9}$$

となる．式 (15.9) を**波動方程式**(wave equation) という．

(2) 電磁波の方程式

さて，式 (15.6) の両辺を z で微分し，式 (15.7) の両辺を t で微分して $\partial^2 B/\partial z \partial t$ を消去すると，

$$\frac{\partial^2 E}{\partial t^2} = \frac{1}{\varepsilon_0 \mu_0} \frac{\partial^2 E}{\partial z^2} \tag{15.10}$$

同様に，式 (15.7) の両辺を z で微分し，式 (15.6) の両辺を t で微分して $\partial^2 E/\partial z \partial t$ を消去すると，

$$\frac{\partial^2 B}{\partial t^2} = \frac{1}{\varepsilon_0 \mu_0} \frac{\partial^2 B}{\partial z^2} \tag{15.11}$$

となる.これらを式 (15.9) と比較すると,電場 E と磁束密度 B が速さ $c = 1/\sqrt{\varepsilon_0 \mu_0}$ で波として z 方向に伝わることがわかる.

たとえば,電場 E が振幅 E_0,角振動数 ω の正弦波として,
$$E = E_0 \sin\left[\omega\left(t - \frac{z}{c}\right)\right]$$
と表されるとする.これを式 (15.7) に代入すると,
$$\frac{\partial B}{\partial z} = -\varepsilon_0 \mu_0 \omega E_0 \cos\left[\omega\left(t - \frac{z}{c}\right)\right]$$
となる.さらに上式を z で積分する.積分定数を 0 とおき (B は 0 を中心に振動する), $c = 1/\sqrt{\varepsilon_0 \mu_0}$ を用いて,
$$B = \varepsilon_0 \mu_0 c E_0 \sin\left[\omega\left(t - \frac{z}{c}\right)\right] \qquad \therefore \quad B = \frac{1}{c}E \tag{15.12}$$
を得る.式 (15.12) は,電場と磁場が同位相で振動することを表している.こうして進行する電磁波は,図 15.4 のように表される.

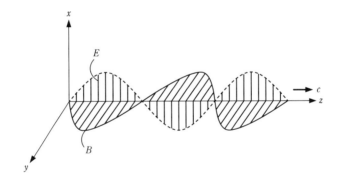

図 **15.4**

(3) いろいろな電磁波

知られている真空の誘電率 $\varepsilon_0 = 8.854 \times 10^{-12} \text{F/m}$,真空の透磁率 $\mu_0 = 4\pi \times 10^{-7} \text{H/m}$ を用いると,真空中の電磁波の速さ c は,
$$c = \frac{1}{\sqrt{\varepsilon_0 \mu_0}} = 2.998 \times 10^8 \text{m/s}$$

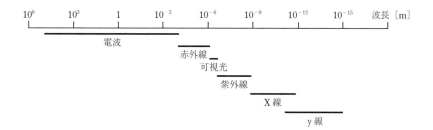

図 **15.5**

となり，観測されている真空中の光速に一致する．このことから，マクスウェルは，光は特別な波長をもつ電磁波であると考えた．

その後，いろいろな電磁波が発見され，それらの波長領域は，図 15.5 のように与えられることがわかっている．

第III部

現代物理学入門

　ここで述べるのは，20世紀になると同時に発展した量子論と相対論を大きな柱とする現代物理である．直観に根差した古典物理学に大きな変更を迫るものであった．

　量子論は20世紀になった年に発表されたプランクの量子仮設に始まる．この量子仮設は，アインシュタインの光量子論に発展し，ド・ブロイの「粒子の波動性」という考えにつながる．粒子が波動性をもつという考え方は，すぐにシュレーディンガーの波動方程式とハイゼンベルクによる不確定性原理を核とする量子力学を引き起こすことになる．一方で，量子条件を仮定したボーアによる原子模型の成功により，ミクロな世界への探求の糸口が開かれ，量子条件の一般化を通してプランクの量子仮設の基礎的説明がなされた．その後，量子論は原子核や固体に適用され，大きな成果をあげることになる．

　相対論は質量とエネルギーが等価であることを示し，原子核反応にもとづいた原子力エネルギーの利用に道を開いた．一方で，ミクロな世界を探求するのに大きな貢献をする量子論とは対照的に，壮大な宇宙を探索する上で欠かせないものになっていった．

16 量子論の誕生

アインシュタインは「波動(光)が粒子性をもつ」という考えを提唱し，光電効果を説明することに成功した．そこでは，粒子(光子)のエネルギーの表式だけが用いられたが，コンプトン効果の説明において，光子の運動量の表式が威力を発揮した．本章では，コンプトン効果の相対論的計算にもふれる．

16.1 プランクの量子仮説

19世紀後半，マクスウェルによって電磁波の存在が予言され，ヘルツ(H. R. Hertz)によって実験的にその存在が確認されると，光は電磁波の一種であり，その他にもいろいろな電磁波が存在するのではないかと考えられるようになった．

高温に熱せられたストーブに手をかざすと，ストーブに面した側の掌は熱くなるが，それほど明るくなるわけではない．そこで，ストーブから可視光とは異なる波長の電磁波が発せられているのではないかと考えられ，いろいろな温度に熱せられた物体からどのような波長の電磁波がどのくらいの強度で出るのか，詳しくしらべられるようになった．

図 16.1 のように，鉛の壁で囲われた空洞の中に，熱せられた鉛を入れると，空洞の中に電磁波が充満する．この現象を**空洞輻射**(hollow-space radiation) という．そこで，壁の一部に孔を開け，そこから漏れ出る電磁波の波長分布を測定することにより，図 16.2 のような結果が得られた．

この実験結果を理論的に説明することが，19世紀末の大きな研究課題になった．1900年，**プランク**(M. Planck) は，振動数 ν の電磁波は，n を自然数として，

$$\varepsilon_n = nh\nu \tag{16.1}$$

のエネルギーだけをもつと仮定することにより，図 16.2 の実験結果を説明することに成功した．この仮説を**量子仮説**(quantum hypothesis) という．定数 h は，

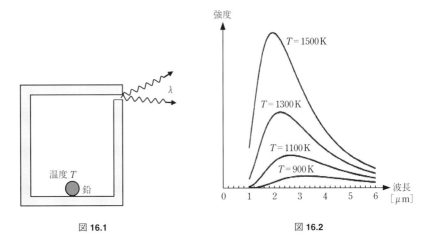

図 16.1 　　　　　　　図 16.2

$h = 6.626 \times 10^{-34}$ J·s で与えられ，後に**プランク定数**(Planck constant) とよばれることになった．

　従来の古典論に従えば，電磁波のエネルギーは振幅の 2 乗に比例する．振幅は任意の値をとらせることができるから，電磁波のエネルギーはどんな値でもとれるはずである．ところがそう考えると，図 16.2 の実験結果を説明することができないのであった．

16.2　アインシュタインの光量子論

　1905 年，アインシュタイン(A. Einstein) は，プランクの量子仮説をさらに推し進め，振動数 ν の電磁波のエネルギーが $h\nu$ の整数倍のエネルギーだけをもつのであれば，振動数 ν，波長 λ の電磁波は，真空中の光速を $c = \nu\lambda$ として，エネルギー

$$\varepsilon = h\nu = \frac{hc}{\lambda} \tag{16.2}$$

をもつ粒子の集まりと考えることができるという論文を発表した．この粒子を**光量子**(light quantum) あるいは**光子**(photon) という．この論文の中で，アインシュタインはそれまで説明できずに残されていた**光電効果**(photoelectric effect)

という現象を明快に説明できると主張した.

16.3 光電効果

光電効果は，金属に，ある値より大きな振動数の光をあてると電子が飛び出す現象であり，図 16.3 に示すような回路を用いて，定量的な実験が行われる．**光電管**(phototube)の**陰極**(negative electrode あるいは cathode)に ν_0 より大きな振動数の光をあて，陰極に対する**陽極**(positive electrode あるいは anode)の電位 V をいろいろ変えると，図 16.4 のような電流 [これを**光電流**(photocurrent) という] i が流れる．光電流が 0 になる電圧を $-V_0$ とおくとき，V_0 を**阻止電圧**(blocking voltage) あるいは**臨界電圧**(critical voltage) という．V を正で大きくすると，光電流は一定値 i_0 に近づく．i_0 は**飽和電流**(saturation current) とよばれる．また，ν_0 を**限界振動数**(threshold frequency)，ν_0 に対応する波長 $\lambda_0 = c/\nu_0$ を**限界波長**(threshold wavelength) という．

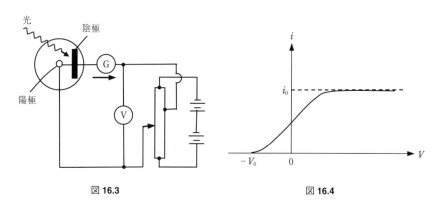

図 16.3   図 16.4

(1) 仕事関数

金属内の電子が外へ飛び出すにはある程度のエネルギーを吸収する必要があり，そのエネルギーの最小値を**仕事関数**(work function) という．仕事関数は次のようにして生じると考えられている．

図 16.5 のように，金属表面では，最も外側の正イオンのまわりの電子が，電気的斥力を受けて外側にわずかに滲みだす [この層を**電気二重層**(electric double-layer)という] 結果，表面の狭い範囲だけに内側から外側に向かう電場が発生する．そのため，金属内の電位が高くなり，金属外部に電場は生じない．したがって，金属内の負電荷をもつ電子の電気的位置エネルギーは外部より低くなり，金属内の電子が外へ飛び出すにはある程度のエネルギーが必要になる．

金属内の電子の中で，最もエネルギーの高い電子が外部に飛び出すのに必要な最小のエネルギーが仕事関数である (図 16.6)．

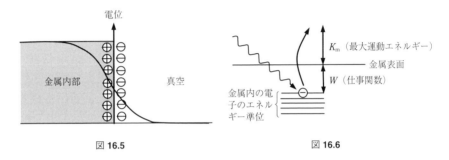

図 16.5 図 16.6

(2) 光電効果の基本的な関係式

金属に振動数 ν の光をあてると，金属内の電子がエネルギー $h\nu$ の光子を吸収して金属外に飛び出す[*1]．最もエネルギーの高い電子が正イオンなどに邪魔されることなく飛び出すとき，光電子のもつ運動エネルギーは最大になる．その最大値を K_m とすると，

$$K_\mathrm{m} = h\nu - W \tag{16.3}$$

が成り立つ．金属から飛び出す光電子の運動エネルギー K は，

$$0 \leq K \leq K_\mathrm{m}$$

となる．限界振動数 ν_0 は，(16.3) で $K_\mathrm{m} = 0$ とおいて，

$$\nu_0 = \frac{W}{h} \tag{16.4}$$

[*1] 金属内の電子が光子を連続的に 2 個以上吸収して外部に飛び出すことはない．

で与えられる.

陽極の陰極に対する電位が $-V_0$ (V_0 は阻止電圧) のとき, 最大運動エネルギー K_m をもつ光電子がちょうど速さゼロで陽極に達する. したがって, K_m と V_0 の間には電子の電荷を $-e$ として, 関係式

$$K_\mathrm{m} = eV_0 \tag{16.5}$$

が成り立つ (図 16.7).

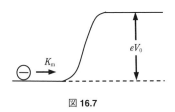

図 **16.7**

(3) 光電効果の検証

式 (16.3) と式 (16.5) より,

$$V_0 = \frac{h}{e}\nu - \frac{W}{e} \tag{16.6}$$

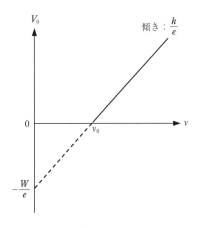

図 **16.8**

が成り立つことに注目したミリカン (R. A. Millikan) は，照射する光の振動数 ν を変化させたときの阻止電圧 V_0 の変化を精密に測定して，図 16.8 のような結果を得た．図 16.8 の直線の傾きから h/e の値が定まり，電気素量 (quantum of electricity) (電子のもつ電荷の大きさ) e の値を使えばプランク定数 h の値が定まる．こうして求められた h の値は，空洞輻射に対する実験などから求められていた値に非常によく一致した．これにより，アインシュタインが提案した光子という考え方がはっきりと認められるようになった．

例題 16.1 光電効果 図 16.3 のような回路を用いて，光電管の陰極にある波長の光を照射して，陰極に対する陽極の電圧 V を変えて，回路に流れる電流を測定したところ，図 16.4 のような結果を得た．電圧 V を正である程度以上にすると，電流はある一定値 (この一定電流を飽和電流という) i_0 になる．それは，V がある程度以上に大きくなると，陰極から飛び出した電子[これを**光電子**(photoelectron) という]がすべて陽極に達するためと考えられる．電気素量を $e = 1.60 \times 10^{-19}$C，プランク定数を $h = 6.63 \times 10^{-34}$J·s，真空中の光速を $c = 3.00 \times 10^8$m/s とする．ここでは，エネルギーには電子ボルト (eV) の単位を用いる．1eV は電子を 1V の電圧で加速したときに電子のもつエネルギーであり，1eV $= 1.60 \times 10^{-19}$C である．

(a) 陰極に照射する光の波長は変えずに強度を 2 倍にして実験を行う場合，回路に流れると予想される電流のグラフを描け．
(b) 光電管の陰極に仕事関数 $W = 2.25$ eV を用いるとき，照射する光の限界振動数を求めよ．また，陰極に波長 3.0×10^{-7}m の光を照射した場合の阻止電圧を求めよ．

解答 (a) 照射する光の波長 λ，したがって光の振動数 $\nu = c/\lambda$ は変えないので，阻止電圧 V_0 は変わらない．光の強度 I は，単位面積に単位時間あたり照射される光のエネルギーであり，光子のエネルギーを $h\nu$，単位面積に単位時間あたり照射される光子数を n とすると，

$$I = nh\nu$$

で与えられる．したがって，ν を変えずに I を 2 倍にすると，n が 2 倍になる．n が 2 倍になると，光電子数もほぼ 2 倍になると考えられ，飽和電流はほぼ 2 倍になる．これより，図 16.9 の太い実線のグラフを得る．
(b) 限界振動数 ν_0 は，式 (16.4) より，

$$\nu_0 = \frac{W}{h} = \frac{2.25 \times 1.60 \times 10^{-19}}{6.63 \times 10^{-34}} = 5.43 \times 10^{14} \text{Hz}$$

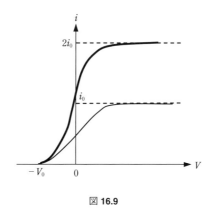

図 **16.9**

波長 $\lambda = 3.0 \times 10^{-7}$m の光の振動数は，$\nu = c/\lambda = 1.0 \times 10^{15}$Hz であるから，式 (16.6) より，阻止電圧 V_0 は，

$$V_0 = \frac{6.63 \times 10^{-34}}{1.60 \times 10^{-19}} \times 1.0 \times 10^{15} - 2.25 = 1.9\,\text{V}$$

となる． ∎

16.4 コンプトン効果

1923 年，コンプトン (A. H. Compton) は，石墨に可視光より波長の短い電磁波である **X 線**[*2](X rays) をあてて散乱される X 線の波長を測定したところ，その中に，入射 X 線より波長の長い X 線が混じることを見いだした．この現象を**コンプトン効果**(Compton effect) という．

(1) 可視光による散乱

光 (電磁波) を結晶にあてると散乱される．これは主に，電磁波が結晶中の電子によって散乱されるためである．図 16.10 のように，電荷 $-e$ をもつ電子は入射する電磁波の振動電場 E から力を受けて入射波と同じ振動数 ν で振動する．マクスウェルによる古典電磁気学理論によると，一般に，荷電粒子が加速度運動する

---

*2 X 線の発生は，17.3 節で述べる．

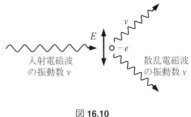

図 16.10

と電磁波が発生する．電荷をもつ電子が振動すると電磁波が発生し，その振動数は電子の振動数に等しい．こうして発生した散乱電磁波の振動数は入射電磁波の振動数 ν に等しい．これが，マクスウェル理論にもとづかれた研究によって示されていた結論であり，可視光の散乱では，散乱電磁波の振動数は入射電磁波の振動数に等しいことがわかっていた．

(2) コンプトンの実験

図 16.11 のように，可視光より波長の短い電磁波であることがわかっていた X 線を試料である石墨に照射し，散乱された X 線を結晶構造のはっきりわかっている単結晶にあてて，いろいろな散乱角 θ をもつ X 線の波長を測定した[*3]．入射 X 線の波長を λ とすると，散乱角 θ が 0 ではない場合，散乱 X 線の波長の強度分布は図 16.12 のようになり，入射 X 線と同じ波長 λ のところに小さな強度極大が現れるが，λ より波長の長い λ' のところに大きな極大が現れた．波長の伸びた X 線が散乱されることは，X 線を電磁波と考えるかぎり，上に述べたマクスウェル

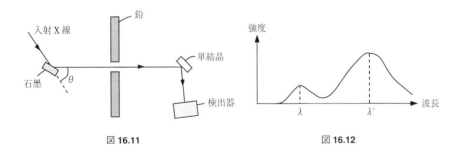

図 16.11　　　　　　　　　　図 16.12

[*3] 結晶に X 線を照射する実験については，17.3 節を参照．

理論にもとづかれた結論と矛盾するように思われた．そこでコンプトンは，アインシュタインが考えたように，X線を光子の集合と見なし，X線の散乱を，光子と電子の弾性散乱として上の実験結果をうまく説明することに成功した[*4]．ただし，ここでは，光子はエネルギーをもつだけでなく運動量をもつとして，その表式を用いる必要がある．

(3) 光子の運動量

古典電磁気学理論によると，電磁波は単位体積あたり，エネルギー ε と大きさ p の運動量をもち，これらの間に

$$\boxed{\varepsilon = cp} \qquad (c \text{ は真空中の光速}) \tag{16.7}$$

の関係が成り立つ．

光子についても，古典電磁気学と同様に式 (16.7) が成り立つとすれば，光子の運動量の大きさ p は，式 (16.2) を用いて，

$$\boxed{p = \frac{\varepsilon}{c} = \frac{h\nu}{c} = \frac{h}{\lambda}} \tag{16.8}$$

で与えられる．これが光子の運動量の大きさを与える表式である．

例題 16.2 **電磁波の与えるエネルギーと運動量** 図 16.13 のように座標軸をとり，x 軸方向に速度 v で動いている電荷 q をもつ荷電粒子に，z 軸方向に進む電磁波を照射する．電荷 q に電場 E から qE の力が微小時間 Δt の間にする仕事 Δw と，磁場 (磁束密度) からのローレンツ力 qvB が x 軸方向に与える力積 Δp の間の関係を求めよ．ただし，電磁波において，電場の大きさ E と磁場の大きさ B の間には，関係式

$$E = cB \tag{16.9}$$

が成り立つことを用いてよい[*5]．

[*4] 入射 X 線と同じ波長の散乱 X 線が現れることは，入射 X 線が原子に強く束縛された電子を外部にはじき出すことができない場合に現れると考えられる．この場合，電子のエネルギーは変化できないので，散乱 X 線のエネルギーすなわち波長は，入射 X 線のものに等しくなる．

[*5] 15.3 節の式 (15.12) 参照．

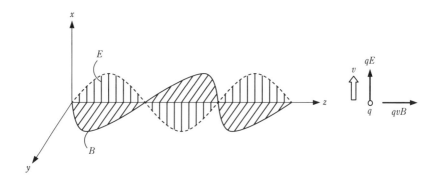

図 **16.13**

解答 電荷は Δt の間に x 軸方向へ $\Delta x = v\Delta t$ だけ動くから，この間に電場のする仕事 Δw は，
$$\Delta w = qE \cdot \Delta x$$
この間にローレンツ力 qvB が z 軸方向に与える力積 Δp は，
$$\Delta p = qvB \cdot \Delta t = qB \cdot \Delta x$$
これらより，
$$\frac{\Delta w}{\Delta p} = \frac{E}{B} = c \quad \therefore \quad \Delta w = c \cdot \Delta p$$
を得る．これは，電磁波のエネルギーと運動量の間に式 (16.7) が成り立つことを示している． ∎

(4) コンプトン効果の計算 (非相対論)

光子のエネルギーの表式 (16.2) と運動量の大きさを与える表式 (16.8) を用いて，X 線光子と電子との弾性衝突 [この衝突を**コンプトン散乱**(Compton scattering) という] を考えよう．

図 16.14 のように，静止した質量 m の電子に波長 λ の入射 X 線光子が弾性衝突し，波長 λ' の散乱 X 線光子が入射方向と角 θ の方向に進み，電子は角 ϕ の方向に速さ v で跳ね飛ばされるとする．

運動量保存則は，

16.4 コンプトン効果

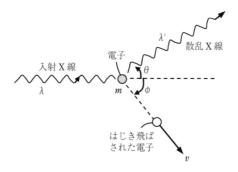

図 16.14

$$\frac{h}{\lambda} = \frac{h}{\lambda'}\cos\theta + mv\cos\phi \qquad (x\text{軸方向}) \qquad (16.10)$$

$$0 = \frac{h}{\lambda'}\sin\theta - mv\sin\phi \qquad (y\text{軸方向}) \qquad (16.11)$$

エネルギー保存則は,

$$\frac{hc}{\lambda} = \frac{hc}{\lambda'} + \frac{1}{2}mv^2 \qquad (16.12)$$

$\sin^2\phi + \cos^2\phi = 1$ を用いて, 式 (16.10), (16.11) から ϕ を消去し, 式 (16.12) を用いると,

$$\frac{1}{\lambda} - \frac{1}{\lambda'} = \frac{h}{2mc}\left(\frac{1}{\lambda^2} + \frac{1}{\lambda'^2} - \frac{2\cos\theta}{\lambda\lambda'}\right) \qquad (16.13)$$

となる.

ここで, $\Delta\lambda = \lambda' - \lambda$ とおくとき, 電子に X 線を照射する実験では, $\Delta\lambda/\lambda \ll 1$ であることから,

$$\frac{\lambda'}{\lambda} + \frac{\lambda}{\lambda'} = \frac{\lambda + \Delta\lambda}{\lambda} + \frac{\lambda}{\lambda + \Delta\lambda} \simeq \left(1 + \frac{\Delta\lambda}{\lambda}\right) + \left(1 - \frac{\Delta\lambda}{\lambda}\right) = 2$$

と近似できる. これより, 式 (16.13) の両辺に $\lambda\lambda'$ をかけると,

$$\Delta\lambda = \lambda' - \lambda = \frac{h}{2mc}\left(\frac{\lambda'}{\lambda} + \frac{\lambda}{\lambda'} - 2\cos\theta\right)$$

$$\therefore \quad \Delta\lambda \simeq \frac{h}{mc}(1 - \cos\theta) \qquad (16.14)$$

を得る.

実際にコンプトンが行った計算は，相対論を用いたものであり，相対論を用いると，得られる結果 (16.14) は，近似なしに厳密に求められる (例題 16.4 参照).

例題 16.3 光のドップラー効果　固定された原子がエネルギー E_m の状態からエネルギー E_n $(< E_m)$ の状態に変化するとき，原子は振動数 $\nu_0 = (E_m - E_n)/h$ の光子を放射する．いまこの原子が，x 軸正方向に速さ v で運動しながら，エネルギー E_m の状態からエネルギー E_n $(< E_m)$ の状態に変化して x 軸と角 θ の方向に光を放射した．静止している観測者がこの光を観測すると，その振動数 ν はいくらか．真空中の光速を c とし，相対論を考慮する必要はなく，$h\nu/Mc^2 \ll v/c \ll 1$ とする．

解答　図 16.15 のように，原子の質量を M，光を放射後の原子の速さを V，放射後の原子の進行方向と x 軸のなす角を ϕ とする．x 軸に垂直方向に y 軸をとる．運動量保存則は，

$$Mv = \frac{h\nu}{c}\cos\theta + MV\cos\phi \qquad (x\text{ 軸方向}) \tag{16.15}$$

$$0 = \frac{h\nu}{c}\sin\theta - MV\sin\phi \qquad (y\text{ 軸方向}) \tag{16.16}$$

エネルギー保存則は，

$$E_m + \frac{1}{2}Mv^2 = E_n + \frac{1}{2}MV^2 + h\nu \tag{16.17}$$

式 (16.15), (16.16) より ϕ を消去し，式 (16.17) に代入して V を消去する．さらに $E_m - E_n = h\nu_0$ を用いて，

$$h(\nu_0 - \nu) = \frac{(MV)^2 - (Mv)^2}{2M} = \frac{1}{2M}\left[\left(Mv - \frac{h\nu}{c}\cos\theta\right)^2 + \left(\frac{h\nu}{c}\sin\theta\right)^2 - (Mv)^2\right]$$

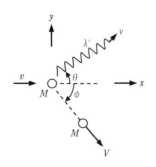

図 **16.15**

これより,
$$h\nu_0 = h\nu\left(1 - \frac{v}{c}\cos\theta + \frac{h\nu}{2Mc^2}\right) \simeq h\nu\left(1 - \frac{v}{c}\cos\theta\right)$$
$$\therefore \quad \nu = \frac{c}{c - v\cos\theta}\nu_0$$

を得る.これは,動いている光源から発せられる光の斜めドップラー効果の式である.■

(5) 相対論的運動量とエネルギー

コンプトン効果において,実際にコンプトンが行った計算は相対論を用いたものであり,相対論を用いると得られる結果 (16.14) は,近似なしに厳密に求められる.

相対論においても,光子のエネルギーと運動量に関する式 (16.2), (16.8) に変化はない.

特殊相対性理論の議論は 20 章に譲るとして,ここでは,まず相対論的エネルギーと運動量の表式を記し,これまで用いてきた非相対論的な古典力学の結果と比較しておこう.

質量 m の粒子が速度 v で運動しているとき,真空中の光速を c として,相対論的運動量 p とエネルギー ε は,

$$\boxed{p = \frac{mv}{\sqrt{1 - v^2/c^2}}, \qquad \varepsilon = \frac{mc^2}{\sqrt{1 - v^2/c^2}}} \tag{16.18}$$

で与えられる.運動量は,粒子が静止している ($v = 0$) ときゼロになるが,エネルギーは $v = 0$ のとき mc^2 となり,ゼロにならない.すなわち,質量 m をもつ粒子は静止していてもエネルギー $\varepsilon_0 = mc^2$ をもつ.このときの ε_0 を**静止エネルギー**(rest energy) という.相対論において,運動エネルギーは $\varepsilon - \varepsilon_0$ で与えられる.

粒子の速度 v が光速 c より十分小さい ($v/c \ll 1$) とき,v の 3 乗以上を無視する近似で,

$$p \approx mv$$
$$\varepsilon = mc^2\left(1 - \frac{v^2}{c^2}\right)^{-1/2} \approx mc^2\left(1 + \frac{1}{2}\frac{v^2}{c^2}\right) = mc^2 + \frac{1}{2}mv^2$$

となる．p は古典力学の運動量の表式そのものであり，運動エネルギー $\varepsilon - \varepsilon_0$ は，古典力学の運動エネルギーの表式 $\frac{1}{2}mv^2$ に一致することがわかる．

例題 16.4 コンプトン効果の相対論的計算 ★　コンプトン効果における波長の伸び $\Delta\lambda$ を与える表式 (16.14) を，相対論を用いて導け．

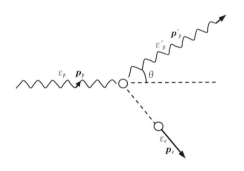

図 **16.16**

解答　図 16.16 のように，入射 X 線と散乱 X 線光子のエネルギーをそれぞれ，$\varepsilon_p = hc/\lambda$, $\varepsilon'_p = hc/\lambda'$, 運動量をそれぞれ，$\boldsymbol{p}_p$ ($|\boldsymbol{p}_p| = \varepsilon_p/c$), $\boldsymbol{p}'_p$ ($|\boldsymbol{p}'_p| = \varepsilon'_p/c$) とおく．弾き飛ばされた電子の相対論的エネルギーと相対論的運動量ベクトルをそれぞれ，$\varepsilon_e, \boldsymbol{p}_e$ とおき，入射光と散乱光の向きの単位ベクトルをそれぞれ，$\hat{\boldsymbol{p}}_p, \hat{\boldsymbol{p}}'_p$ とすると，運動量保存則は，

$$\frac{\varepsilon_p}{c}\hat{\boldsymbol{p}}_p = \frac{\varepsilon'_p}{c}\hat{\boldsymbol{p}}'_p + \boldsymbol{p}_e \quad \therefore \quad \varepsilon_p\hat{\boldsymbol{p}}_p - \varepsilon'_p\hat{\boldsymbol{p}}'_p = c\boldsymbol{p}_e \tag{16.19}$$

エネルギー保存則は，電子の質量を m として，

$$\varepsilon_p + mc^2 = \varepsilon'_p + \varepsilon_e \quad \therefore \quad (\varepsilon_p - \varepsilon'_p) + mc^2 = \varepsilon_e \tag{16.20}$$

さらに，相対論的エネルギーと運動量の間には，

$$\varepsilon_e^2 - (c\boldsymbol{p}_e)^2 = (mc^2)^2 \tag{16.21}$$

の関係が成り立つ [式 (20.23) 参照]．そこで，式 (16.20) の 2 乗から式 (16.19) の 2 乗を差し引いたものに，式 (16.21) と $\hat{\boldsymbol{p}} \cdot \hat{\boldsymbol{p}}' = \cos\theta$ を用いて，

$$\frac{1}{\varepsilon'_p} - \frac{1}{\varepsilon_p} = \frac{1}{mc^2}(1 - \cos\theta)$$

となり，式 (16.14) を得る．　■

17 前期量子論

　トムソンによる原子模型の提案は，ラザフォードの実験を経て，ボーアの原子模型にいたる．ボーアの用いた量子条件は，ボーア–ゾンマーフェルトの量子化条件に一般化され，この条件を用いると，調和振動子のエネルギー準位を求めることができる．

　また，ド・ブロイは「粒子も波動性をもつ」と主張し，ド・ブロイ波の概念を提案した．この提案は，電子線が X 線回折と同様の回折現象を示すことが実験的に確認されて裏付けられた．このような状況下で，量子力学の主題となる不確定性原理がハイゼンベルクにより提案された．

17.1　原子構造

　19 世紀末までに，物質は細かく分割していくと原子からできており，原子も内部構造をもっているのではないかと考えられるようになった．また，物質内には負電荷をもつ電子が存在することもわかってきて，原子内には多数の電子が存在するのではないかと思われるようなった．そのような状況下で，いろいろな人が原子構造のモデルを提案した．

(1)　いろいろな原子模型

　トムソン (J. J. Thomson) は，原子は半径 1 Å 程度の球であり，そこに正電荷が一様に分布し，電子がその中に散らばり，全体として中性になっているという，**トムソン模型**(Thomson model) を提出した (図 17.1)．一方，1904 年，長岡半太郎は図 17.2 のように，原子の中心に正電荷があり，そのまわりを電子がリング状になって回転しているという**長岡模型**(Nagaoka model) を提案した．

　マクスウェルによる電磁気学理論によれば，荷電粒子が加速度運動すると電磁波を放射することがわかる．電磁波はエネルギーをもち去るので，回転している

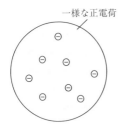

図 17.1　トムソン模型

図 17.2　長岡模型．負電荷をもつ電子は等間隔で回転している．

電子はエネルギーを失い，中心に集まってしまう．これらの疑問があったため，長岡模型は，なかなか一般的に認められるものとはならなかった．

(2)　ラザフォードの実験

1909 年，ラザフォード (E. Rutherford) の指導のもとに，ガイガーとマースデンは金箔に α 粒子を衝突させる実験を行った．その結果，照射した α 粒子のほとんどは金箔を素通りしたが，ごくまれに大きな散乱が起きるという結果を得た．この実験から，ラザフォードは，原子の中心にはその質量の大部分をもち，正電荷をもつ大きさが非常に小さい原子核が存在するという，**ラザフォード模型**(Rutherford model) を提案するに至った (1911 年，1913 年)．ラザフォード模型では，中心の原子核のまわりを質量の小さな電子が電気的引力を受けて回っていることになり，加速度運動している電子は電磁波を発生させてそのエネルギーを失い，原子は潰れる．その結果，原子は存在できないという，理論的な困難は残されたままであった．

17.2　ボーアの水素原子模型

(1)　水素原子のスペクトル

高温の気体や放電管内の気体は，その気体に特有な波長の光を放射すると同時に吸収する．そのときの波長の列を**スペクトル**(spectrum) という．この場合，そ

の波長はいくつかの特定な値だけをもつ. そのようなスペクトルを**線スペクトル**(line spectrum) といい, それに対して, 連続した波長のスペクトルを**連続スペクトル**(continuous spectrum) という.

高温に熱せられた水素原子が放射・吸収する光の波長 λ は, $n = 1, 2, 3, \cdots$, $m = n+1, n+2, \cdots$ として,

$$\boxed{\frac{1}{\lambda} = R \left(\frac{1}{n^2} - \frac{1}{m^2} \right)} \tag{17.1}$$

で与えられることが実験的に見いだされていた. ここで, R はリュードベリ定数(Rydberg constant) とよばれ, $R = 1.097 \times 10^7 \mathrm{m}^{-1}$ の値をもつ.

$n = 2$ の系列はバルマー系列(Balmer series) とよばれ, 発せられる光は可視光の領域に入る. $n = 1$ の系列は紫外線領域に入り, **ライマン系列**(Lyman series), $n = 3$ の系列は赤外線領域に入り, **パッシェン系列**(Paschen series) とよばれる.

(2) ボーアの水素原子模型

1913 年, ボーア (N. Bohr) は, 次の仮定をおくことにより, 水素原子の構造を考察し, 水素原子の光のスペクトルの式 (17.1) を導くことに成功した.

(仮定)
(a) エネルギーが決まった値をもち安定した定常状態にある電子には, ニュートンの運動方程式が適用できる.
(b) 電子の定常状態は, 量子条件を満たす.
(c) 定常状態にある電子は, 加速度をもっているが, 電磁波を放射しない.

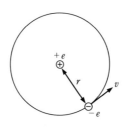

図 **17.3**

図 17.3 のように，電荷 $+e$ をもつ原子核のまわりを，質量 m，電荷 $-e$ をもつ電子が原子核から静電気力を受けて，半径 r，速さ v で等速円運動をしている定常状態を考える．原子核の質量は，電子の質量より十分に大きいので，原子核は動かないとする．また，原子核と電子の間の万有引力は静電気力に比べて十分小さいので，これも無視する．

クーロンの法則の比例定数を k とすると，電子の円運動の式は，

$$m\frac{v^2}{r} = k\frac{e^2}{r^2} \tag{17.2}$$

電子に作用する静電気力は中心力であるから，電子の角運動量は保存される．そこでボーアは，角運動量 mvr が**量子条件**(quantum condition)

$$\boxed{mvr = n\frac{h}{2\pi}} \qquad (n = 1, 2, 3, \cdots) \tag{17.3}$$

を満たすとき，電磁波を放射しないと仮定した．このときの n を**量子数**(quantum number) という．

式 (17.2), (17.3) より v を消去して，

$$r = r_n = \frac{h^2}{4\pi^2 k m e^2} n^2 \tag{17.4}$$

となる．ここで，半径 r は量子数 n に依存するので r_n とおいた．

無限遠の位置エネルギーをゼロとおくと電子のエネルギー E は，式 (17.2) を用いて，

$$E = \frac{1}{2}mv^2 - \frac{ke^2}{r} = -\frac{ke^2}{2r}$$

これに式 (17.4) を代入し，E を E_n とおいて，

$$E_n = -\frac{2\pi^2 k^2 m e^4}{h^2} \cdot \frac{1}{n^2} \tag{17.5}$$

を得る．

量子数 n で定まった定常状態のエネルギー E_n を，**エネルギー準位**(energy level) という．E_n はつねに負である．$n = 1$ の状態はエネルギーが最も低く安定であり，**基底状態**(ground state) とよばれ，$n = 2, 3, \cdots$ の状態は**励起状態**(excited state) とよばれる．水素原子の基底状態の半径 a_0 は**ボーア半径**とよばれ，式 (17.4)

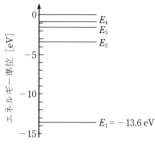

図 **17.4**

で各定数の数値[*1]を代入し $n=1$ とすると，$a_0 = r_1 = 5.3 \times 10^{-11}$m となる．また，水素原子の基底状態のエネルギー E_1 は，$1\,\text{eV} = e\,\text{J} = 1.602 \times 10^{-19}$J であることを用いると，$E_1 = -13.6\,\text{eV}$ となる．各エネルギー準位は図 17.4 のようになる．量子数 n が大きくなると，エネルギー準位の間隔が狭くなり，$n \to \infty$ で $E \to 0$ となる．

(3) 振動数条件とスペクトル系列

ボーアは，エネルギーの高い定常状態から低い定常状態に電子が遷移するとき，そのエネルギー差に等しいエネルギーをもつ 1 つの光子を放射すると考えた．つまり，エネルギー準位 E_m から E_n $(n < m)$ に遷移するとき放出する光の振動数 ν (波長 λ) は，

$$E_m - E_n = h\nu = \frac{hc}{\lambda} \tag{17.6}$$

で与えられる．この条件を**振動数条件**(frequency condition) という．

式 (17.5) を式 (17.6) に代入し，水素原子から放射される光のスペクトルの式 (17.1) と比較すると，

$$R = \frac{2\pi^2 k^2 m e^4}{ch^3}$$

を得る．これに各定数の数値を代入すると，$R = 1.1 \times 10^7\,\text{m}^{-1}$ となり，実験的に得られたリュードベリ定数の値によく一致する．

[*1] $h = 6.626 \times 10^{-34}$J·s, $m = 9.109 \times 10^{-31}$kg, $e = 1.602 \times 10^{-19}$J, $k = 8.988 \times 10^9$N·m^2/C^2, $c = 2.998 \times 10^8$m/s

こうして，ボーアの考えた水素原子模型に対する理論は広く認められるようになったが，原子核のまわりを2個以上の電子がまわる原子に対する光のスペクトルを説明することはできなかった．これらの原子に対する実験結果を説明するには，さらに発展した量子力学を必要とすることになった．

(4) ボーア–ゾンマーフェルトの量子化条件

ボーアの量子条件 (17.3) は，次のように一般化することができる．この一般化は，電磁気で直線電流による磁場の式をアンペールの法則に一般化する方法と類似している[*2]．式 (17.3) は，

$$p \cdot 2\pi r = nh$$

と書ける．この式は，電子の運動量の大きさ p が一定の場合の表式である．そこで，p が変化する場合に一般化する．それには，運動量ベクトル $\boldsymbol{p}$ と電子の軌道 C に沿った微小なベクトル $d\boldsymbol{s}$ をとり，内積 $\boldsymbol{p} \cdot d\boldsymbol{s}$ を C の1周について和をとればよい (図 17.5)．そうすると，上式は，

$$\boxed{\int_C \boldsymbol{p} \cdot d\boldsymbol{s} = nh \qquad (n = 1, 2, \cdots)} \tag{17.7}$$

となる．これをボーア–ゾンマーフェルトの量子化条件(Bohr–Sommerfeld quantum condition) という．

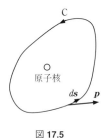

図 **17.5**

[*2] 12.2 節の (3) 参照.

例題 17.1 調和振動子のエネルギー準位　ボーア–ゾンマーフェルトの量子化条件 (17.7) を，単振動している質量 m の粒子 [これを 1 次元調和振動子(harmonic oscillator) という] に適用して，そのエネルギー準位を求めよ．ただし，振動数を ν とする．

解答　位置 x で粒子に作用する力を $-kx$ とすると，その力学的エネルギー E は，運動量の大きさを p として，

$$E = \frac{1}{2}mv^2 + \frac{1}{2}kx^2 = \frac{p^2}{2m} + \frac{1}{2}kx^2 \tag{17.8}$$

となる．ここで，エネルギー E が一定に保たれている定常状態を考え，横軸に x，縦軸に p をとってグラフを描くと，図 17.6 のような楕円になる．いま，単振動の角振動数 ω を用いて $k = m\omega^2$ と書けるから，楕円の長半径 A は，$A = \sqrt{2E/m\omega^2}$ となる．

調和振動子に対する量子化条件 (17.7) は，

$$\int_{-A}^{A} p\,dx + \int_{A}^{-A} p\,dx = nh$$

となり，この式の左辺は，図 17.6 に描かれた楕円の面積 $S = \pi A\sqrt{2mE} = \pi(2E/\omega)$ である．よって，$\nu = \omega/2\pi$ より，調和振動子のエネルギー準位 E_n は，

$$E_n = nh\nu \tag{17.9}$$

となる．■

ここで，電磁波を電場と磁場の調和振動子と考える (質量はゼロであるが) と，式 (17.9) は，プランクの量子仮説 (16.1) に一致する．

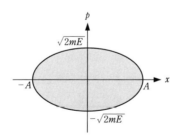

図 **17.6**

17.3　X 線 回 折

　図 17.7 のように，陰極のフィラメントに電流を流すとフィラメントは数千度という高温になり，フィラメントの中の電子が熱エネルギーを受け取って外部に飛び出してくる．この電子を，光を吸収して飛び出す光電子と区別して**熱電子**(thermoelectron) という．この熱電子を高電圧で加速し陽極の金属に衝突させると X 線が発生する．このとき発生する X 線の強度分布は陽極がモリブデン (Mo) の場合，図 17.8 のようになる．発生する X 線は，強度が波長とともに連続的に変化する**連続 X 線**(continuous X-rays) と，陽極に用いた金属に特有な位置に強いピークをもつ**特性 X 線**(あるいは**固有 X 線**)(characteristic X-rays) からなる．

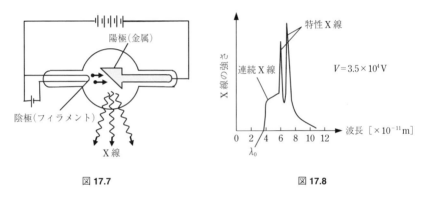

図 17.7　　　　　　　　　　図 17.8

(1)　連　続　X　線

　古典電磁気学によると，荷電粒子が加速度運動すると電磁波を放射することが導かれる．したがって，電子を高速で金属に衝突させると，電子は衝突の際に大きな加速度をもつため電磁波を発生する．こうして発生する電磁波の放射を**制動放射**(bremsstrahlung) という．

　電子が陽極に衝突するとき，電子のもっていた運動エネルギーの多くは，陽極を構成している原子に振動エネルギー (熱エネルギー) として与えられ，残りが制動放射で発生する電磁波 (この場合，通常 X 線) のエネルギーとなる．電子の運

動エネルギーのうち，どのくらいの割合のエネルギーがX線に与えられるかは，衝突の仕方によりいろいろな場合がある．そのため，発生するX線の強度は，X線の波長(すなわち，エネルギー)とともに連続的に変化する．

陰極と陽極の間の加速電圧をVとすると，熱電子のもつ初速度を無視すると，陽極に衝突する電子のもつ運動エネルギーはeV (eは電気素量)となる．いま，電圧Vが一定のとき，電子の運動エネルギーがすべて1つのX線光子に与えられると，X線のエネルギーは最大になる．こうして，連続X線の最短波長λ_0は，

$$eV = \frac{hc}{\lambda_0} \quad \therefore \quad \lambda_0 = \frac{hc}{eV} \tag{17.10}$$

となる．

(2) 特性X線

金属内の電子には量子力学が適用され，そのエネルギー準位は，水素原子の場合と同様に，とびとびの値しかとることができない．また，後に説明するように，電子は1つの量子力学的状態に1つしか入れない．そこで，温度が低いとき図17.9のように，電子はエネルギーの低い状態から順次詰まっている．

金属に高速で衝突した電子は，エネルギーの低い状態の電子をはじき飛ばし，そこに生じた空孔(正孔という)にエネルギーの高い状態にある電子が落ち込む．このとき，そのエネルギー差に等しい光子を放射する．このとき発生する電磁波が特性X線である．したがって，特性X線の波長はエネルギー準位を決めている金属の種類で定まり，入射電子のエネルギーがエネルギーの低い状態の電子を外部にはじき出す程度以上に大きければ，特性X線のエネルギーすなわち波長は，入射電子のエネルギーすなわち電子の加速電圧によらない．

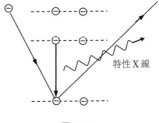

図 **17.9**

(3) X 線 回 折

 上のようにして発生させた X 線の波長は，通常の金属の原子間隔程度になることから，X 線を金属に照射して回折光をしらべることにより，金属の結晶構造をしらべることができる．

 結晶内の原子が並んだ適当な原子面を考え，その原子面の間隔を d とする．結晶に X 線を照射すると，X 線は結晶を構成している原子内の電子で散乱されるが，結晶内の原子は規則的に並んでいるので，原子内電子で散乱された X 線は，規則的な原子の中心で散乱されると見なすことができる．その際，原子内電子を外部に弾き飛ばし，散乱 X 線の波長が伸びるコンプトン散乱も同時に起きるが，ここでは，電子が弾き飛ばされず，散乱 X 線の波長が入射 X 線の波長に等しいものの干渉を考える．

 電子で散乱された X 線は，いろいろな方向に放射される．いま，原子面と角度 θ で射線が平行な平面波 X 線が入射し，原子面内で間隔 a で隣り合う 2 つの原子により角度 ϕ の方向に散乱された平面波 X 線の干渉を考える．図 17.10 のように，原子 A から原子 B へ入射する X 線の射線に垂線 AA′，原子 B から原子 A で散乱された X 線の射線に垂線 BB′ を引くと，原子 A と B で散乱される X 線の経路差は $a(\cos\theta - \cos\phi)$ となるから，これらの散乱 X 線が互いに強め合う条件は m を整数として，

$$a(\cos\theta - \cos\phi) = m\lambda \tag{17.11}$$

となる．図 17.10 のように点 D, E をとると，原子 A と原子 C で散乱される X 線の経路差は $d(\sin\theta + \sin\phi)$ となるから，隣り合う原子面で散乱される X 線が互いに強め合う条件は，n を整数として，

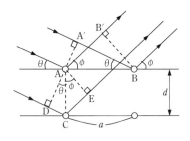

図 **17.10**

$$d(\sin\theta + \sin\phi) = n\lambda \tag{17.12}$$

となる．一般の結晶において，間隔 a と d は異なるから，式 (17.11) と式 (17.12) を同時に満たすのは $\theta = \phi$ の場合である．このとき，式 (17.12) より，

$$\boxed{2d\sin\theta = n\lambda} \tag{17.13}$$

を得る．条件 (17.13) を**ブラッグの反射条件**(Bragg's condition of reflection) という．

17.4 ド・ブロイ波

1924 年，ド・ブロイ (de Broglie) は，もともと波動であると考えられていた光が，アインシュタインに従って粒子としての性質をもつのであれば，もともと粒子と考えられていた電子なども波動としての性質をもつのではないか，と考えた．

光子のエネルギー ε と運動量 p は，光の振動数 ν と波長 λ により，プランク定数 h を用いて，

$$\varepsilon = h\nu, \qquad p = \frac{h}{\lambda}$$

で与えられる．そこで，この関係をそのまま逆にして，エネルギー ε ，運動量 p をもつ粒子は，振動数 ν ，波長 λ が，

$$\boxed{\nu = \frac{\varepsilon}{h}, \qquad \lambda = \frac{h}{p}} \tag{17.14}$$

で与えられる波動としての性質をもつと考えた．この波を**ド・ブロイ波**(de Broglie wave) あるいは**物質波**(material wave) という．

粒子が波としての性質をもつならば，その波の速度 [これを**位相速度**(phase velocity) という] u は，式 (17.14) より，

$$u = \nu\lambda = \frac{\varepsilon}{p}$$

となる．ここで，式 (16.18) で与えられる質量 m の粒子が速さ v ($v < c$ で c は真空中の光速) で運動しているときの相対論的エネルギー ε と相対論的運動量の

大きさ p の表式

$$\varepsilon = \frac{mc^2}{\sqrt{1-v^2/c^2}}, \qquad p = \frac{mv}{\sqrt{1-v^2/c^2}}$$

を代入すると,

$$u = \frac{\varepsilon}{p} = \frac{c^2}{v} > c$$

となり，ド・ブロイ波の位相速度 (波の速さ) u は光速 c を超えてしまう．これは，どういうことであろうか．

粒子の速度と群速度　上では相対論的なエネルギーと運動量の表式を用いたが，ここでは簡単化のため，非相対論で振動数 ν, 波長 λ のド・ブロイ波の角振動数 $\omega = 2\pi\nu$ と波数 $k \equiv 2\pi/\lambda$ の間の関係をしらべてみよう．ω と k を用いると，粒子のエネルギー ε と運動量 p は, $\hbar \equiv h/2\pi$ を用いて，

$$\varepsilon = h\nu = \hbar\omega, \qquad p = \frac{h}{\lambda} = \hbar k \tag{17.15}$$

と書ける.

一方，粒子の運動エネルギー ε は，非相対論において，

$$\varepsilon = \frac{1}{2}mv^2 = \frac{p^2}{2m} = \frac{\hbar^2 k^2}{2m} \qquad \therefore \quad \omega = \frac{\hbar k^2}{2m}$$

これより，波の速度 $u = \nu\lambda$ は，

$$u = \frac{\varepsilon}{p} = \frac{\omega}{k} = \frac{\hbar k}{2m}$$

となり，u は波数 k すなわち波長 λ に依存する．このような波は，「分散のある波」とよばれる．

そこでド・ブロイは個々の波ではなく，波長あるいは振動数がわずかに異なる波の合成波と考えた．波長あるいは振動数のわずかに異なる2つの波を重ね合わせると，図 17.11 のような波ができる．さらに，波長のわずかに異なる波を3つ，4つ，$\cdots$ と重ね合わせていくと，1か所だけで強め合い，他のところは次第に打ち消されていく．こうして，波長がわずかに異なる波を無限に連続的に重ね合わせると，図 17.12 のように，1か所の近傍だけで大きな振幅をもち，他のところ

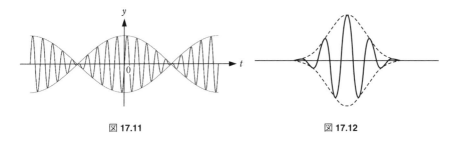

図 17.11　　　　　　　　　図 17.12

はすべて消えてしまう**波束**(wave packet)[*3]ができる．この波束が動く速さ [これを**群速度**(group velocity) という] v_g は，

$$v_g = \frac{d\omega}{dk}$$

で与えられることが知られている．そうすると群速度 v_g は，

$$v_g = \frac{d\omega}{dk} = \frac{\hbar k}{m} = \frac{p}{m} = v \tag{17.16}$$

となる．すなわち，粒子の速度 v は位相速度 u と異なり，波束の群速度 v_g に等しいことがわかる．

こうして，**ド・ブロイ波**における**粒子**は図 17.12 のような**波束で与えられる**と考えられる．ただし，波長の異なるド・ブロイ波はその速度が異なるため，ある瞬間に 1 つの波束が形成されてもすぐに壊れてしまい，次に別のところに波束が形成される．したがって波束を粒子とみなすと，粒子はできては消えまた別の場所にできるということを繰り返すことになる．この問題を解決するには量子力学の完成を待たねばならない．

例題 17.2　**電子線回折**　電子の波動性により，電子線を結晶に入射させると，X 線の場合と同様に回折現象を起こす．また，結晶内の平均的電位 (これを結晶の内部電位とよぶ) は真空中より高くなっているため，電子線は結晶表面で加速されて屈折する．

　図 17.13 のように，真空中で，電圧 $V = 130\,\text{V}$ で加速された電子を結晶の原子面と角 $\theta = 45°$ で入射させたところ，入射電子は図のように反射され，強い反射電子線が観測された．反射電子線の回折次数を $n = 3$ として，結晶の内部電位 V_0 を求めよ．ただし，電子は真空中でほぼ静止した状態で加速されたとし，原子面間隔を $d = 2.0 \times 10^{-10}\,\text{m}$

[*3]　ある時刻に，空間の限られた領域につくられる波を波束という．

とする．ここで，強め合うときの回折次数 n とは，隣り合う原子面で反射された反射電子線間の経路差が，結晶中での電子波の波長の n 倍に等しいことを示している．

電子の質量を $m = 9.1 \times 10^{-31}$ kg，電子の電荷の大きさを $e = 1.6 \times 10^{-19}$ C，プランク定数を $h = 6.6 \times 10^{-34}$ J·s とする．

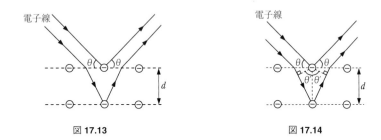

図 17.13　　　　　　　　　図 17.14

解答　真空中で電圧 V で加速された電子の運動量 p は，

$$eV = \frac{1}{2}mv^2 = \frac{p^2}{2m} \quad \therefore \quad p = \sqrt{2meV}$$

となるから，真空中の電子線のド・ブロイ波長 λ は，

$$\lambda = \frac{h}{p} = \frac{h}{\sqrt{2meV}}$$

となる．結晶中の電子は，静止状態から電圧 $V + V_0$ で加速されたことになるから，そのド・ブロイ波長 λ' は，

$$\lambda' = \frac{h}{\sqrt{2me(V+V_0)}}$$

となる．

結晶内での電子線が原子面となす角を θ' とすると，波の屈折の法則より，

$$\frac{\cos\theta}{\cos\theta'} = \frac{\lambda}{\lambda'} = \sqrt{1 + \frac{V_0}{V}}$$

電子線が強め合う条件 (ブラッグ条件) は (図 17.14)，

$$n\lambda' = 2d\sin\theta' = 2d\sqrt{1 - \cos^2\theta'}$$

これらより λ' と $\cos\theta'$ を消去して，

$$\frac{V_0}{V} = \frac{n^2\lambda^2}{4d^2} - \sin^2\theta$$

となる．この式に λ を代入し，与えられた数値を用いて，

$$V_0 = \frac{n^2}{4d^2} \times \frac{h^2}{2me} - V\sin^2\theta \simeq 19\,\text{V}$$

を得る． ∎

17.5 不確定性原理

　粒子がド・ブロイ波の波束であると考えると，粒子はわずかに波長の異なる波全体が1つの粒子を表していることになる．そうすると，波長によって粒子の運動量が決まるから，粒子の運動量は1つに定まらないことになる．つまり，粒子の運動量にはある程度の**不確かさ**(uncertainty) がある．さらに，波束は空間的にある程度の広がりをもつから，粒子の位置にも不確かさがある．

　運動量の不確かさと位置の不確かさの間にどのような関係があるか，2つの波の重ね合わせを例として考えてみよう．

　波数 k，角振動数 ω で x 軸方向に伝わる波と，同じ振幅 A で，波数と角振動数がわずかに異なる値 k', ω' をもち，同じ向きに伝わる波の合成波は，

$$\begin{aligned}y &= A\sin(kx - \omega t) + A\sin(k'x - \omega't) \\ &= 2A\cos\left(\frac{k-k'}{2}x - \frac{\omega-\omega'}{2}t\right)\sin\left(\frac{k+k'}{2}x - \frac{\omega+\omega'}{2}t\right)\end{aligned}$$

と表される．

　まず時刻 t を固定して考えよう．そのとき振幅がゼロの隣り合う点の間が波束であり，そこに粒子が存在すると考えられる．$k - k' = \Delta k$ とおくと，粒子の存在する領域の幅 Δx は $(\Delta k/2)\Delta x \sim \pi$ ($\sim \pi$ は，π 程度ということを示す) より，

$$\hbar \Delta k \cdot \Delta x \sim 2\pi\hbar \quad \therefore \quad \boxed{\Delta x \cdot \Delta p \sim h} \tag{17.17}$$

となる．式 (17.17) は，粒子の運動量の幅 (不確かさ) Δp が大きくなると位置の幅 (不確かさ) Δx は小さくなり，逆に，運動量の不確かさ Δp が小さくなると位置の不確かさ Δx が大きくなることを示している．つまり，粒子の位置と運動量を同時に正確に決めることはできないという**不確定性関係**(uncertainty relation) が成り立つことを示している．

位置 x を固定しても同様に，時刻の不確かさ Δt とエネルギーの不確かさ ΔE の間に，不確定性関係

$$\boxed{\Delta t \cdot \Delta E \sim h} \tag{17.18}$$

が成り立つ．これらの不確定性関係を出発点にとる原理を**不確定性原理**(uncertainty principle) という．

例題 17.3 水素原子の最小半径と最低エネルギー　不確定性原理を用いて，水素原子の最小半径 r_0 と最低エネルギー E_0 を求めよ．

解答　水素原子において，原子核からクーロン力を受けて核のまわりを，運動量の大きさ p で半径 r の円運動をする電子のエネルギー E は，電子の質量を m，電子の電荷を $-e$，クーロンの法則の比例定数を $k = 1/4\pi\varepsilon_0$ とすると，

$$E = \frac{p^2}{2m} - \frac{ke^2}{r} \tag{17.19}$$

円運動する電子の運動量の不確かさを Δp，半径の不確かさを Δr とすると電子のエネルギーが小さくなり，半径 r と運動量 p がどんなに小さくなっても $r \sim \Delta r, p \sim \Delta p$ であるから，そのときの水素原子のエネルギー E は不確定性関係 $\Delta r \cdot \Delta p \sim h$ を用いて，

$$\begin{aligned} E &= \frac{(\Delta p)^2}{2m} - \frac{ke^2}{\Delta r} \sim \frac{(\Delta p)^2}{2m} - \frac{ke^2}{h}\Delta p \\ &= \frac{1}{2m}\left(\Delta p - \frac{kme^2}{h}\right)^2 - \frac{k^2 me^4}{2h^2} \geq -\frac{k^2 me^4}{2h^2} \end{aligned}$$

これより，$\Delta p = kme^2/h$ のとき，最低エネルギーと最小半径は，

$$E_0 = -\frac{k^2 me^4}{2h^2}, \qquad r_0 = \Delta r \sim \frac{h}{\Delta p} = \frac{h^2}{kme^2}$$

一方，式 (17.4), (17.5) より，ボーア模型による水素原子の基底状態のエネルギーは $E_1 = -2\pi^2 k^2 me^4/h^2$，そのときの半径 (ボーア半径) は $a_0 = h^2/4\pi^2 kme^2$ であるから，数値係数 $4\pi^2$ を無視する範囲で一致する．■

18 いろいろな物質

　電子を含むフェルミ粒子とよばれる粒子は,「1つの状態に1個しか入ることができない」(パウリの排他律) という性質をもち, この性質を用いるといろいろな原子のエネルギー準位を定めることができる.

　また, パウリの排他律により, 金属内電子のエネルギー準位がわかり, フェルミ・エネルギーという概念が生まれた. こうして金属と絶縁体, 半導体の違いがどのようにして生じるか, 理解できるようになった.

18.1 パウリの排他律とスピン

(1) 同 種 粒 子

　図 18.1 のように, 見たところまったく同じ 2 つの球が衝突する場合を考えよう. (a) のように衝突したのか, (b) のように衝突したのか, スローモーションビデオでゆっくり見ればわかるであろう. ただし, これはマクロな粒子に関する古典論での話である. 原子のようなミクロな粒子を扱う量子論では, 粒子は波動性をもち, 粒子の位置と運動量の間に不確定性関係が成り立つ. 粒子がどこにいるかはただ確率的にいうことができるだけであり,「確率の雲」で表される. 2 つの

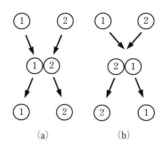

図 18.1

同種粒子が近づくと確率の雲は重なり，それぞれの粒子がどこにあるかわからなくなる．こうなると，2つの粒子を区別すること自体，意味がなくなる．

量子論では，個性をもたない2つの同種粒子は区別することができず，互いに入れ替えても物理的状態に変化はない．

(2) 波動関数の対称性

粒子のエネルギーと角運動量およびスピンで与えられた1つの量子力学的状態を箱で表すことにしよう．

ド・ブロイ波を表す波の式を**波動関数**(wave function) という[*1]．量子力学では，波動関数は虚数を含むため，「粒子がある瞬間ある場所に存在するかどうかは，確率的に与えられ，その確率は波動関数の絶対値の2乗に比例する」という確率解釈が導入された．この確率解釈に従えば，量子力学における状態は，波動関数の絶対値の2乗で与えられることになる．

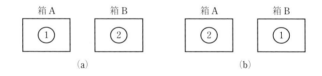

図 **18.2**

図 18.2 のように，粒子1が箱Aに，粒子2が箱Bに入った状態を (a)，粒子1と2を入れ替えた状態を (b) とし，状態 (a) の波動関数を $\psi_{A,B}(1,2)$，状態 (b) の波動関数を $\psi_{A,B}(2,1)$ とする．粒子1と2を同種粒子とすると，状態 (a) と状態 (b) は同じ状態であるから，状態 (a) で粒子1と2を交換し，もう一度交換するともとの状態 (a) に戻る．一度交換した状態の波動関数は，もとの波動関数とまったく同じであるか，符号だけ異なるかのどちらかになる．そうすると，

$$\psi_{A,B}(2,1) = \psi_{A,B}(1,2) \tag{18.1}$$

あるいは，

$$\psi_{A,B}(2,1) = -\psi_{A,B}(1,2) \tag{18.2}$$

[*1] 厳密には，ド・ブロイ波の満たす波動方程式をシュレーディンガー方程式といい，シュレーディンガー方程式を満たす解を波動関数という．

のどちらかとなる．交換しても波動関数が変化せず，式 (18.1) の成り立つ粒子を**ボース粒子**(boson)，交換すると波動関数の符号を変える粒子を**フェルミ粒子**(fermion)という．

ボース粒子の場合，箱 A と B が同じ場合，

$$\psi_{A,A}(2,1) = \psi_{A,A}(1,2)$$

となり，同種粒子では，波動関数 $\psi_{A,A}(2,1)$ と $\psi_{A,A}(1,2)$ が同じものであることを示しているだけで，波動関数に新たな制限を課すものではない．よって，$\psi_{A,A}(1,2)$ は 0 でない値をとることができ，同種の 2 つのボース粒子は同じ箱 (状態) に入ることができる．

フェルミ粒子の場合，箱 A と B が同じ場合，

$$\psi_{A,A}(2,1) = -\psi_{A,A}(1,2)$$

となり，$\psi_{A,A}(2,1)$ と $\psi_{A,A}(1,2)$ が同じ波動関数であることを考えると，

$$\psi_{A,A}(2,1) = \psi_{A,A}(1,2) = 0$$

となる．これは，同種の 2 つのフェルミ粒子は同じ箱 (状態) に入ることはできないことを意味する．一般に，

> ボース粒子は 1 つの状態にいくつでも入ることができるが，フェルミ粒子は，1 つの状態に 1 個しか入ることができない．

上のフェルミ粒子に関する規則を，**パウリの排他律**(Pauli exclusion principle) という．

なお，いろいろな考察から，電子はフェルミ粒子であり，光子はボース粒子であることがわかっている．電子がフェルミ粒子であることから，いろいろな原子のエネルギー準位が定められることになる．

18.2 金　属

16.3 節で述べたように，金属結晶の表面には電気二重層ができ，金属内の電位 ϕ は外部より十数 V だけ高くなっている．そのため，金属内の電子の位置エネル

ギーは外部より低く，金属内に留まっている．ϕ を内部電位という．

金属内では，各原子の最外殻軌道をまわる電子は原子による束縛を離れ，金属内をほぼ自由に動き回っている．このような電子を**自由電子**(free electron) という．自由電子がマクロな大きさの金属内を動き回るため，その運動エネルギーはほぼ連続的な値をもつことができるが，18.1 節で述べたように，電子は 1 つの状態に 1 つしか入ることができないフェルミ粒子であるため，多数の自由電子はエネルギーの低い状態から順番に占拠していく．絶対零度では，途中に孔ができることなく電子が詰まる．このとき，電子がもつことのできる最大の運動エネルギーを**フェルミ・エネルギー**(Fermi energy) といい ε_F と書く．金属内を動き回っている自由電子は，運動エネルギーと位置エネルギー $-e\phi$ をもつから，金属内電子がもつ最も高いエネルギーは，低温で $\varepsilon_F - e\phi$ 程度になる．このとき，仕事関数 W は $W \sim |\varepsilon_F - e\phi|$ となる (図 18.3)．通常の金属では $\varepsilon_F \sim W$ であり，それらは数 eV である．

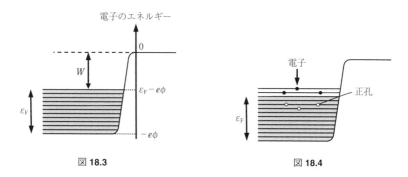

図 18.3　　　　　　　図 18.4

金属中を流れる電流　金属では，自由電子のとることのできるエネルギー準位は連続的に分布し，絶対零度 ($T = 0$) では電子は，運動エネルギー ε_F までのエネルギー準位に孔を空けることなく占拠している．有限温度 ($T > 0$) になると図 18.4 のように，フェルミ・エネルギー ε_F より小さい運動エネルギーをもつ電子が励起され，ε_F より大きい運動エネルギーをもつと同時に，電子の抜けた正孔ができる．金属に電場をかけると，ε_F より大きな運動エネルギーをもつ電子が電場と逆向きに，正孔が電場の向きに動くことにより電流が流れる．

18.3 絶縁体と半導体

(1) 絶　縁　体

　電流の流れない絶縁体では，各電子がすべて原子核に束縛され，図 18.5 のように，そのエネルギー準位 [これを**価電子帯**(valence band) という] がすべて電子で埋め尽くされている．そのため，電子は自由に動くことができず，電場をかけても電流は流れない．自由電子のエネルギー準位 [これを**伝導帯**(conduction band) という] はエネルギーの高いところにはあるが，価電子帯と伝導帯の間には大きなエネルギーの隙間 [これを**エネルギーギャップ**(energy gap) という] E_g がある．絶縁体を高温に熱したり，大きな電圧をかけたりすると，価電子帯にある電子が励起され，伝導帯に入って自由電子となって電流を流す．このような現象は**絶縁破壊**(dielectric breakdown) とよばれる．

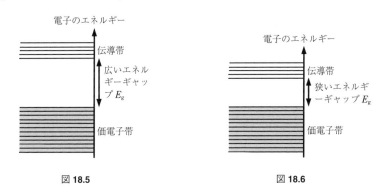

図 18.5　　　　　　　　　　図 18.6

(2) 半　導　体

　金属と絶縁体の中間の電気抵抗値をもつ物質を半導体という．11 章で説明したように，半導体はたとえば，元素の最外殻の軌道に 4 個の電子をもつゲルマニウム (Ge) などからなる物質である．ゲルマニウムなどの真性半導体のエネルギー準位の状態を模式的に描くと，図 18.6 のようになる．その場合，電子で埋まった

価電子帯と伝導帯の間のエネルギーギャップ E_g は狭く,少し熱したり,少し強い電場をかけたりすると,価電子帯の電子が励起されて伝導帯に入り,自由電子となって電流を流す.

真性半導体より電流を流れやすくするために,最外殻の軌道に 5 個の電子をもつリン (P) などをわずかに加えた N 型半導体のエネルギー準位の状態は,模式的に図 18.7 のように描かれる.この場合,不純物原子のエネルギー準位が伝導帯のすぐ下にあり,弱い電場をかけるだけで,不純物準位にあった電子は励起されて伝導帯に入り,自由電子となって電流を流す.

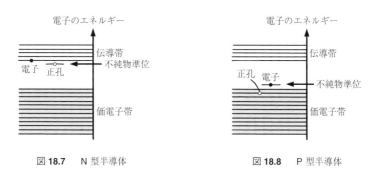

図 18.7　N 型半導体　　　　図 18.8　P 型半導体

他方,真性半導体に,最外殻の軌道に 3 個の電子をもつインジウム (In) などをわずかに加えた P 型半導体のエネルギー状態は,模式的に図 18.8 のように描かれる.この場合,空の不純物準位が価電子帯のすぐ上にあり,わずかな励起で価電子帯の電子が不純物準位に入り,価電子帯に正孔ができる.P 型半導体に弱い電場をかけると,価電子帯の正孔が価電子帯の中を動くことにより電流を流す.

19 原子核と放射線

　原子の中心にある非常に小さな粒子である原子核は，陽子と中性子からなることがわかったが，陽子は正電荷をもつことから，陽子間には強い電気的斥力がはたらくはずである．それにもかかわらず複数個の陽子を含む原子核が存在できるためには，電気的斥力を打ち消す強い引力がはたらく必要がある．そのような力として核力が導入された．

　強い引力がはたらき位置エネルギーが低くなると，相対論に従って質量が減少する．こうして質量欠損と結合エネルギーの関係が理解され，原子核反応で大きなエネルギーを生み出すことが理解できるようになったが，このことが新たな社会問題を引き起こすことにもなった．

19.1　原　子　核

　原子は，中心に原子核があり，そのまわりを電子が分布している．それでは，原子核は何からできているのであろうか．

　1930年頃に知られていた粒子は，負電荷 $-e$ (e は電気素量) をもち，質量の小さい電子と正電荷 $+e$ をもち，電子の1800倍程度の質量をもつ陽子だけであったから，原子核は**陽子**(proton)と電子から構成されていると考えられていた．たとえば，質量が陽子の14倍程度あり，電荷 $+7e$ をもつ窒素原子核は14個の陽子と7個の電子からなると考えられた．

　一般に，フェルミ粒子が偶数個集まった粒子はボース粒子になるが，奇数個集まった粒子はフェルミ粒子になる．陽子と電子はともにフェルミ粒子である．そうすると，全体で21個のフェルミ粒子で構成されている窒素原子核はフェルミ粒子のはずである．しかし，実験により，窒素原子核はボース粒子であった．そのような中で，陽子と同程度の質量をもち，電荷をもたないフェルミ粒子である**中性子**(neutron)がチャドウィック (J. Chadwick) によって発見された．そこでハイゼンベルクは，原子核は陽子と中性子からなるという考えを発表した (図19.1)．

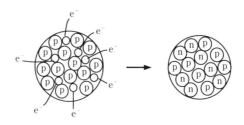

図 **19.1**

この考えに従えば，窒素原子核は 7 個の陽子と 7 個の中性子からなり，全体で 14 個のフェルミ粒子で構成された粒子であるからボース粒子となり，実験事実をうまく説明することができる．

(1) 原子核の構成

現在，原子核は陽子と中性子からなると考えられており，陽子と中性子はともに**核子**(nucleon) とよばれている．原子核は，直径が 10^{-15} から 10^{-14}m 程度の非常に狭い領域に核子が集まって構成されている．原子核の中の陽子数を**原子番号**(atomic number)，陽子数と中性子数の和を**質量数**(mass number) という．原子核の元素名と元素記号は原子番号で決まる．たとえば，原子番号 Z の元素名が X のとき，質量数が A の原子核は，$^{A}_{Z}\text{X}$ と表される．この原子核は Ze の正電荷をもち，そこには $(A-Z)$ 個の中性子が含まれる (図 19.2)．

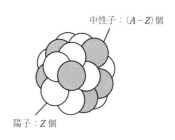

図 **19.2**

(2) 核　　力

　非常に狭い領域に集まった正電荷をもつ陽子間には，非常に強いクーロン斥力がはたらくが，核子が集まって原子核が構成されている以上，核子間に強い引力がはたらいていなければならない．この強い引力を**核力**(nuclear force) という．原子核にはそれほど大きなものがないことを考えると，核力は作用すれば非常に強いが，原子核の大きさ程度の近距離でのみ作用する**近距離力**(short range force) のはずである．核子数が増大し原子核が大きくなると，核力が原子核全体に及ばなくなり，クーロン斥力がまさって原子核は不安定になると考えられる．

　このような近距離力がどのようにして作用するのかを最初に明らかにしたのは，湯川秀樹 (Hideki Yukawa) である．湯川は核子間で中間子という粒子を交換することで核力がはたらくと考える中間子論を発表して，日本人として最初のノーベル物理学賞を受賞した．

(3) 原子量と原子質量単位

　原子番号は等しいが，質量数のことなる原子核からなる原子を**同位体**(isotope) という．

　質量数 12 の炭素原子 ($^{12}_{6}$C)1 個の質量の 1/12 を 1 u と書き，u を**原子質量単位**(atomic mass unit) という．

　質量数 12 の炭素原子 1mol の質量は 12×10^{-3} kg であり，1mol 中の原子数はアボガドロ数 6.02×10^{23} に等しいから，

$$1\,\mathrm{u} = \frac{12 \times 10^{-3}}{6.02 \times 10^{23}} \times \frac{1}{12} = 1.66 \times 10^{-27}\,\mathrm{kg}$$

となる．

19.2 放　射　線

　$^{235}_{92}$U や $^{210}_{82}$Pb などの不安定な原子核が自ら別の原子核に変わるとき，大きなエネルギーをもつ**放射線**(radiation) を出す．この現象を**放射性崩壊**(radioactive decay) といい，自ら放射線を出す能力を**放射能**(radioactivity) という．放射性崩

壊には次の3種類がある．

(1) α 崩 壊

原子核が自ら α 粒子(alpha particle) ($^4_2$He の原子核) を放出して別の原子核に変わる現象を α 崩壊(alpha decay) という．原子核が α 崩壊すると，原子番号が2，質量数が4だけ減少して別の原子核に変わる．

$$^A_Z\text{X} \to {}^{A-4}_{Z-2}\text{Y} + {}^4_2\text{He}$$

原子核が α 崩壊するときに放出する α 粒子による放射線を α 線(alpha rays) という．

(2) β 崩 壊

原子核中の中性子が陽子に変化し，原子核が電子とニュートリノ(neutrino) の反粒子[*1] $\bar{\nu}$ を放出する現象を β 崩壊(beta decay) という．いま，電子は陽子と逆符号の電荷 $-e$ をもち，質量は陽子より十分に小さいので，電子を $^{\;\;0}_{-1}\text{e}$ と書いて，β 崩壊の原子核内の反応は，

$$^1_0\text{n} \to {}^1_1\text{p} + {}^{\;\;0}_{-1}\text{e} + \bar{\nu} \tag{19.1}$$

となる．このとき放射する電子線を β 線(beta rays) という．原子核 ^A_ZX が β 崩壊すると，原子番号が1だけ増加し，質量数は変化しない．したがって，その反応式は，

$$^A_Z\text{X} \to {}^A_{Z+1}\text{Y} + {}^{\;\;0}_{-1}\text{e} + \bar{\nu}$$

となる．

ニュートリノは，はじめパウリによって存在が予言され，その後，発見された素粒子であり，物質の貫通力が非常に強く，地球をも貫いてしまう．その質量は非常に小さい．

[*1] 反粒子とは，もとの粒子と電荷の符号のみが反対で，質量など，その他の性質がまったく同じ素粒子のことである．粒子と反粒子が衝突すると，質量は消滅して電磁波のエネルギーだけになってしまう．

β崩壊には，式 (19.1) で表される崩壊の他に，原子核中の陽子が中性子に変化し，原子核が**陽電子**(positron)とニュートリノを放出する β^+ **崩壊**がある．陽電子は，電子の反粒子であり，陽子と同じ電荷 e をもち，質量は電子に等しく陽子より十分に小さいので，${}^0_1\mathrm{e}^+$ と書かれる．したがって，β^+ 崩壊では原子核内で，

$$ {}^1_1\mathrm{p} \to {}^1_0\mathrm{n} + {}^0_1\mathrm{e}^+ + \nu \tag{19.2} $$

という反応が起こる．

式 (19.1) で表される β 崩壊は，β^+ 崩壊に対応させて β^- 崩壊ともよばれる．何も断らなければ，β 崩壊は β^- 崩壊のことである．

(3) γ 崩 壊

原子核にも原子の場合と同様に，とびとびのエネルギー準位が存在する．図 19.3 のように，原子核がエネルギーの高い励起状態から低い基底状態に遷移するとき，そのエネルギーの差に等しい光子を放出する．このときの電磁波を γ 線(gamma rays) という．γ 線の波長は，10^{-11} から $10^{-15}\,\mathrm{m}$ 程度である．

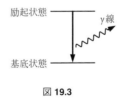

図 **19.3**

例題 19.1 中性子の発見　静止していたポロニウムから放出された α 線をベリリウムにあてたところ，電気的に中性な放射線が放出された．この放射線が γ 線であるか，陽子と同程度の質量をもつ電気的に中性な粒子であるかを判定するため，この放射線を静止している水素原子核 (陽子) ${}^1_1\mathrm{H}$ と静止している窒素原子核 ${}^{14}_7\mathrm{N}$ にあてる実験を行った．標的が水素のとき，放出された水素原子核の運動エネルギーの最大値は $5.6\,\mathrm{MeV}$ であり，標的が窒素のとき，放出された窒素原子核の運動エネルギーの最大値は $1.4\,\mathrm{MeV}$ であった．陽子の静止エネルギーを $940\,\mathrm{MeV}$ として，次の問に答えよ．ただし，$1\,\mathrm{MeV} = 1 \times 10^6\,\mathrm{eV}$ であり，相対論を考慮する必要はない．

(a) 放射線を γ 線と仮定して，標的が水素原子核である場合と窒素原子核である場合のそれぞれについて，放射線 (γ 線) のエネルギーを求めよ．

(b) 放射線を陽子と同じ質量をもつ中性な粒子と仮定して，標的が水素原子核である場合と窒素原子核である場合のそれぞれについて，放射線 (中性粒子) のエネルギー (運動エネルギー) を求めよ．

標的が水素原子核であるか窒素原子核であるかによらず，入射放射線のエネルギーは同じであると考えられる．こうして，この放射線は陽子と同程度の質量をもつ中性の粒子であることがわかり，この粒子は中性子と名づけられた．

解答 (a) 放出された水素原子核あるいは窒素原子核の運動エネルギーが最大になるのは，弾き飛ばされた原子核の速度が γ 線の進行方向になり，散乱された γ 線が入射方向と逆向きになる場合である (図 19.4)．

まず，標的が水素原子核の場合を考える．弾き飛ばされた水素原子核の質量を m，最大の運動エネルギーをもつときの速さを v，最大の運動エネルギーを K_H とすると，その運動量の大きさは，$mv = \sqrt{2mK_\mathrm{H}}$ と書ける．入射 γ 線と散乱 γ 線のエネルギーをそれぞれ $\varepsilon, \varepsilon'$ とすると，運動量保存則とエネルギー保存則は，c を真空中の光速としてそれぞれ，

$$\frac{\varepsilon}{c} = -\frac{\varepsilon'}{c} + \sqrt{2mK_\mathrm{H}}, \qquad \varepsilon = \varepsilon' + K_\mathrm{H}$$

これら 2 式から ε' を消去して，

$$\varepsilon = \frac{1}{2}(K_\mathrm{H} + \sqrt{2mc^2 \cdot K_\mathrm{H}}) = \frac{1}{2}(5.6 + \sqrt{2 \times 940 \times 5.6}) \simeq 54\,\mathrm{MeV}$$

次に，標的が窒素原子核である場合を考える．窒素原子核の質量は $14m$ であるから，運動エネルギーの最大値を K_N とすると，標的が水素原子核である場合と同様にして，入射 γ 線のエネルギー ε は，

$$\varepsilon = \frac{1}{2}(K_\mathrm{N} + \sqrt{2 \times 14mc^2 \cdot K_\mathrm{N}}) = \frac{1}{2}(1.4 + \sqrt{2 \times 14 \times 940 \times 1.4}) \simeq 97\,\mathrm{MeV}$$

未知の放射線を γ 線と考えると，水素原子核にあてた場合と窒素原子核にあてた場合で，そのエネルギーがだいぶ異なってしまう．

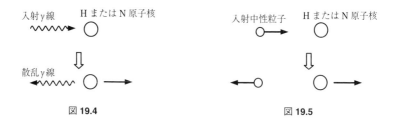

図 **19.4**　　　　　　　　図 **19.5**

(b) 中性粒子の質量を M，その入射時の運動エネルギーを K_M，散乱時の運動エネルギーを K'_M とする．この場合も，放出された原子核の運動エネルギーが最大になるのは，弾き飛ばされた原子核の速度が入射粒子の進行方向になり，散乱された中性粒子が入射方向と逆向きになる場合である (図 19.5)．

まず，標的が水素原子核の場合，運動量保存則とエネルギー保存則はそれぞれ，

$$\sqrt{2MK_\mathrm{M}} = -\sqrt{2MK'_\mathrm{M}} + \sqrt{2mK_\mathrm{H}}, \qquad K_\mathrm{M} = K'_\mathrm{M} + K_\mathrm{H}$$

これらより K'_M を消去して $t = m/M$ とおくと，

$$\sqrt{K_\mathrm{M} - K_\mathrm{H}} = \sqrt{tK_\mathrm{H}} - \sqrt{K_\mathrm{M}}$$

となる．さらに両辺を2乗して，

$$K_\mathrm{M} = \frac{(1+t)^2}{4t} K_\mathrm{H} \tag{19.3}$$

を得る．ここで，式 (19.3) に，$t = 1$, $K_\mathrm{H} = 5.6\,\mathrm{MeV}$ を代入して，$K_\mathrm{M} = 5.6\,\mathrm{MeV}$ を得る．

次に，標的が窒素原子核の場合，式 (19.3) で $t = 14$, $K_\mathrm{H} \to K_\mathrm{N} = 1.4\,\mathrm{MeV}$ とすればよいことから，$K_\mathrm{M} \simeq 5.6\,\mathrm{MeV}$ を得る．

両者で K_M がほぼ一致することから，未知の放射線は，陽子と同程度の質量をもつ中性の粒子であることがわかる． ∎

19.3 半 減 期

一般に，原子核が単位時間の間に崩壊するかどうかは，その原子核に特有な確率で決まる．同種の N 個の原子核があるとき，1つの原子核の単位時間の崩壊確率を λ とすると，単位時間あたりの崩壊数 I は，

$$I = -\frac{dN}{dt} = \lambda N \tag{19.4}$$

と表される．ここで，dN/dt の前に負号が付くことに注意しよう．

式 (19.4) の微分方程式の解 $N(t)$ は，両辺を N で割り，時間 t で積分することにより，簡単に求められる．

$$\int \frac{dN}{N} = -\lambda \int dt \quad \Rightarrow \quad \log N = -\lambda t + C \quad (C \text{ は積分定数})$$

初期条件を「$t=0$ のとき, $N = N_0$」とすると $C = \log N_0$, これより,

$$N = N_0 e^{-\lambda t} \tag{19.5}$$

となる.

　崩壊することなく残っている原子核数がはじめの $1/2$ になるまでの時間を**半減期**(half-life)といい, T で表す. そうすると, 式 (19.5) より,

$$\frac{N_0}{2} = N_0 e^{-\lambda T} \quad \therefore \quad e^{-\lambda T} = \frac{1}{2}$$

となるから, 時間 t だけたったとき残っている原子核数 N は,

$$N = N_0 (e^{-\lambda T})^{t/T}$$

$$\therefore \quad \boxed{N = N_0 \left(\frac{1}{2}\right)^{t/T}} \tag{19.6}$$

と表される.

例題 19.2　放射性元素の崩壊　$^{222}_{86}\mathrm{Rn}$ は半減期 $T_1 = 3.8$ 日で α 崩壊して $^{218}_{84}\mathrm{Po}$ になり, さらに半減期 $T_2 = 3.1$ 分で α 崩壊して $^{214}_{82}\mathrm{Pb}$ になる.

$$^{222}_{86}\mathrm{Rn} \to {}^{218}_{84}\mathrm{Po} \to {}^{214}_{82}\mathrm{Pb}$$

はじめ $t = 0$ に $^{222}_{86}\mathrm{Rn}$ だけが存在し, $^{218}_{84}\mathrm{Po}$ は存在しないとする. $^{222}_{86}\mathrm{Rn}$ が崩壊することにより一度は $^{218}_{84}\mathrm{Po}$ の数は増加するが, $^{218}_{84}\mathrm{Po}$ も崩壊する. いま, 微小時間 Δt の間に $^{222}_{86}\mathrm{Rn}$ が崩壊して $^{218}_{84}\mathrm{Po}$ が生成される数 ΔN_1 は, そのときの $^{222}_{86}\mathrm{Rn}$ の数 N_1 に比例する. 一方, 生成された $^{218}_{84}\mathrm{Po}$ が Δt の間に崩壊する数 ΔN_2 も, そのときの $^{218}_{84}\mathrm{Po}$ の数 N_2 に比例する. したがって, ある程度の時間がたつと, ΔN_1 と ΔN_2 はほぼ等しくなり, 半減期より十分に短い時間 Δt では, $^{218}_{84}\mathrm{Po}$ の数 N_2 はほぼ一定値になる. このような現象を**放射平衡**(radiation equilibrium)という. $^{222}_{86}\mathrm{Rn}$ の数が $N_1 = 1.0 \times 10^{15}$ であるとき, $^{218}_{84}\mathrm{Po}$ の数 N_2 はいくらか.

　ただし, 正の数 x が 1 に比べて十分に小さいとき,

$$1 - 2^{-x} \simeq 0.69 x$$

と近似できることを用いてよい.

解答 時刻 t から $t+\Delta t$ の間の微小時間 ($\Delta t \ll T$) の間に崩壊する原子核数 ΔN は，式 (19.6) を用いると，

$$\Delta N = N(t) - N(t+\Delta t) = N(t)\left[1 - \left(\frac{1}{2}\right)^{\Delta t/T}\right] \simeq 0.69\frac{N(t)}{T}\Delta t$$

と書ける．よって，$\Delta N_1 \simeq \Delta N_2$ より，

$$0.69\frac{N_1}{T_1}\Delta t \simeq 0.69\frac{N_2}{T_2}\Delta t \qquad \therefore \quad \frac{N_1}{T_1} \simeq \frac{N_2}{T_2}$$

となる．これより，

$$N_2 \simeq \frac{T_2}{T_1}N_1 \simeq 5.7 \times 10^{11}$$

■

19.4 原子核反応

(1) 質量欠損と結合エネルギー

原子核の核子の位置エネルギーは，核子がばらばらになって遠く離れているときを基準とする．原子核が構成されているとき，核子の全エネルギー (運動エネルギーと位置エネルギーの和) E は負となり，$\Delta E = |E|$ を**結合エネルギー**(binding energy) という (図 19.6)．

原子核の質量は，それを構成している個々の核子の質量の和より小さい．この質量の差を**質量欠損**(mass defect) という．原子番号 Z，質量数 A の原子核の質

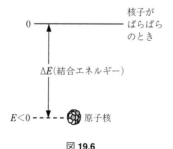

図 **19.6**

量を M,陽子 1 個の質量を m_p,中性子 1 個の質量を m_n とすると,この原子核の質量欠損 ΔM は,

$$\Delta M = [Zm_\mathrm{p} + (A-Z)m_\mathrm{n}] - M \tag{19.7}$$

と書ける.このとき,質量とエネルギーの等価性より,

$$\Delta E = \Delta M \cdot c^2 \tag{19.8}$$

の関係式が成り立つ.ここで,c は真空中の光速である.

(2) 核 反 応

　原子核どうしを衝突させると,それぞれの原子核内の核子間に核力が作用し,核子の組合せが変わって新しい原子核ができる.このような反応を (原子) **核反応**(nuclear reaction) という.核反応では,次の法則が成り立つ.

(a) **質量・エネルギー保存則**　反応の前後で相対論的エネルギー,すなわち静止エネルギーと運動エネルギーの和,および光子のエネルギーなどとの和が保存される.

　したがって,ある原子核が結合エネルギーの大きな原子核に変化すると,結合エネルギーの差のエネルギーが外部に放出される.逆に,結合エネルギーの小さな原子核に変化するには,その差のエネルギーが外部から供給される必要がある.

(b) **電荷保存則**　反応の前後で電荷の総和は一定である.したがって,反応で原子番号の和は一定に保たれる.

(c) **核子数保存則**　反応の前後で核子数は一定に保たれる.したがって,反応で質量数の和は一定に保たれる.

　上の保存則を使う場合,電子,陽電子,ニュートリノなどの質量数は 0,電子の原子番号は -1 とする.

(3) 核分裂と核融合

　ウラン 235 ($^{235}_{92}\mathrm{U}$) は中性子 ($^{1}_{0}\mathrm{n}$) を吸収すると,2 つ以上の原子核に分裂する.このように,原子核が分裂することを**核分裂**(nuclear fission) という.一方,い

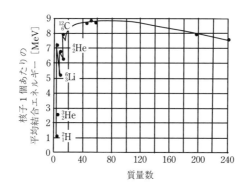

図 **19.7**

くつかの質量数の小さい原子核が融合して質量数の大きい原子核をつくることを**核融合**(nuclear fusion) という.

図 19.7 に示すように,いろいろな原子核で核子 1 個あたりの平均結合エネルギーは,質量数 60 くらいの原子核が最も大きい.それより質量数の大きなウランなどが質量数の小さな原子核に分裂すると,エネルギーが放出される.逆に,水素やヘリウムなど,質量数の小さな原子核が融合して質量数の大きな原子核をつくる場合も,結合エネルギーは大きくなり,エネルギーが外部に放出される.これら核反応によって放出されるエネルギーは,化学反応で放出されるエネルギーに比べて非常に大きい.

例題 19.3　原子核反応　静止しているリチウム原子核 $^{7}_{3}\text{Li}$ に運動エネルギー $E = 0.6\,\text{MeV}$ をもつ陽子 $^{1}_{1}\text{p}$ を衝突させたら,基底状態にある同種の未知の 2 つの原子核 X が,図 19.8 に示すように,$^{1}_{1}\text{p}$ の進行方向から角 θ をなす方向に同じ運動エネルギー $E_X = 9.0\,\text{MeV}$ をもって放出された.

(a) 未知の原子核 X を定めよ.また,$^{7}_{3}\text{Li}$ の結合エネルギーを 38.8 MeV として,原子核 X の結合エネルギーを求めよ.
(b) θ の値を度数単位で表し,有効数字 2 桁で求めよ.

解答　(a) 未知の原子核の質量数を A,原子番号を Z とすると,核反応式は,

$$^{7}_{3}\text{Li} + ^{1}_{1}\text{p} \rightarrow ^{A}_{Z}\text{X} + ^{A}_{Z}\text{X}$$

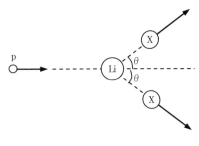

図 **19.8**

となる．反応前後で質量数と原子番号が不変であることから，$A=4, Z=2$ となり，未知の原子核は，"ヘリウム 4 (^4_2He)" であることがわかる．

核子がばらばらの状態のエネルギーを 0 とし，^4_2He の結合エネルギーを ΔE とすると，エネルギー保存則は，

$$(-38.8) + 0 + 0.6 = 2 \times (-\Delta E) + 9.0 \times 2$$
$$\therefore \quad \Delta E = 28.1 \,\text{MeV}$$

(b) 入射陽子 ^1_1p の質量を m とすると，核反応で生成された ^4_2He の質量はほぼ $4m$ であるから，^1_1p と ^4_2He の運動量の大きさは，それぞれ $\sqrt{2mE}$, $\sqrt{2 \times 4mE_\text{X}}$ と表される．これより，陽子の入射方向の運動量保存則は，

$$\sqrt{2mE} = 2 \times \sqrt{2 \times 4mE_\text{X}} \cos\theta \quad \Rightarrow \quad \cos\theta = \frac{1}{4}\sqrt{\frac{E}{E_\text{X}}} = 6.5 \times 10^{-2}$$
$$\therefore \quad \theta \approx 86°$$

となる． ∎

20 特殊相対論の概要 ★

19世紀末まで，光はエーテルとよばれる仮想的物質中を伝わると考えられていたが，アインシュタインは観測にかからないエーテルの存在を否定し，特殊相対性原理と光速不変の原理を用いて特殊相対性理論(特殊相対論)を構築することに成功した．

本章ではローレンツ変換をもとに，速度，加速度のローレンツ変換，そして相対論的運動方程式を導く．また，エネルギーと運動量の相対論的表式を得る．16章で述べたコンプトン効果の相対論的計算は，相対論を用いた力学の一例である．

20.1 マイケルソン干渉計

19世紀後半，マクスウェルによって電磁波の存在が予言され，光は電磁波の一種であり，波動であることは疑いようのないことと思われていた．光が波である限り，何らかの静止している媒質中を伝わると考えられ，この媒質はエーテルとよばれていた．このようなエーテルの存在を仮定することは，宇宙の中に絶対的な静止系を仮定することであった．

一方，光速は非常に速く，1675年のレーマー(O. C. Rømer)による推定では，2.0×10^8 m/s 以上であることがわかった．光はなぜこのような高速で伝わるのか，大いに人々の好奇心をかき立てるものであった．このような状況下で行われたのがマイケルソンによる実験であり，光がエーテル中を伝わるという考えに大きな疑問を投げかけるものであった．

図20.1のように，光源Sを発した光を半透明鏡Hで透過光と反射光に分け，前者を平面鏡M_1で反射させた後Hで再び反射させ，後者を平面鏡M_2で反射させた後Hを透過させ，両者の干渉をスクリーン上で観測する．このような干渉装置を**マイケルソン干渉計**(Michelson interferometer) という．

19世紀まで，波動である光は仮想的な媒質であるエーテル(ether)中を伝わる

20 特殊相対論の概要 ★

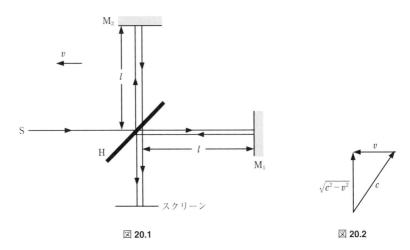

図 20.1   図 20.2

と考えられていた．マイケルソン (A. A. Michelson) は地上でのエーテルの風の速さを測定する目的で上のような干渉計を考案して，モーリー (E. W. Morley) とともに実験を行った．

いま，図 20.1 の干渉計に左向きに速さ v のエーテルの風が吹いているとし，エーテルに対する光速を c，H–M_1 間の距離と H–M_2 間の距離をともに l とする．H から M_1 に向かう光の速さは $c-v$，M_1 から H に向かう光の速さは $c+v$ となるから，H–M_1 間の往復時間 t_1 は，

$$t_1 = \frac{l}{c-v} + \frac{l}{c+v} = \frac{2cl}{c^2-v^2}$$

となる．一方，H から M_2 に向かう光の速さは $\sqrt{c^2-v^2}$ (図 20.2)，M_2 から H に向かう光の速さも $\sqrt{c^2-v^2}$ となるから，H–M_2 間の往復時間 t_2 は，

$$t_2 = \frac{2l}{\sqrt{c^2-v^2}}$$

となる．ここで $v \ll c$ とすると，半透明鏡 H から鏡 M_1, M_2 に光が往復する時間差 Δt は，

$$\begin{aligned}\Delta t &= t_1 - t_2 = \frac{2cl}{c^2-v^2} - \frac{2l}{\sqrt{c^2-v^2}} \\ &= \frac{2l}{c} \cdot \frac{1}{1-v^2/c^2} - \frac{2l}{c} \cdot \frac{1}{\sqrt{1-v^2/c^2}} \approx \frac{2l}{c} \cdot \frac{v^2}{2c^2} = \frac{v^2}{c^3}l\end{aligned}$$

となる．

次に，図 20.1 の装置を $\pi/2$ だけ回転させる．そうすると，光が H から M_1 まで往復する時間は t_2 となり，H から M_2 まで往復する時間は t_1 となるから，時間差 $\Delta t'$ は，

$$\Delta t' = -\Delta t$$

となる．したがって，この間の時間差の変化は $\Delta t - \Delta t' = 2\Delta t$ である．時間差が 1 周期 $T = \lambda/c$ だけ変化すると，スクリーン上は明 $\to$ 暗 $\to$ 明と 1 回変化する．これより，装置を $\pi/2$ だけ回転させる間の明 $\to$ 暗 $\to$ 明の変化は，

$$N = \frac{2\Delta t}{T} = \frac{2lv^2}{\lambda c^2} \tag{20.1}$$

回である．

エーテルが太陽に対して静止しているとすると，地上でのエーテルの速さは，ほぼ太陽のまわりの地球の公転速度

$$v \approx 3 \times 10^4 \mathrm{m/s}$$

で与えられる[*1]．マイケルソンとモーリーの実験で用いられた値は，$\lambda = 5.9 \times 10^{-7}\mathrm{m}$, $l = 11\,\mathrm{m}$ であり，これらの数値と $c = 3.0 \times 10^8 \mathrm{m/s}$ を式 (20.1) に代入すると，$N = 0.37$ となる．この程度の値であれば観測可能と考えられたが，実験結果は $N \leq 0.01$ となった．これより，エーテルは地球に対して静止していると考えられることになり，物理学の根底に大きな疑問を投げかけることになった．

20.2 ローレンツ収縮

マイケルソンの実験結果を説明するために，1892 年，ローレンツ (H. A. Lorentz) とフィッツジェラルド (G. F. FitzGerald) は，独立に次の**収縮仮説**(contraction hypothesis) を提案した．

> エーテルに対して速さ v で運動している物体は，その運動に垂直な方向の長さは変化しないが，真空中の光速を c として，運動方向の長さは $\sqrt{1 - v^2/c^2}$ 倍に収縮する．

[*1] 地球の自転による地表面の速さは，公転速度より 2 桁程度小さいので，地球の自転の影響は無視できる．

1904 年,ローレンツはこの収縮仮説をさらに発展させ,エーテルに対して運動している座標系では,時間の進み方も変化すると考えて,次の変換式を導いた.エーテルに対して静止している時間と空間の座標系を (t, x, y, z),エーテルに対して x 軸方向に速さ v で運動している時間と空間の座標系を (t', x', y', z') とするとき,

$$t' = \gamma(v)\left(t - \frac{v}{c^2}x\right) \tag{20.2a}$$

$$x' = \gamma(v)(x - vt) \tag{20.2b}$$

$$y' = y \tag{20.2c}$$

$$z' = z \tag{20.2d}$$

が成り立つ.ここで,

$$\gamma(v) = \frac{1}{\sqrt{1 - v^2/c^2}} \tag{20.3}$$

座標変換 (20.2a–d) をポアンカレ (J. H. Poincaré) は**ローレンツ変換**(Lorentz transformation) と名づけた.この変換は,後にアインシュタインによって導かれたものとまったく同じものであったが,ローレンツは,光はエーテル中を伝わるものと考え,エーテルの存在を信じていた.

20.3 特殊相対論の仮定

アインシュタインは,1905 年,観測にかからないエーテルの存在を仮定する必要はないと考えて,**特殊相対性原理**(principle of special relativity) と**光速不変の原理**(principle of invariance of the light speed) という 2 つの原理だけを用いて,時間と空間に関する基礎理論である**特殊相対性理論**(theory of special relativity) を構築することに成功した.

> **特殊相対性原理** 自然法則は，あらゆる慣性系 (等速運動する座標系) で同じ形であらわされる．
> **光速不変の原理** 真空中において，光の速さはどんな慣性系においても光源の速度に関係なく一定である．

特殊相対性原理は，力学において成立していると考えられていたものであり，アインシュタインは，これが光学や電磁気学でも成り立つと考えた．すなわち，光学や電磁気学の法則は，どんな慣性系でも同じ形で表され，相対的な運動によって物理的な性質が決まると考えたのである．光は電磁波であり，電磁波の速さは電磁気学の法則で決まる．電磁気学の法則が任意の慣性系で同じ形に表されるならば，電磁波，すなわち光の速さは任意の慣性系で同じでなければならない．したがって，相対性原理が電磁気学で成り立つならば，「光速不変の原理」は必然的に導き出されることになる．また，相対性原理および光速不変の原理は，特別な性質を与えられた絶対的な静止系を否定し，その概念のもとになっているエーテルという媒質の存在も否定するものであった．なぜなら，自然法則があらゆる慣性系で同じであり，光速が任意の慣性系で等しければ，ある座標系が静止しているかどうか決めることができなくなるからである．

20.4 時間の遅れ

図 20.3 のように，宇宙船が静止している座標系 (これを S 系とする) に対して，速度 v で運動しているとし，宇宙船とともに動いている座標系を S′ 系とする．宇宙船内の点 A から光を発する時刻を S 系と S′ 系の時刻の原点として $t = t' = 0$ とする．宇宙船内 (S′ 系) で見ると，点 A で発せられた光は鏡 M で反射して A

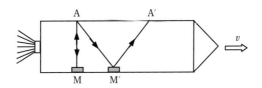

図 20.3

に戻るが，これを宇宙船外の静止系 (S 系) で見ると，光は A→M′ →A′ と進む．また，光速不変の原理から，S 系でも S′ 系でも光の速さは等しく c である．よって，光が点 A に戻る S 系での時刻を t，S′ 系での時刻を t' とすると，

$$t = \frac{\overline{AM'} + \overline{M'A'}}{c} = \frac{2\overline{AM'}}{c} \quad (S 系) \quad \therefore \quad \overline{AM'} = \frac{ct}{2}$$

$$t' = \frac{2\overline{AM}}{c} \quad (S' 系) \quad \therefore \quad \overline{AM} = \frac{ct'}{2}$$

となる．ここで，S 系で $\overline{MM'} = vt/2$ であり，三平方の定理より $\overline{AM'}^2 = \overline{AM}^2 + \overline{MM'}^2$ となるから，

$$\left(\frac{ct}{2}\right)^2 = \left(\frac{ct'}{2}\right)^2 + \left(\frac{vt}{2}\right)^2$$

となり，

$$t' = t\sqrt{1 - \frac{v^2}{c^2}} \tag{20.4}$$

を得る．

式 (20.4) は，S′ 系での時間の進み方が S 系の $\sqrt{1-v^2/c^2}$ 倍になっていることを示している．これは，S 系に対して速度 v で運動している宇宙船 (S′ 系) では時間がゆっくり進むことを表している．また，根号内は正であるから，宇宙船の速さは光速 c を超えることはできない．このことは逆に，S′ 系からみれば，S 系は速度 $-v$ で運動しているから，S 系の時間は S′ 系よりゆっくり進むことになる．

例題 20.1 **宇宙船内の時間** 図 20.4 のように，無重力空間を等速直線運動している宇宙船 A に対して，相対的速さ $0.6c$ (c は真空中の光速) で等速直線運動する宇宙船 B が A のすぐ上を通り過ぎる瞬間，A と B の時計を午前 9 時に合わせた．宇宙船 B の時計が午前 10 時を指した瞬間，B の乗組員は宇宙船 A に向かって光信号を発する．宇宙船 A の乗組員はその光信号を観測するや否や，宇宙船 B に向かって光信号を返答する．

宇宙船 A の乗組員が宇宙船 B からの光信号を観測するとき，A の時計は何時を指しているか．また，宇宙船 B の乗組員が宇宙船 A からの返答の信号を観測するのは，B の時計で何時か．

解答 ここでは，光速 c で 1 時間に進む距離を l_0 とする．まず，宇宙船 A に固定された慣性系で考える．宇宙船 A に対して速さ $0.6c$ で運動する宇宙船 B の時計の進み方は，A の時計の進み方の $\sqrt{1-0.6^2} = 0.8$ 倍となるから，B から A に向けて光信号を発する

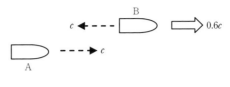

図 **20.4**

時刻は，A の時計では，

$$午前 9 時 + \frac{1}{0.8} 時 = 9 時 + 1.25 時 = 10 時 15 分$$

となる．このとき，B は A から距離 $l_1 = 0.6c \times 1.25 = 0.75 l_0$ だけ離れている．この距離 l_1 を光が伝わるのにかかる時間は，$\frac{3}{4}$ 時間 $= 45$ 分であるから，A で B からの信号を観測する A の時計の時刻は，10 時 15 分 $+$ 45 分 $=$ 11 時，すなわち "午前 11 時" である．

次に，宇宙船 B に固定された慣性系で考える．宇宙船 B から宇宙船 A に向けて光信号を発するとき (B の時計で午前 10 時)，A は B から距離 $l_2 = 0.6c \times 1 = 0.6 l_0$ だけ離れている．この距離 l_2 を信号は，A に対して相対的速さ $c - 0.6c = 0.4c$ で進むから，信号が A に達する時刻は，B の時計で，

$$午前 10 時 + \frac{0.6 l_0}{0.4 c} 時 = 10 時 + 1.5 時 = 11 時 30 分$$

となる．A から B への返答の信号は，B から A まで信号が伝わったのと同じ距離空間を戻ってくるのであるから，その時間は 1.5 時間であり，B が返答を受け取る (B の時計の) 時刻は，11.5 時 + 1.5 時 = 13 時 となり，"午後 1 時" である． ∎

☞ 宇宙船 B が宇宙船 A からの返答の信号を受け取る時刻を，宇宙船 A に固定された慣性系で考えてみる．

宇宙船 A から A の時計で午前 11 時に返答が発せられるとき，宇宙船 B は A から，$l_3 = 0.6c \times 2 = 1.2 l_0$ の距離にいる．この距離 l_3 を信号は相対的速さ $c - 0.6c = 0.4c$ で進むから，信号が B に達する (A の時計の) 時刻は，

$$11 時 + \frac{1.2 l_0}{0.4 c} 時 = 14 時 （午後 2 時）$$

となる．

宇宙船 A から見れば，宇宙船 B の時計の進み方は 0.8 倍であるから，返答信号が B に達するまでに B の時計は，午前 9 時から 5 時間 × 0.8 = 4 時間 たって午後 1 時であり，上の結果に一致する．

20.5 光のドップラー効果

波源と観測者が相対的に動くと、観測される波の振動数は波源から発せられる波の振動数からドップラー効果によりずれる。光も波であるから同様なドップラー効果が生じるが、光の場合は、さらに光源と観測者の時間の進み方が異なる効果が加えられる。

(1) 横ドップラー効果

図 20.5 のように、光源 L が観測者 O に対して 90° をなす向きに速さ v で運動しながら光を発する場合を考える。この場合、音などではドップラー効果は起きず、波源の発する振動数と観測者が観測する振動数は等しい。

図 **20.5**

L が発する光の周期を T_0 とすると、T_0 は L に固定された慣性系 S' での時間である。一方、観測者 O に固定された慣性系 S から見ると、L すなわち慣性系 S' は速さ v で運動しているから、その時計 (時間) はゆっくり進む。したがって、S' 系での時間 T_0 は、S 系 (観測者 O) では、

$$T = \frac{T_0}{\sqrt{1 - v^2/c^2}} \tag{20.5}$$

となる。つまり観測者 O では、発せられた光の周期は式 (20.5) で与えられる。こうして、O が観測する光の振動数 f は、$f = 1/T$, $f_0 = 1/T_0$ として、

$$f = f_0 \sqrt{1 - \frac{v^2}{c^2}} \tag{20.6}$$

となる。ここで、光源の速さが十分遅い ($v \ll c$) として、v/c の 2 乗の項を無視す

れば，$f = f_0$ となり，音の場合と一致する．このドップラー効果を**横ドップラー効果**(transverse Doppler effect) という．

(2) 縦ドップラー効果

図 20.6 のように，光源 L が観測者 O に対して速さ v で遠ざかりながら，周期 T_0 の光を発し，その光を O が観測する場合を考える．O に固定された慣性系 S から見ると，L が発する光の周期は，式 (20.5) で与えられる T であり，T の間に L は vT だけ遠ざかる．よって，O が観測する光の周期 T' は，T と光が距離 vT を伝わる時間 vT/c の和であり，

$$T' = T + \frac{vT}{c} = T\left(1 + \frac{v}{c}\right)$$

となる．この式に式 (20.5) を代入すると，

$$T' = \frac{1 + v/c}{\sqrt{1 - v^2/c^2}} T_0$$

となり，O が観測する光の振動数

$$\boxed{f' = \frac{1}{T'} = f_0 \sqrt{\frac{1 - v/c}{1 + v/c}}} \tag{20.7}$$

を得る．式 (20.7) で，v/c の 1 次の項までの近似をすれば，音波に関するドップラー効果の式を得ることができる．このドップラー効果を**縦ドップラー効果**(longitudinal Doppler effect) という．

図 **20.6**

20.6 ローレンツ変換

慣性系 S(x, y, z) に対して一定の相対的速さ v で x 方向に等速度運動している慣性系 S$'(x', y', z')$ を考える．S$'$ の x' 軸は S 系の x 軸と一致し，y' 軸，z' 軸はそれぞれ y 軸，z 軸と平行を保ったまま運動する．また，S 系の時刻を t，S$'$ 系の時刻を t'，$t = t' = 0$ として時刻の原点を合わせる．このとき，任意の時刻における S 系と S$'$ 系の間の関係は，係数を v の関数とする次の 1 次変換で与えられるとする．

$$t' = \alpha(v)t + \beta(v)x \tag{20.8a}$$

$$x' = \delta(v)t + \gamma(v)x \tag{20.8b}$$

$$y' = \lambda(v)y \tag{20.8c}$$

$$z' = \lambda(v)z \tag{20.8d}$$

詳細は省略するが，式 (20.8a)–(20.8d) に含まれる係数 $\alpha(v)$, $\beta(v)$, $\gamma(v)$, $\delta(v)$, $\lambda(v)$ を，空間の対称性，原点の位置関係，相対性原理，光速不変の原理を用いて決めることができ，慣性系 S(t, x, y, z) から慣性系 S$'(t', x', y', z')$ へのローレンツ変換 (20.2a)–(20.2d) を得る．これらを逆に解くことにより，S$'$ 系から S 系への変換は，

$$t = \gamma(v)\left(t' + \frac{v}{c^2}x'\right) \tag{20.9a}$$

$$x = \gamma(v)(x' + vt') \tag{20.9b}$$

$$y = y' \tag{20.9c}$$

$$z = z' \tag{20.9d}$$

となる．

20.7 速度・加速度の変換則

(1) ガリレイ変換

はじめに，ニュートン力学における各変換則を考えてみよう．

慣性系 S に対する質点 P の速度を v_x，S 系に対して x 方向に速度 v で運動している座標系を S′ 系 (S 系と S′ 系の各座標軸は平行) とする．S′ 系に対する P の速度の x 成分を v'_x とすると，v_x は，

$$v_x = v'_x + v \tag{20.10}$$

となるが，真空中の光速を c として，$v = v'_x = \frac{2}{3}c$ のとき，$v_x = \frac{4}{3}c$ となり，質点 P の S 系に対する速度の x 成分が c を超えてしまう．

一般に，時刻 $t = 0$ において，S 系に対して x 方向に速度 v で運動している S′ 系 (S 系と S′ 系の各座標軸は平行) と S 系の原点が一致するとしたとき，時刻 t における S 系と S′ 系の各座標の間に，

$$\boxed{x' = x - vt, \qquad y' = y, \qquad z' = z} \tag{20.11}$$

が成り立つと考えられる．関係式 (20.11) を**ガリレイ変換**(Galilei transformation) という．

ガリレイ変換 (20.11) は，ローレンツ変換 (20.2b)–(20.2d) で $v/c \to 0$ とすれば与えられる．このことは，**相対論は，$v/c \to 0$ の極限としてニュートン力学を含む**ことを示している．

質点 P の S 系での速度と加速度をそれぞれ，

$$\boldsymbol{v} = (v_x, v_y, v_z), \qquad \boldsymbol{a} = (a_x, a_y, a_z)$$

S′ 系での速度と加速度をそれぞれ，

$$\boldsymbol{v}' = (v'_x, v'_y, v'_z), \qquad \boldsymbol{a}' = (a'_x, a'_y, a'_z)$$

とすると，

$$v'_x = \dot{x}' = \dot{x} - v = v_x - v, \quad v'_y = \dot{y}' = \dot{y} = v_y, \qquad v'_z = \dot{z}' = \dot{z} = v_z \tag{20.12}$$

$$a'_x = \dot{v}'_x = \dot{v}_x = a_x, \qquad a'_y = a_y, \qquad a'_z = a_z \tag{20.13}$$

となり，ガリレイ変換では式 (20.10) が成立することがわかる．

次に，ローレンツ変換を用いると，各変換則がどのようになるかを考える．ただし，ここでは議論を簡潔にするために，速度・加速度の x 成分の変換則に限定して話を進めることにしよう．

(2) 速度の変換則

S系で微小時間 Δt の間に質点の x 座標が Δx だけ変化し，S′系で時間 $\Delta t'$ の間に座標が $\Delta x'$ だけ変化したとする．ローレンツ変換 (20.2a, b) より，

$$\Delta t' = \gamma(v)\left(\Delta t - \frac{v}{c^2}\Delta x\right)$$
$$\Delta x' = \gamma(v)(\Delta x - v\Delta t)$$

が成り立ち，

$$\frac{\Delta x'}{\Delta t'} = \frac{\Delta x - v\Delta t}{\Delta t - \dfrac{v}{c^2}\Delta x} = \frac{\dfrac{\Delta x}{\Delta t} - v}{1 - \dfrac{v}{c^2}\dfrac{\Delta x}{\Delta t}}$$

となる．ここで，$\Delta t \to 0$ のとき，$\Delta x'/\Delta t' \to v'_x$, $\Delta x/\Delta t \to v_x$ とおいて，S系からS′系への速度の x 成分の変換則

$$\boxed{v'_x = \frac{v_x - v}{1 - \dfrac{v}{c^2}v_x}} \qquad (20.14)$$

を得る．また，S′系からS系への変換則は，

$$v_x = \frac{v'_x + v}{1 + \dfrac{v}{c^2}v'_x} \qquad (20.15)$$

となる．式 (20.14) は $v/c \to 0$ とすると，ガリレイ変換による速度の x 成分の変換則に帰着する．

(3) 加速度の変換則

S系で Δt の間に質点の速度の x 成分が $v_x \to v_x + \Delta v_x$ と変化し，S′系で $\Delta t'$ の間に質点の速度の x' 成分が $v'_x \to v'_x + \Delta v'_x$ と変化したとする．式 (20.14) から

$\Delta v'_x$ を $\Delta v_x, v_x, v, c$ を用いて表し，ローレンツ変換 (20.9a, b) から，$\Delta x'$ を消去し，$\Delta t'$ を $\Delta t, \Delta x, v, c$ で表して，$\Delta v_x/\Delta t \to a_x$, $\Delta v'_x/\Delta t' \to a'_x$, $\Delta x/\Delta t \to v_x$ とすると，S 系から S′ 系への加速度の変換則

$$a'_x = \frac{a_x}{\gamma(v)^3 \left(1 - \frac{v}{c^2} v_x\right)^3} \tag{20.16}$$

を得る．

20.8 相対論的力学

ニュートン力学では，S 系と S′ 系で加速度は等しく，運動方程式も同じ形で書き表されるが，相対論では S 系と S′ 系の加速度の関係は，式 (20.16) で表される．そのとき，運動方程式をどのように表せばよいのであろうか．

相対論的運動方程式を得るには，力がローレンツ変換によりどのように変換されるか知らなければならない．ここでは，S′ 系が S 系に対して，x 方向に相対速度 v で動いているとき，**力の x 成分は S 系と S′ 系で等しいことを仮定**して議論を進めることにする．このことは，もともと電磁気学がローレンツ変換に対して不変であることを仮定して導かれたが，空間の対称性を詳しく考察することにより，力学だけを用いて導くこともできる．ただし，これらの考察はここでは行わないことにする．

(1) 相対論的運動方程式

質点の速度がゼロの瞬間，質点の運動は厳密にニュートン力学で表され，ニュートンの運動方程式が成り立つ．そこで，ある瞬間に質点の速度がゼロになる慣性系 [これを **瞬間静止系**(instantaneous rest frame) という] を考えてニュートンの運動方程式を立て，それをローレンツ変換して，速度 v で運動する質点の相対論的運動方程式 (relativistic motion of equation) を求めよう．ただし，ここでは簡単化のため，質点の速度方向の運動のみを考える．

慣性系 $S(x,y,z)$ で質量 m の質点 P が x 方向に速度 v で運動しながら x 方向に力 F_x を受けるとする．質点 P の瞬間静止系 $S'(x',y',z')$ (S 系と S′ 系の各座

標軸は平行) で x' 方向の運動方程式は，S′ 系での加速度の x' 成分を a'_x (S 系での加速度の x 成分は a_x), 力の x' 成分を F'_x とすると，

$$ma'_x = F'_x \tag{20.17}$$

と書ける．ここで，加速度の変換式 (20.16) で $v_x = v$ とした式を代入し，力の x 成分に対する仮定 ($F'_x = F_x$) を用いると，式 (20.17) は，

$$\boxed{ma_x\gamma^3(v) = F_x} \tag{20.18}$$

となる．式 (20.18) が，S 系で x 方向に速度 v で運動している質量 m の質点の相対論的運動方程式である．

(2) 運動量とエネルギー

相対論においても，運動方程式が与えられればニュートン力学の場合と同様に，積分することにより運動量とエネルギーの式を導くことができる．

まず，$a_x = dv/dt$ として，運動方程式 (20.18) の両辺を時間 t で $t = t_1$ (このとき $v = v_1$) から $t = t_2$ (このとき $v = v_2$) まで積分する．

$$\text{左辺} = \int_{t_1}^{t_2} \frac{m}{(1-v^2/c^2)^{3/2}} \cdot \frac{dv}{dt} dt = \int_{v_1}^{v_2} \frac{m}{(1-v^2/c^2)^{3/2}} dv$$

ここで，$v/c = \sin\theta$ ($-\pi/2 \leq \theta \leq \pi/2$) とおき，$v_1/c = \sin\theta_1$, $v_2/c = \sin\theta_2$ として，

$$\text{左辺} = \int_{\theta_1}^{\theta_2} \frac{mc}{\cos^2\theta} d\theta = mc(\tan\theta_2 - \tan\theta_1) = \frac{mv_2}{\sqrt{1-v_2^2/c^2}} - \frac{mv_1}{\sqrt{1-v_1^2/c^2}}$$

他方，右辺はニュートン力学の場合とまったく同じであり，質点に加えられた力積を表す．したがって，「質点の運動量変化は質点に加えられた力積に等しい」とおいて運動量を定義すれば，速度 v で運動している質量 m の質点の相対論的運動量 p は，光速 c を用いて，

$$p = \frac{mv}{\sqrt{1-v^2/c^2}} = \gamma(v)\,mv \tag{20.19}$$

と表されることがわかる．したがって，相対論的運動方程式 (20.18) は，$dp/dt = F$，すなわち，

$$\frac{d}{dt}\left(\frac{mv}{\sqrt{1-v^2/c^2}}\right) = F \tag{20.20}$$

と書ける．

次に，式 (20.18) の両辺に $v = dx/dt$ をかけて，$t = t_1$ から $t = t_2$ まで積分する．

$$\text{左辺} = \int_{t_1}^{t_2} \frac{mv}{(1-v^2/c^2)^{3/2}} \cdot \frac{dv}{dt} dt = \int_{v_1}^{v_2} \frac{mv}{(1-v^2/c^2)^{3/2}} dv$$

ここで，$1 - v^2/c^2 = u$ とおき，$1 - v_1^2/c^2 = u_1$, $1 - v_2^2/c^2 = u_2$ として，

$$\text{左辺} = -\frac{1}{2}mc^2 \int_{u_1}^{u_2} \frac{du}{u^{3/2}} = mc^2\left(\frac{1}{\sqrt{u_2}} - \frac{1}{\sqrt{u_1}}\right) = \frac{mc^2}{\sqrt{1-v_2^2/c^2}} - \frac{mc^2}{\sqrt{1-v_1^2/c^2}}$$

となる．

他方，右辺は力のする仕事を表すので，「質点のエネルギー変化は仕事に等しい」とおくことにより，質量 m, 速度 v の質点の相対論的エネルギー E は，光速 c を用いて，

$$E = \frac{mc^2}{\sqrt{1-v^2/c^2}} \tag{20.21}$$

と表されることがわかる．ここで，$v = 0$ のときの質点のエネルギー $E_0 = mc^2$ は，静止エネルギーであり，質点の運動エネルギー K は，

$$K = E - E_0 \tag{20.22}$$

で与えられる．

式 (20.19) と式 (20.21) より，相対論的エネルギー E と運動量 p の間に，関係式

$$\boxed{E^2 = c^2 p^2 + m^2 c^4} \tag{20.23}$$

の成り立つことがわかる．

例題 20.2 一定の力を受けた質点の運動　時刻 $t = 0$ に原点 $x = 0$ に静止していた質量 m の質点に，x 軸正方向に一定の力 mg を加えたとき，時刻 t における質点の速度 v と位置 x を求めよ．これより，終端速度が c (真空中の光速) となることを示せ．また，縦軸に ct, 横軸に x をとってグラフを描け．

解答 運動方程式
$$\frac{d}{dt}\left(\frac{mv}{\sqrt{1-v^2/c^2}}\right) = mg$$
を初期条件「$t=0$ のとき $v=0$」を用いて t に関して積分すると，
$$\frac{v}{\sqrt{1-v^2/c^2}} = gt \qquad \therefore \quad v = \frac{gt}{\sqrt{c^2+g^2t^2}}c \tag{20.24}$$
これより，$t \to \infty$ のとき，$v \to c$ となることがわかる．

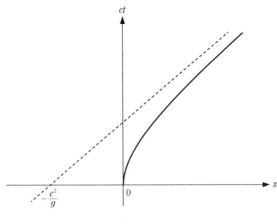

図 **20.7**

$v = dx/dt$ より，式 (20.24) を初期条件「$t=0$ のとき，$x=0$」を用いて t に関して積分すると，
$$x = \frac{c}{g}(\sqrt{c^2+g^2t^2} - c) \tag{20.25}$$
となる．式 (20.25) は，$x+c^2/g = ct$ を漸近線とする双曲線であり，図 20.7 のように描かれる． ∎

索　引

あ　行

α 線　270
α 崩壊　270
α 粒子　270
アーンショウの定理　117
安定なつり合い　117
アンペールの法則　178

イオン　107
位相速度　255
位置エネルギー　51
一般解　64
陰極　233
インピーダンス　212

運動エネルギー　49
運動の第1法則　26
運動の第2法則　26
運動の第3法則　27
運動方程式　26, 27
運動量　44
運動量保存則　45

X線　237
エーテル　279
N型半導体　160
エネルギーギャップ　265
エネルギー準位　248
遠隔作用　111

遠心力　59
オーム抵抗　150

か　行

解　64
外積　19
回転運動方程式　92
外力　45
回路方程式　141
ガウスの法則　124
　　積分形式の―　125
角運動量　88
角運動量保存則　89
核子　268
角振動数　63
角速度　12
核反応　276
核分裂　276
核融合　277
核力　269
加速度　5
価電子　160
価電子帯　265
ガリレイ変換　289
換算質量　56
慣性系　26
慣性質量　27
慣性抵抗　35

慣性の法則　26
慣性モーメント　91
慣性力　38
γ 線　271
緩和時間　153

基底状態　248
起電力　155
キャリア　159
強磁性体　180
共有結合　160
極版　131
キルヒホッフの法則　139
近距離力　269

空洞輻射　231
クーロン電場　183
クーロンの法則　110
群速度　257

撃力　83
ケプラー運動　83
ケプラーの法則　74
限界振動数　233
限界波長　233
原子　107
原子核　107
原始関数　5
原子質量単位　269
原子番号　268

光子　232
向心加速度　13
合成抵抗　156
合成容量　134
光速不変の原理　282
剛体　18

光電管　233
光電効果　232
光電子　236
光電流　233
光量子　232
固有 X 線　252
コンデンサー　129
コンプトン効果　237
コンプトン散乱　240

さ　行

最大摩擦力　16
作用線　18
作用点　18
作用–反作用の法則　27

磁化　180
磁気定数 → 透磁率 (真空の)
自己インダクタンス　199
仕事　48
仕事関数　233
自己誘導　199
自己誘導起電力　199
磁束　182
磁束密度　164
実効値　207
実体振り子　101
質点　11
質量　15, 27
質量数　268
質量中心　93
磁場　164
　　—の強さ　180
周期　63
収縮仮説　281
重心　21, 93

索引

重心系　93
終端速度　35
自由電子　108, 264
重力　15
　　見かけ上の——　41
重力加速度　15
　　見かけ上の——　41
重力質量　15
瞬間加速度　5
瞬間静止系　291
瞬間速度　3
順方向　160
常磁性体　180
初期位相　63
真性半導体　160
振動数条件　249
振幅　63

垂直抗力　17
スペクトル　246

正孔　159
静止エネルギー　243
静止摩擦係数　17
静止摩擦力　16
静電エネルギー　119
静電気力　111
静電場　117
静電誘導　108
制動放射　252
積分定数　6
絶縁体　108, 145
絶縁破壊　265
接線加速度　13
線形抵抗　150
線スペクトル　247

線積分　178

相互インダクタンス　199
相互誘導　199
相互誘導起電力　199
相対運動方程式　72
相反定理　200
増幅器　161
速度　3
阻止電圧　233

た　行

ダイオード　160
縦ドップラー効果　287
単磁極　164
単振動　63
弾性エネルギー　52
弾性力　16
単振り子　69

力のモーメント　20
置換積分法　36
中心力　83
中性子　267
調和振動子　251

定積分　6
電圧　130
電位　112
電荷　107
電荷面密度　193
電気振動　216
電気抵抗　150
電気抵抗率　150
電気定数　→　誘電率(真空の)
電気二重層　234

電気容量　129
電気力線　122
電子　107
電磁波　224
電磁誘導　181
電磁誘導の法則　182
　積分形式の—　185
点電荷　110
伝導体　265
電場　111
電場線　122
電流　107
電流線密度　193
電流–電圧特性曲線　158
電力　151

同位体　269
導関数　4
動径　83
透磁率　180
　真空の—　170
導体　108
動摩擦係数　17
特殊相対性原理　282
特殊相対性理論　282
特性 X 線　252
特解　65
ド・ブロイ波　255
トムソン模型　245
トランジスタ　161

な 行

内積　19
内力　45
長岡模型　245

ニュートリノ　270

熱電子　252
粘性抵抗　34

は 行

場　165
パウリの排他律　263
箔検電器　108
波束　257
パッシェン系列　247
波動関数　262
波動方程式　225
はね返り係数 → 反発係数
ばね定数　16
バルマー系列　247
反磁性体　180
半導体　108, 159
反発係数　47
万有引力　74
万有引力の法則　74

pn 接合　160
非オーム抵抗　150
P 型半導体　160
非線形抵抗　150
比透磁率　180
ビオ–サバールの法則　174
微分　4
非保存力　49
比誘電率　146

不安定　117
フェルミ・エネルギー　264
フェルミ粒子　263
不確定性関係　259

不確定性原理　260
復元力　63
不確かさ　259
物質波　255
不定積分　5
ブラッグの反射条件　255
プランク定数　232
分極　145
分極電荷　145

平均加速度　5
平均速度　3
平行板コンデンサー　131
ベクトル積　164
ベクトルの外積 → ベクトル積
β 線　270
ベータトロン　183
β^+ 崩壊　271
β 崩壊　270
変圧器　215
変位電流　223
変数分離型微分方程式　35

ボーア–ゾンマーフェルトの量子化条件
　　250
ボーア半径　248
ホイートストン・ブリッジ　156
放射性崩壊　269
放射線　269
放射能　269
放射平衡　274
放物運動　31
飽和電流　233
ボース粒子　263
保存則　43
保存力　49

ホール効果　171
ボルダの振り子　102

ま 行

マイケルソン干渉計　279
マクスウェル–アンペールの法則　223
摩擦力　16

右ねじの規則　173

面積速度　83

や 行

誘電体　108, 145
誘電分極　108, 145
誘電率　146
　真空の—　111
誘導起電力　181
誘導電場　182
誘導電流　181
誘導リアクタンス　209

陽極　233
陽子　267
陽電子　271
容量リアクタンス　210
横ドップラー効果　287

ら 行

ライマン系列　247
ラザフォード模型　246

力学的エネルギー　53
力学的エネルギー保存則　53
力積　44

力率　214
立体角　78
リュードベリ定数　247
量子仮説　231
量子条件　248
量子数　248
臨界電圧　233

励起状態　248
連続X線　252
連続スペクトル　247

ローレンツ収縮　195
ローレンツ変換　282
ローレンツ力　164

物理チャレンジ独習ガイド
力学・電磁気学・現代物理学の基礎力を養う94題

平成28年12月20日　発　　行
令和5年7月30日　第5刷発行

編　者　特定非営利活動法人
　　　　物理オリンピック日本委員会

著作者　杉　山　忠　男

発行者　池　田　和　博

発行所　丸善出版株式会社
　　　　〒101-0051　東京都千代田区神田神保町二丁目17番
　　　　編集：電話(03)3512-3266／FAX(03)3512-3272
　　　　営業：電話(03)3512-3256／FAX(03)3512-3270
　　　　https://www.maruzen-publishing.co.jp

ⓒ The Committee of Japan Physics Olympiad,
　Tadao Sugiyama, 2016

印刷・製本／三美印刷株式会社

ISBN 978-4-621-30121-0　C 3042　　　　Printed in Japan

JCOPY 〈(一社)出版者著作権管理機構　委託出版物〉
本書の無断複写は著作権法上での例外を除き禁じられています．複写される場合は，そのつど事前に，(一社)出版者著作権管理機構(電話03-5244-5088, FAX 03-5244-5089, e-mail：info@jcopy.or.jp)の許諾を得てください．